中国碳中和通用指引

BCG中国气候与可持续发展中心 |著|

中信出版集团 | 北京

图书在版编目（CIP）数据

中国碳中和通用指引 / BCG 中国气候与可持续发展中心著 . -- 北京：中信出版社，2021.11
ISBN 978-7-5217-3692-2

I. ①中… II. ① B… III. ①中国经济－低碳经济－经济发展 ②二氧化碳－排污交易－研究－中国 IV. ① F124.5 ② X511

中国版本图书馆 CIP 数据核字（2021）第 214561 号

中国碳中和通用指引

著者：　BCG 中国气候与可持续发展中心
出版发行：　中信出版集团股份有限公司
（北京市朝阳区惠新东街甲 4 号富盛大厦 2 座　邮编　100029）
承印者：　北京通州皇家印刷厂

开本：787mm×1092mm　1/16　印张：22.75　字数：289 千字
版次：2021 年 11 月第 1 版　印次：2021 年 11 月第 1 次印刷
书号：ISBN 978-7-5217-3692-2
定价：69.00 元

前言

十年一遇的山火、五十年一遇的高温、百年一遇的洪水……越来越多的证据和研究表明，应对气候变化已经到了刻不容缓的地步。如果不加以积极干预，21世纪末全球气温将上升5℃，粮食将减产50%，多达75%的物种将面临灭绝。

2021年8月9日，联合国政府间气候变化专门委员会（IPCC）公布了最新研究报告，再度发出对全球变暖后果的紧急警报，认为世界各国应立即大幅减少温室气体排放。这距离第26届联合国气候变化大会（COP26）召开不足三个月。

为应对气候变化，世界大多数国家均已开启环境治理的行动。时至今日，189个缔约方批准了《巴黎协定》，做出净零承诺的缔约方贡献了全球50%以上的GDP（国内生产总值）。2020年9月22日，国家主席习近平在第七十五届联合国大会上提出：中国将提高国家自主贡献力度，采取更加有力的政策和措施，二氧化碳排放力争于2030年前达到峰值，努力争取2060年前实现碳中和。①从相对减排到绝对减排，进而零排放，中国将为全球应对气候变化做出更大贡献。未来

① 新华社. 习近平在第七十五届联合国大会一般性辩论上发表重要讲话[EB/OL].（2020-09-22）[2021-09-22]. http://www.gov.cn/xinwen/2020-09/22/conlent_5546168.lrtm.

实现碳中和挑战重重，但是这也是百年不遇的转型机遇——政府、企业、社会各界及个人将协力推动社会的生产和生活方式整体转型。

自1963年成立伊始，BCG（波士顿咨询公司）一直致力于解决复杂和影响力深远的经济和社会问题，帮助客户实现可持续发展。在BCG竭力发挥影响力的众多领域中，应对气候变化和保护环境是重中之重。BCG与客户携手合作，帮助他们实现净零排放的宏伟目标。与此同时，BCG也坚持以身作则，减少自身业务和价值链对气候的负面影响，并承诺到2030年实现对气候的“净零”影响。这个承诺体现了BCG的初心，即助力世界前行者，激发无限潜能。BCG希望通过帮助客户、社区、员工和地球家园，扩大其影响力，实现初心。BCG坚信，帮助客户遵循将全球变暖控制在2℃以内的战略，可以释放企业长期价值创造的潜力。

BCG全球及中国区团队长期协助国际组织（比如世界经济论坛、世界自然基金会、联合国全球契约组织、中国发展研究基金会等）、各国各级政府及企业推动可持续发展模式的转型，减排增效。在过去的10年中，BCG在社会影响领域累计投入约20亿美元，仅2019年一年就在全球范围内与400多家客户合作了700余个社会影响领域项目，并将在未来10年投资4亿美元用于支持BCG团队在政府、企业、非政府组织和联盟间开展气候和环境工作。

作为第26届联合国气候大会的唯一咨询合作伙伴，BCG深知扭转气候变化的复杂性，并在持续学习，积累经验。BCG将自身多年在可持续发展领域的研究洞察和实战经验汇集成册，深入浅出地、全面地讲解碳中和的背景、全球针对碳减排做出的努力以及中国为了实现2060年碳中和所面临的机遇和挑战，指明中国碳中和路线图，希望帮助政府、企业及消费者等利益相关者更为深入和全面地理解碳中和。

本书的第一章为全球碳中和治理的进程及中国碳中和路线图，从宏观视角对碳中和进行介绍：首先从历史演变的视角来介绍全球环境治理进程、碳中和由来，阐述各国碳中和的目标及进展，包括中国的碳中和承诺；其次回顾中国目前的碳排放现状、减排取得的成绩，展望未来挑战，阐述碳中和的重要战略意义；最后从政府的角度，建言中国实施碳中和的宏观路线图。

从第二章到第九章，本书将从企业的视角讨论如何推动碳中和的实现。第二章为企业低碳发展的通用指引，介绍跨行业的碳减排通用方法论以及碳排放基线盘查的具体步骤。第三章至第九章聚焦重点行业，深入洞察能源行业、重工业行业、汽车行业、建筑行业、消费品行业、互联网高科技行业及金融行业所面临的减排挑战及市场机遇，并为其碳中和转型的路径出谋划策。

实现碳达峰、碳中和是一场广泛而深刻的经济社会系统性变革，这需要政府政策的引导、金融市场投融资的支持、各行各业生产方式的革新以及消费者生活方式的转变。第十章为举全社会之力推动碳中和，构筑人类命运共同体，介绍个体如何加入这百年之大计中，向低碳的生活方式转型，并强调碳中和的实现需要政府、企业及社会各界共同努力。

应对气候变化对于所有行业、公共部门和企业投资而言，都具有重要的战略意义。社会各界需要尽快达成共识，采取全面行动，通力协作，以达成全球温控目标，保护好这颗星球。

BCG中国气候与可持续发展中心

2021年9月

| 目录 |

第一章

全球碳中和治理的进程及中国碳中和路线图

2021年3月，比尔·盖茨的新书《气候经济与人类未来》在中国内地出版。当世界大部分地区还在新冠肺炎疫情的泥沼中挣扎的时候，这本书重新把气候变化话题拉回到聚光灯下。新冠肺炎疫情无疑给全球经济带来了巨额的损失，而比尔·盖茨在采访中预测，在未来的一二十年里，气候变化所造成的经济损失相当于每十年暴发一次与新冠肺炎疫情相当的大流行。如果世界各大经济体仍保持目前的排放方式，那么到21世纪末，气候变暖将进一步加剧。

全球气候治理系统从诞生演变至今已有数十载。截至目前，世界上主要碳排放经济体均承诺以《巴黎协定》的温控目标来推动碳中和。尽管承诺及执行力度有差异，但各国就制止全球变暖已达成共识。中国作为当今世界上最大的碳排放国，提出“二氧化碳排放力争2030年前达到峰值，努力争取2060年前实现碳中和”（以下简称“3060”双碳目标），为世界碳减排注入新的活力。目前中国的碳排放主要来自五大部门，并在过去的几十年中向低碳模式转型，但距离达成1.5℃的温控目标仍有差距，尤其是中国还面临着碳排基数高、碳达峰强度大、碳中和时间短、全球碳中和对产业格局影响大等挑战。尽管如此，但因为“3060”双碳目标落地有策，政府、企业及社会各界齐心协力，所以中国一定可以抓住碳中和转型的机遇，共筑碳中和伟业。

第一节
碳中和的由来以及全球气候治理的进展

科学家们历经数十年的研究表明：人类活动导致气候变化。工业革命后，人类的经济活动向地球大气中排放了巨量的温室气体，大气中温室气体浓度的不断攀升对地球的气候系统产生了显著的影响。多种气候环境问题也随之而来，包括全球气温升高、海平面上升、冰川消融、极端天气频发等。这些灾难性后果的逐渐显现，科学家、环保人士、政治家等有识之士的振臂疾呼，推动了世界各国环境保护意识的逐渐觉醒，让各国踏上环境治理及碳中和之旅。

一、启动：联合国政府间气候变化专门委员会报告

1988年，为了更深入地了解并应对气候变化，联合国环境规划署（UNEP）和世界气象组织（WMO）共同成立了一个名为联合国政府间气候变化专门委员会的科学家组织，专门整理、汇报有关气候变化的科学研究成果。联合国政府间气候变化专门委员会的一个最重要职责是，组织全世界的科学家进行关于气候变化研究进展的讨论和评估，并向全世界的政治家、企业家、媒体和公众发布报告结果。

1990年，联合国政府间气候变化专门委员会第一次评估报告出炉，首次向全世界系统性地揭示了人类在工业革命以后的温室气体排放对地球的气候系统产生的显著影响，进而引发了更广泛的讨论和关注。这也促成了一个具有里程碑意义的国际公约——《联合国气候变化框架公约》（UNFCCC）的诞生。

1992年，联合国大会通过了由150多个国家以及欧洲经济共同体共同签署的这项公约。该公约的目标是，将大气中温室气体浓度维持在一个稳定的水平，以避免人类活动对气候系统的危险干扰。根据“共同但有区别的责任”原则，公约要求发达国家采取具体措施限制温室气体的排放，并向发展中国家提供资金以支付它们履行公约义务所需的费用。而发展中国家只承担提供温室气体源与温室气体汇的国家清单的义务，不承担有法律约束力的减排义务。

自1995年以来，全世界每年召开一次缔约方会议，对该公约进行讨论和修订，所有缔约方的重要首脑和相关部门的负责人都会聚在一起，探讨人类应对气候变化的解决方案。我们所熟知的哥本哈根气候大会和巴黎气候大会都归属于这个一年一度的大会。

二、先行者：京都气候大会及《京都议定书》

1997年《联合国气候变化框架公约》缔约方召开第三次气候大会。经过艰苦谈判，与会方最终通过《京都议定书》，首次设立了具有法律效力的温室气体强制限排额度。

这份具有里程碑意义的协议对主要发达国家在2012年前减排温室气体的种类、减排时间表和额度等做出了具体规定。虽然发达国家确实是碳排放大户，但是这些国家始终有着“不患寡而患不均”的心态。同时，《京都议定书》的限排指标被认为离延缓气候变暖必需的减排指标差距很大。此外，美国、俄罗斯和日本等国在签订该议定书后或退出或观望，让该协议逐渐名存实亡。自1997年到2011年，全球温室气体的排放量增长了25%。[①]

虽然2007年后的巴厘岛气候大会仍将推动《京都议定书》的下一步计划作为目标，但各缔约方间的分歧已经产生,《京都协议书》对于全球减排阻止气候变暖的作用已经减弱。《京都议定书》仍然是富有雄心的尝试，世界各国和地区在此后也相继出台了针对区域内的政策法规。

三、继任者：巴黎气候大会及《巴黎协定》

2015年12月，在巴黎气候大会上,《巴黎协定》获得通过。这是一份具有法律约束力的协定，并且吸取了《京都议定书》带来的经验教训，对更多的成员具有约束力。该协定中具有法律约束力的条款是:（1）各国主动提交减排目标，并至少每五年定期评估审查目标；（2）发达国家有义务继续为发展中国家提供气候资金。

经过艰苦谈判，包括中国在内的众多国家已经向联合国提交了自主减排承诺。以中国为例，基于《中美气候变化联合声明》，中国代表在自主减排承诺中提出:（1）中国将在2030年左右达到二氧化碳排放峰值;（2）计划到2030年，非化石能源占一次能源消费比重达到20%。其他很多发展中国家也第一次主动向世界提出减排承诺。

《巴黎协定》第一次正式地将“把全球平均气温增幅控制在低于2℃的水平，并向1.5℃温控目标努力，以降低气候变化风险设定为全世界减缓气候变化工作的目标”。这是一项跨越国界的长期合作，也标志着人类向低碳世界转型。

---

① Elliot D.Letting go of Kyoto[J]. *Nature*，2011，479：291–292.

四、碳中和：零碳和控温目标

《巴黎协定》中1.5℃的温控目标需要全世界在30年左右的时间内，将温室气体排放量从现在约400亿吨净二氧化碳当量于2050年左右缩减到零排放。也就是说，届时全世界大多数国家都要实现零排放，也就是碳中和。而如图1-1所示，《巴黎协定》中的自主减排承诺只能减缓全球温室气体排放的上升速度，到2050年与碳中和的目标相差甚远。这就要求缔约方在原定基础上制订更大力度的温室气体减排计划，世界各国在气候治理这一议题上还有很长的路要走。

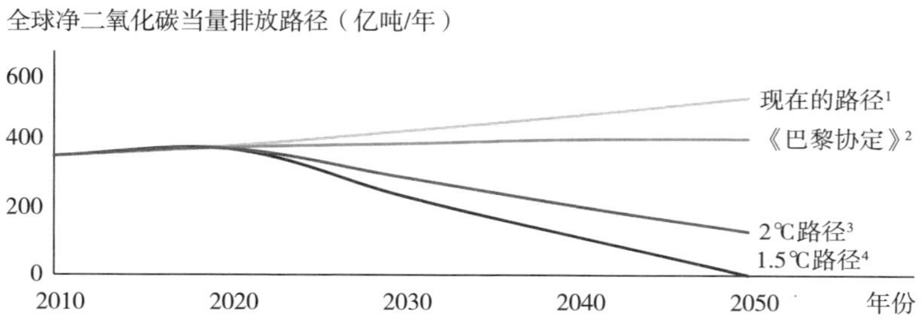

注：在将全球变暖限制在1.5℃的路径中，非二氧化碳强迫排放量也将减少50%以上。

1. 假设从2018年开始，净二氧化碳当量以与《联合国环境规划署2019年排放差距报告》中的当前政策情景相同的速度增长到2050年（年复合增长率为1.1%）。
2. 假设各国以超过2020年至2030年实现其国家自主减排承诺所需的相同年增长率进行脱碳。
3. 假设到2030年净二氧化碳当量减少25%，到2070年净零。
4. 假设到2030年净二氧化碳当量减少45%，到2050年净零。

图1-1 《巴黎协定》中的自主减排承诺和《巴黎协定》2℃、1.5℃路径之间的关系

资料来源：联合国政府间气候变化专门委员会，联合国环境规划署，BCG分析。

为什么《巴黎协定》和联合国政府间气候变化专门委员会报告要把升温目标控制在2℃和1.5℃？

从第一次工业革命开始，人类排放的温室气体造成世界平均气温变化已经在2019年达到1℃。如果不加以控制，按照现在的趋势发展下去，到21世纪末，全球平均气温将升高4℃～5℃。我们可以清楚地看出平均气温再升高之后带来的严重影响。①

- 升高1.5℃～1.8℃，珊瑚礁灭绝。
- 升高1.5℃～3℃，格陵兰岛冰盖融化。
- 升高1.5℃～2.5℃，北极夏季海冰融化。
- 升高1.5℃～5.5℃，南极西部冰盖融化。
- 升高3.5℃～4.5℃，亚马孙雨林退化。
- 升高3.5℃～5.5℃，北美北部森林退化，北大西洋热盐环流停滞。
- 升高3.5℃～6.5℃，厄尔尼诺大气环流变化。
- 升高5.0℃～9.0℃，西伯利亚永久冻土层融化。

以上任何变化都是我们无法接受的，而且这些现象只是一个开端。考虑到温室效应的升温螺旋叠加作用，以及各种生态变化引发的连锁效应，平均气温上升的实际影响甚至会大幅超过预期。科学家们怀疑第六次物种大灭绝正在进行中。在此前的五次生物大灭绝中，曾经统治地球的生物在气候变化的影响下纷纷谢幕。我们不禁自问，现在的人类会重蹈覆辙吗？②

---

① Timothy M，Johan R，Owen G，Stefan R，Katherine R，Will S& Hans Joachim S. Climate tipping points–too risky to bet against[J]. *Nature*，2019，575：592–595.

② 杰弗里・厄津，米雷耶・古苏布. 二氧化碳的故事：小分子，大世界[M]. 孙威，何乐，译. 北京：科学出版社，2021.

五、全球碳中和行动进程及中国的承诺

（一）碳达峰和碳中和的定义

碳达峰是二氧化碳排放量达到峰值，这是一个时间点的概念。这是用于考量一个碳排放组织（可以是国家或企业，也可以是行业或者个体）在某一时间节点，二氧化碳的排放量达到峰值且不再增长，之后则逐步降低的指标。

碳中和是碳排放组织测算在一个时期内直接或间接产生的碳排放总量，通过其他减碳行为，诸如使用绿色能源、节能减排、植树造林等抵消自身产生的二氧化碳排放量，达到二氧化碳相对“零排放”。目前，碳中和是阻止温室气体影响气候变化的重要目标和方向。

为了在衡量碳达峰和碳中和目标过程中有统一的标准，使得减排数量“可测量、可报告、可核查”，从而有效追寻碳足迹，计算减排的实际效果并制定下一目标，世界资源研究所（WRI）和世界可持续发展工商理事会（WBCSD）联合开发了《温室气体核算体系：企业核算与报告标准》。目前，该体系在北美和欧洲各国得到广泛运用，帮助政府、非政府组织和企业编制规范碳排放清单并识别减排机会，从而达到减少温室气体排放的目的。

（二）全球碳减排进程喜忧参半

尽管从人类开始讨论温室气体的危害以及对全球变暖的担忧到现在已经过去几十年了，并且开了20多次全球气候大会，但实际上全球人类活动造成的二氧化碳排放量一直在持续增长。

BCG将世界各国应对气候变化的政策进展分成三个重要的阶段，并总结了世界各国完成各个阶段政策进展的总体情况。

1. 第一阶段：提出净零承诺

《巴黎协定》设立的1.5℃温控目标要求全世界在2050年前后将温室气体排放量降为零。这其实就意味着，要想达到1.5℃温控目标，全球大多数国家在21世纪中叶必须实现碳中和，而提出净零承诺则是实现碳中和的第一步。除中国外，全球还有122个国家提出了净零发展承诺，如美国、俄罗斯、韩国等，这些国家覆盖了全世界约50%的温室气体排放量。

2. 第二阶段：制定减排目标和实施路径

政策进展的第二个重要阶段是，根据净零承诺制定分步的减排目标和碳中和实施路径。达到这个阶段的国家锐减到了15个，如德国、英国等，仅覆盖全世界少于6%的温室气体排放量。在这个阶段，各国政府需要在净零承诺的基础上，根据国家自身的科技、经济和社会发展情况，制定详尽且合理的发展目标和实施路径。这也是中国政府在现阶段的主要工作之一。

3. 第三阶段：设立政策框架等保障体系

政策进展的第三个阶段是，根据减排路径设立相关的政策框架，保障碳中和路径的执行，包括法律法规和市场机制等。全世界仅有部分欧洲国家（如丹麦、卢森堡等）在这一阶段较为领先，覆盖全世界温室气体排放量占比小于2%。

总体来看，相比巴黎气候大会，全世界为应对气候变化所付出的努力又前进了一大步。然而，如何将碳中和目标分解到和经济发展相关的各个部门，以及如何保障具体目标的实施，仍是全球各国需要关注的问题。

（三）世界瞩目：中国的协作与担当

现如今，中国作为全世界最大的发展中国家，在经济发展水平不断提高的同时，气候政策也在不断调整。基于20世纪90年代最早的《联合国气候变化框架公约》，中国只承担提供温室气体源与温室气体汇的国家清单的义务，制订并执行有关温室气体源与温室气体汇方面的方案，而并不承担有法律约束力的减排义务。

随着经济在2000年后的腾飞，中国温室气体排放量也不断增长。到2009年的哥本哈根气候大会之前，中国已经成为全世界温室气体排放量第二的国家。这也使得发达国家不断对中国施压，要求中国承担与发达国家一样的减排责任。而那时的中国人均GDP不及部分发达国家的1/10，全球应对气候相关的新能源和电动车等技术也尚未成熟。站在发展中国家的立场上，中国并未在那一年的气候大会上做出定量的减排承诺。但实际上，中国在此期间已经积极面对，并在行动上准备控制温室气体的排放。2018年，中国国务院刊发了《中国应对气候变化的政策与行动》白皮书，阐述了气候变化对中国的影响以及中国应对气候变化的战略和目标等。这为中国在之后全球气候治理中扮演更重要的角色奠定了坚实的基础。

2014年，中国迈出了历史性的一步。中国国家主席习近平和美国总统奥巴马签署了《中美气候变化联合声明》。中国首次提出定量的减排目标。在巴黎气候大会前，中国把此目标写入了自主减排承诺并提交给了联合国。作为发展中国家，中国也是第一个主动承担减排责任的大国。

2020年9月22日，国家主席习近平在第七十五届联合国大会上提出：中国将提高国家自主贡献力度，采取更加有力的政策和措施，二氧化碳排放力争于2030年前达到峰值，努力争取2060年前实现碳中和。在2020年，中国占据了全世界约25%的二氧化碳排放，同时占据了约20%的人口和18%的GDP。中国这一明确的信号无疑是全球应对气候变化的一剂强心针。

回顾过去，中国气候变化政策的变迁也体现了中国从发展中国家到负责任大国的演进。在哥本哈根气候大会上，中国的气候变化政策是站在发展中国家的立场上争取属于自己的发展权利。到了2014年，中国首次提出定量的减排承诺。尽管美国、澳大利亚等发达国家因政局的变化，应对气候变化的政策和态度有所反复，但中国仍然在持续推进能源转型和低碳发展，并在2020年正式提出了“3060”双碳目标。

中国的碳中和目标已定，各项政策也在逐步按照计划落实和实施。中国在不断发展经济、提高国民生活水平的同时，依然秉承“绿水青山就是金山银山”的原则，走可持续发展之路。作为一个负责任的大国，中国正在应对气候变化这一跑道上为构建人类命运共同体而不断努力。

第二节
中国的碳减排进程、碳中和挑战及战略意义

一、碳排放的来源

在过去的几十年，中国经济与社会的发展呈现出令人瞩目的活力与动力，中国温室气体排放量呈整体上升趋势。自2013年以来，在世界各国家（地区）中，中国一直是碳排放量最大的。2019年，中

国的碳排放量占全球的26%，是位列第二的美国的两倍；位列第三的欧盟占7.8%；位列第四的印度占6.7%。①

如图1–2所示，在2013年之前，中国碳排放量年平均增长率都维持在大约8%的水平。在2013年之后，随着经济增长放缓以及中国整体节能减排举措的推进，碳排放量逐步进入平台期。中国温室气体排放主要来自能源、工业、交通、建筑、农业和土地利用五大部门。②其中，“排放大户”能源和工业部门合计贡献了80%的碳排放量。所幸的是，2013年以后，这两个部门的碳排放量逐步进入平台期，甚至出现了负增长。另外三大部门的碳排放量占相对较小的比例，无大幅增长。

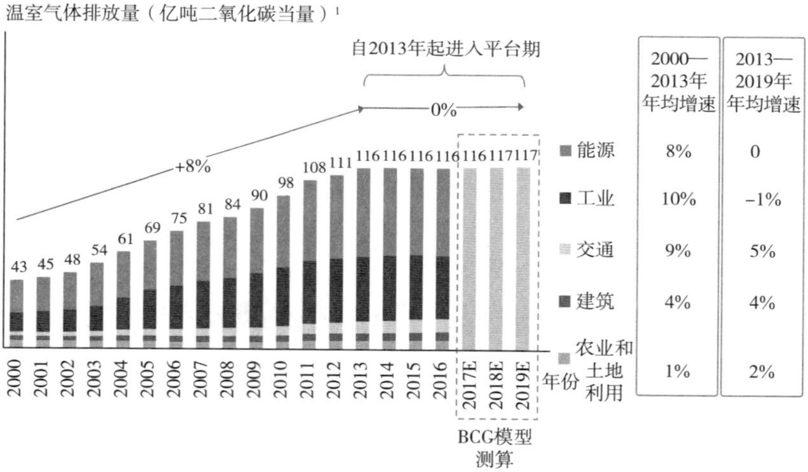

注：1. CAIT数据更新至2016年，2017年及之后数据基于BCG模型测算。

图1–2　中国温室气体排放量

资料来源：世界资源研究所，BCG分析。

① 资料来源：世界资源研究所。

② 资料来源：世界资源研究所。

（一）能源

能源部门的温室气体排放量高达全国总排放量的一半。[①]中国是世界上无可争议的“煤炭大国”，不仅享有丰富的煤炭资源，生产了近乎全球一半的煤炭，而且煤炭进口量也是全球第一。煤炭发电经济便捷，但是在使用过程中低效能、高排放的特点也使其成为能源部门碳减排的“众矢之的”。

与此同时，其他化石燃料（如石油和天然气），甚至一些再生能源的开发和使用，也会产生碳排放。虽然与煤炭发电相比，天然气发电产生的二氧化碳量大幅缩减，但是在燃烧和排气过程中，其伴随甲烷的大量排出。甲烷也是温室气体的一种，其排放后100年内的增温作用至少为二氧化碳的28倍。再如，可以当作燃料和工业原料的生物质（biomass，指尚有生命或刚刚死去的有机物），有着取之不尽且兼顾废物利用的优势，但是燃烧过程中也会产生大量甲烷，同样造成碳排放。

因此，能源部门的减排，除了需要在能源结构上减少使用高排放的燃料，在源头上减排，也需要创新碳捕获等先进能源技术，将剩余的碳排放进行清洁处理。

（二）工业

工业部门的温室气体排放量约占全国总排放量的1/3[②]，主要来自两部分：在生产制造过程中，工厂燃烧自有化石燃料来提供化学反应所需要的高温和能量，因此一部分温室气体排放来自化石燃料燃烧；另一部分来自化学反应发生时本身释放的温室气体。水泥生产就是非常典型的一个案例。水泥是混凝土中不可或缺的一个元素，因为水泥

---

① 资料来源：BCG分析。

② 资料来源：BCG分析。

在高温下会与水产生化学反应，结合并粘连碎石和沙土。水泥制造对全球二氧化碳排放量的贡献就高达5%。其中，40%来自燃烧燃料以达到化学反应所需的高温，另外60%来自制造工艺本身——从石灰岩到石灰的煅烧过程中会释放大量二氧化碳。①

中国的制造业不仅是本国经济发展的基石，还是世界各地现代工业产品的主要供给源。对这些产品巨大的需求，以及部分工业生产过程中低效的能耗，导致工业部门的碳排放量居高不下。

（三）交通

交通部门的温室气体排放量来自国内航空、公路、铁路运输等化石燃料燃烧，约占全国总排放量的7%。②在过去20年间，随着中国经济高速发展，城镇化进程的演变，交通运输业的碳排放量也翻了一番。

公安部交通管理局数据显示，截至2021年5月，全国机动车保有量达到3.8亿辆，驾驶人达4.65亿人，2021年一季度新注册登记机动车996万辆，创同期历史新高。庞大的中国汽车市场仍在持续增长，这势必给交通运输部门实现节能减排目标带来挑战。

除了抑制汽车普及造成的碳排放，交通部门的其他领域（长途公路运输、船运、航运等）也需要积极寻求碳中和的解决方案，比如探索氢能和生物质等燃料的应用。

（四）建筑

建筑部门的温室气体排放量约占全国总排放量的5%③，主要来自

① 资料来源：世界可持续发展工商理事会，《低碳技术合作伙伴倡议：水泥》，2015年。

② 资料来源：BCG分析。

③ 资料来源：BCG分析。

商用建筑和住宅的燃料燃烧，例如燃烧柴火或者煤炭取暖、煮饭时产生的二氧化碳。另外，有一些建筑设备在使用过程中也会产生碳排放，比如，空调制冷时泄漏的氢氟碳化物将比二氧化碳制造出更大的温室效应。

有别于上述建筑直接排放，建筑使用过程中产生的能耗（比如家用电器耗电、灶台耗天然气或煤气），由于是间接排放，所以严格意义上讲，在本章的相关数据中，间接排放计入能源部门。建筑的直接排放大约为间接排放的一半。

（五）农业和土地利用

农业和土地利用部门的温室气体排放量约占全国总排放量的5%①，主要来自农业、畜牧业、垃圾处理，以及土地利用、土地利用变化及森林的温室气体排放或移除。

农业化肥的发明和使用能够大幅度提高作物产量，改善农产品质量，但是农业化肥对环境破坏的威力也不容小觑。以化肥中最常见的氮肥为例，其在制造和施用的过程中都会产生大量的温室气体一氧化二氮。与二氧化碳相比，一氧化二氮影响气候变暖的能力高出300倍。

畜牧业产生的温室效应也不容忽视，猪、牛、羊的饲养过程中会产生大量温室气体排放。此外，动物饲料生产需要消耗化肥、燃料，大规模养殖需要能源供给照明、温控、自动投喂，这些都间接增加了二氧化碳的排放量。

还有一部分土地利用的排放来自树木的减少。树木本身对二氧化碳有吸收作用，大量砍伐树木不仅减少了自然碳吸收的途径，而且使得土壤释放二氧化碳的量有所增加，从而加重温室效应。

---

① 资料来源：BCG分析。

二、中国实现“3060”双碳目标任重而道远

2021年是我国走向碳中和的元年。“3060”双碳目标展现了我国积极应对全球气候变化的责任担当，进一步提升了我国全球气候治理话语权和影响力，并在国际上树立了发展中国家减排的“中国样板”。然而，我们也需要认识到，中国实现“3060”双碳目标的任务异常艰巨。

（一）碳达峰强度大、压力大

大多发达国家的碳达峰是在发展过程中，由于经济增速放缓、城市化率趋饱和、产业结构变化、能源结构变化自然形成的。如图1–3所示，我国实现碳达峰的目标与领先国家实现碳达峰时的静态指标仍有差距①，需要在推进发展的同时实现快速减排，难度史无前例。

	大部分国家自然达峰时指标	我国2020年情况
经济及人口增长	人均GDP 2万美元	人均GDP 1万美元
城乡结构	城镇化率70%+	城镇化率60%
产业结构	服务业占比70%+	服务业占比55%
能源结构	▪ 固体燃料占比低于50% ▪ 液体燃料占比超过40%	▪ 固体燃料占比65%+ ▪ 液体燃料占比不足20%

图1–3 大部分国家自然达峰时指标与中国2020年情况比较

资料来源：《中国环境报》，BCG分析。

---

① 资料来源：《碳达峰国家特征及对我国的启示》，中国环境报，2021年4月。

（二）碳中和时间短、力度大

发达国家从碳达峰到碳中和，需要40～60年的过渡期。如图1–4所示，我国作为最大的发展中国家，承诺实现从碳达峰到碳中和力争在30年左右完成，并将达成全球最高的温室气体排放降幅[①]，即130亿吨二氧化碳当量[②]，是美国的近2倍。一方面，减排时间窗口迅速收窄，所面临的能源和产业转型任务更加紧迫；另一方面，实现碳中和是中国与发达国家在技术创新领域的竞速赛跑，中国需在短时间内转化基础研究成果，并在突破“卡脖子”的关键核心技术上攻坚克难。

（三）全球碳中和对产业格局的冲击强、影响大

放眼全球，碳关税蓄势待发，覆盖石油精炼产品、钢材、化工产品、金属、纸制品等多个能源密集型产业，全球将迎来低碳技术“大考”。以钢材行业为例，我国采用的高炉—转炉长流程炼钢工艺更是导致出口产品的碳含量居高不下，为此或将付出相当于17%出口额的碳关税[③,④]，增加额外成本（见图1–5）；而受益于低碳炼钢工艺，美国和土耳其出口产品的碳含量仅为中国出口产品碳含量的50%左右[⑤]。采用低碳技术的国家将变相获得成本优势，抢夺中国在欧盟的市场份额。

---

① 2021年7月24日，中国气候变化事务特使解振华在主题为“全球绿色复苏与ESG投资机遇”的全球财富管理论坛2021北京峰会上，首次明确了2060年碳中和包括全经济领域温室气体的排放量。

② 资料来源：同济大学教授余卓平在“十四五”氢能产业发展论坛上的预测。

③ 碳关税=产品含碳量×碳定价，含碳量按目前各国钢铁生产工艺统计初步估算，碳定价按75欧元/吨估算。

④ 资料来源：The EU’s Carbon Border Tax is coming-here’s how it will impact you，BCG，2021–7–15。

⑤ 美国和土耳其以小型电弧炉工艺初步估算，中国以高炉和氧气顶吹转炉工艺初步估算。

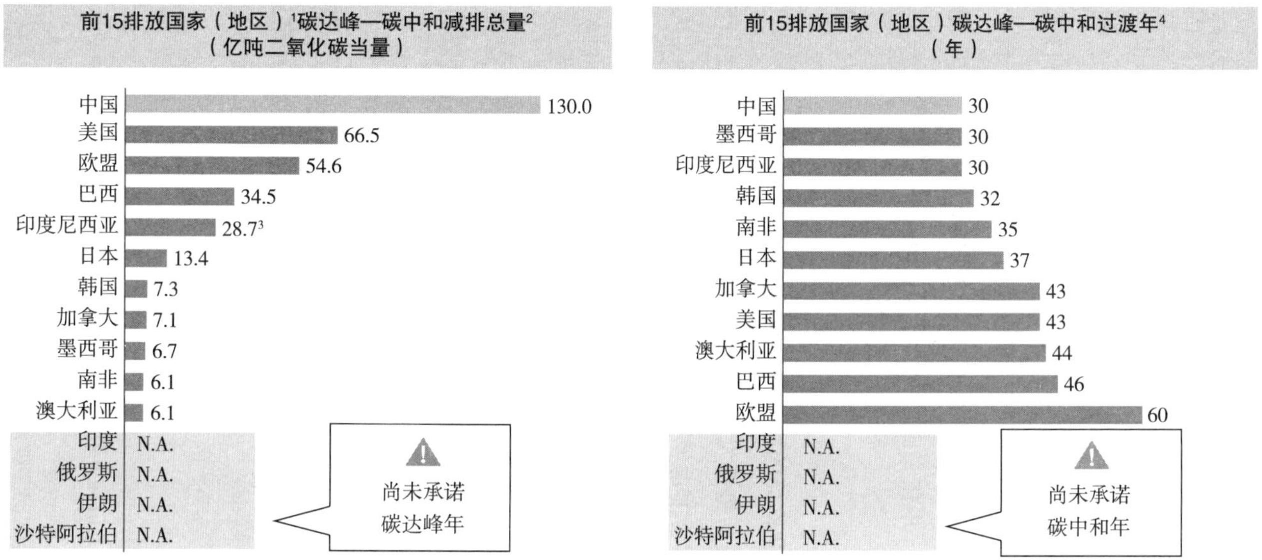

注：1. 按2018年温室气体总排放量排名。
2. 按包括土地利用、土地利用的变化和林业产生的温室气体排放量统计。
3. 印度尼西亚的自主减排数据。
4. 按各国（地区）正式发布的碳达峰、碳中和年份，不考虑碳达峰、碳中和后的波动情况。

图1-4　温室气体排放前15国家（地区）的碳达峰—碳中和的力度和速度对比

资料来源：《联合国气候变化框架公约》，BCG分析。

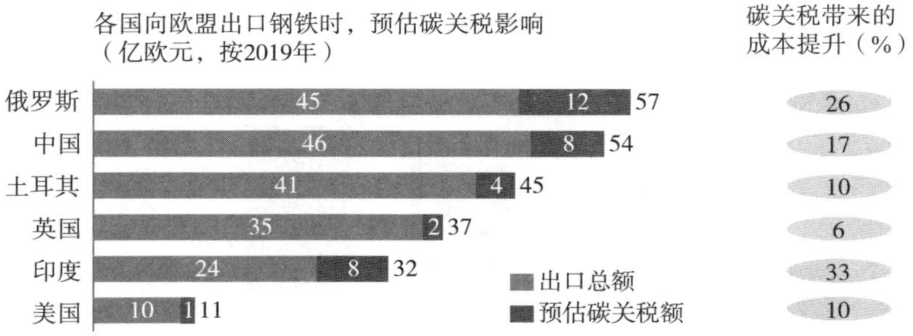

图1-5　碳关税将提升多国向欧盟出口的成本分析

资料来源：BCG分析。

放眼全国，碳中和亦会冲击我国的产业格局。2021年7月全国碳排放权交易市场开市，未来交易覆盖范围将进一步从电力扩大到钢铁、水泥、化工等产业，并适时引入有偿配额竞价机制，积极探索与国际碳市场建立连接的可能性。如图1-6所示，中国碳价的长期上涨空间广阔。如图1-7所示，对于能源需求较多的产业，碳排放成本的一路走高以及绿电资源分布不均，将加剧东西部各省市的生产成本分化。产业基础好、城市宜居性高、人力资源聚集的省市，依托其丰沛、成本低廉的绿电资源，将吸引更多产业要素流入。①

三、中国实现碳中和的战略意义

碳中和的道路充满了险阻，为什么中国必须选择迎难而上？

（一）中国的责任与担当

中国的国际角色将不再只是发展中的人口大国，而是一个能在国际气候治理中从大局考量的领袖之国。中国致力于推动各国采取更果

---

① 资料来源：《中国各省可再生能源竞争力报告》，伍德·麦肯兹，2019年。

断的行动并且促进国际社会协力应对气候变化带来的挑战。

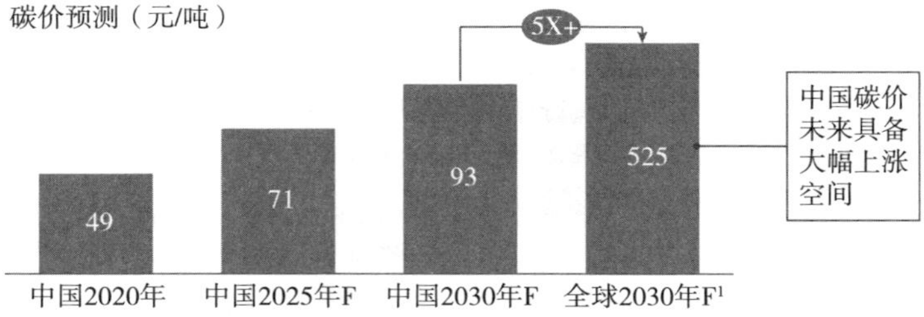

注：1. 国际货币基金组织提出，到2030年，每吨二氧化碳的价格大约为75美元，才能实现2015年《巴黎协定》设定的全球升温控制在1.5℃至2℃的目标。The Guardian.High greenhouse gas emitters should pay for carbon they produce, says IMF[EB/OL]（2021-06-18）[2021-09-30]. http：www.the guardian.com/enviroment/2021/jun/18/high-greenhouse-gas-emitters-should-pay-for-carbon-they-produce-says-imf.

图1-6　中国及全球碳排放交易体系碳价预测

资料来源：中国碳论坛，BCG分析。

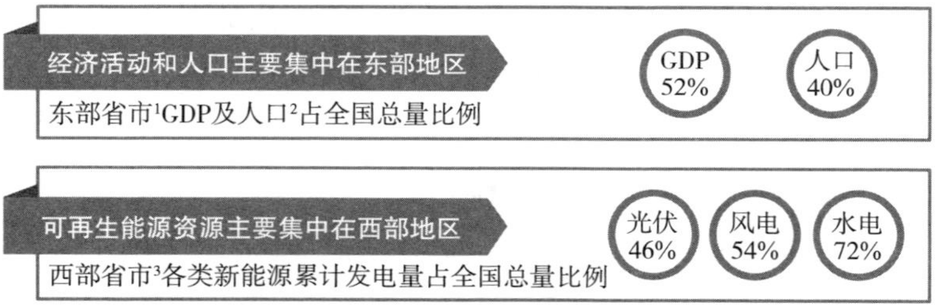

注：1. 东部省市包括广东、江苏、山东、浙江、福建、上海、河北、北京、天津、海南10个省市，2020年数据。

2. 各省人口按常住人口统计，2021年公布的第七次人口普查数据。

3. 西部省市包括重庆、四川、云南、贵州、西藏、陕西、甘肃、青海、新疆、宁夏、内蒙古、广西。光伏和风电为2020年数据，水电为2019年数据。

图1-7　东西部经济和绿电资源分布不均

资料来源：国家统计局，BCG分析。

如图1-8所示，根据测算，若中国在减碳方面不采取更加积极的举措，预计2050年碳排放量将相较现状降低10%～20%，这与碳中和目标相距甚远。而如果中国只减排14%，在2℃温控目标的情景下，全球其他国家必须减碳超过59%；在1.5℃温控目标的情景下，全球其他国家必须减碳超过94%，甚至达到负排放。这对全世界来说将是几乎不可能完成的任务，因此，对于实现碳中和，中国责无旁贷。

（二）中国与欧盟的战略合作将进一步加深

在国际格局方面，中国与欧盟的战略关系也因共同的碳中和目标而进一步加深。中欧合作的领域涉及清洁能源、脱碳技术、新能源交通、碳市场交易等。合作关系的建立也从政府牵头逐步延伸到学术机构和企业之间。在政策领域，2019年5月15日启动的中欧能源合作平台着重分享两大经济体在新能源技术、政策法规推动和市场运作方面的经验与实践。在科研领域，有法国能源公司道达尔与清华大学合作研究的成功案例。企业间的合作更不胜枚举：中国企业星星充电与德国企业Hubject达成协议，将建设10万个新能源汽车充电站；中国新能源汽车企业比亚迪将成为欧盟国家纯电动公交车的主要提供者之一，市场份额占20%。两大经济体在碳中和领域的广泛合作为推动全球共同应对气候变化起到了典范作用。

（三）中国的碳中和目标立足长远，充满新机遇

中国选择坚定地朝碳中和的目标努力，也是为本国更长远的发展开拓道路，带来新的机遇。

1. 发展的可持续性

更高的减碳目标能够帮助中国减少可预见的自然灾害，改善人们的生活品质。如果不采取进一步措施，那么，在目前趋势下，天灾、

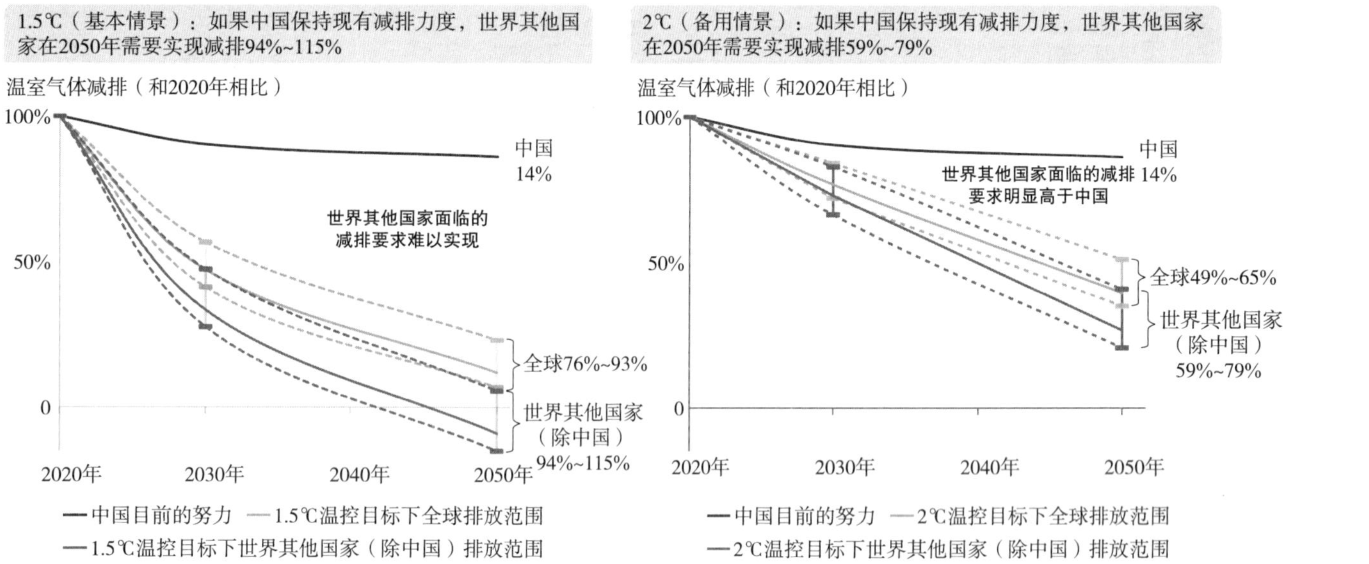

注：1. 联合国环境规划署和联合国政府间气候变化专门委员会根据历史数据线性回归计算了碳预算和目标，在2℃和1.5℃目标下，2050年的排放量分别为189亿～275亿吨二氧化碳当量和38亿～125亿吨二氧化碳当量。

2. 真实排放数据截至2016年，假设2020年的排放量与2016年相同。

图1-8 如果缺少中国的有效参与，全球2℃、1.5℃温控目标难以实现

资料来源：联合国政府间气候变化专门委员会，《联合国环境规划署2019年排放差距报告》，《自然通讯》，国家发展改革委能源监管局，BCG分析。

疾病和资源匮乏等恶果将越来越频发。例如，洪水频发将对中国沿海、沿江等经济发达与人口密集地区造成进一步影响，预计2050年将造成2万亿元直接GDP损失。碳排放源头往往伴随着空气污染，而由空气污染所导致的肺癌、中风等疾病成为一大致命因素，目前占到中国总死亡人数比例的10%左右。若不加以改善，到2050年，受空气污染影响的中国人口比例将超过85%，因此死亡的人数每年约增加2万人。此外，气候变化还会带来资源的紧缺——到2050年，气候变化将使得水稻、小麦、玉米等主要作物减产超过10%。

2. 直接的经济促进

绿色经济的持续发展能够直接提升中国中长期GDP和就业率。一方面，根据我们的测算，在面向碳中和目标行进的过程中，到2050年绿色技术投资将贡献超过2%的中国GDP。另一方面，根据国际可再生能源署（IRENA）的预测，即使仅在2℃路径下，绿色经济相关行业，尤其是可再生能源、建筑、交通、垃圾处理等行业到2030年也能够为中国带来约0.3%的就业率提升。可以说，低碳减排并非与经济增长背道而驰，而是对其有正向刺激作用。

3. 国家能源安全性

通过进一步发展关键绿色能源和绿色科技，中国能够大幅减少对进口及不可再生能源的依赖。大力发展风能、光伏等可再生能源，对于提高国家能源安全有着重要的战略意义。在过去的20年间，中国对于进口石油与天然气的依赖程度增长了50%。2019年，我国消耗能源中的油、气进口率已超过50%。根据我们的测算，按照1.5℃路径，中国化石能源消耗（包括煤炭、石油、天然气）到2050年将降低约80%。

碳中和的道路预示着重大的机遇，这无疑给了我们在漫长征程中前进的动力。我们需要踏实迈出脚下的步伐，除了希冀与热忱，还需要看清前方的道路。在下一节中，我们将会从宏观层面来设计中国迈向碳中和目标的各条路径，并且拆解沿途必须翻越的“崇山峻岭”。

第三节 中国实现碳中和的路线图

碳中和是人类如今面临的最大挑战之一，关乎着我们赖以生存的地球家园的存亡。达成碳中和目标的任务非常艰巨，需要政府和社会各界协同合作，高瞻远瞩且缜密细致地制订各种切实可行的行动计划，对于面临的挑战和需要的投入有一定程度的预测，并且清楚了解首选和备选途径的利弊，以此来做好行前准备。

一、1.5℃路径势在必行

碳中和的历程必然错综复杂、充满变数。因此，如图1-9所示，我们尝试通过测算不同情景下中国的温室气体减排趋势，从而评估各条路径的“路况”和优劣。如果延续现有计划的减排举措、政策框架以及可预见的技术路径发展（称为“基准情景”），不去做额外的减排努力，那么到2050年，中国的温室气体排放相较现状只能达到10%~20%的降幅，这与达成《巴黎协定》的升温控制以及中国承诺的碳中和目标还有巨大差距。

因此，我们认为，即刻起贯彻1.5℃路径是中国在2060年前实现碳中和目标的必由之路。按照这一路径，中国应力争在2050年前实现75%～85%的温室气体减排，从而有望在2060年前达标。在这一过程中，我们需要在当前计划的基础上推行更加积极的减碳举措，并努力突破现行技术与社会认知边界。

与此同时，我们也不能忽视对2℃路径的制定，因为在各种经济、技术和政治的不确定性因素导致1.5℃路径无法实现的情况下，2℃路径也是一套可行备用方案，同样能够促使我们推进改革，取得实质性减碳成果。

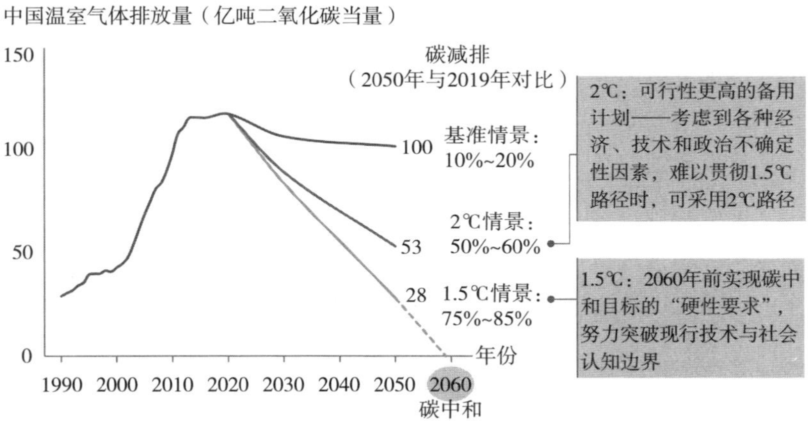

图1-9　为了实现2060年前碳中和目标，中国应即刻起贯彻1.5℃路径

资料来源：BCG分析。

二、脱碳减排举措的四大类别

随着技术的不断提升，各个行业脱碳减排的举措不胜枚举。在

此，我们将中国的脱碳减排举措大致归纳为能源结构转型、模式升级、能效提升、碳捕获与储存技术四大类。

（一）能源结构转型：以可再生能源、核能等清洁能源替代煤炭、天然气、石油等化石燃料

在中国能源结构中，煤炭的使用比率高达60%。丰富的煤矿资源使得煤炭供能的成本较为低廉。正是煤炭的普遍应用和煤矿的大量兴建助力了过去几十年中国经济的腾飞，也将继续支撑接下来中国经济发展的需求。在20世纪，欧美国家的能源结构经历了由煤炭到油气再到新能源的逐步转型。由于中国石油与天然气的供应需要大量依赖进口，而且油气供能的碳排放与煤炭相比并无根本减少，中国能源结构“净化”最主要的方式还将是煤炭与非化石燃料（包括风能、太阳能、核能等清洁能源）之间的互相补充、逐步转换。在1.5℃路径下，我们需要力争在2050年使包括煤炭在内的化石燃料供能占整体能源结构比重降到25%～30%。

能源结构转型的具体举措包括大力发展海上和陆上风能技术、光伏太阳能以及大坝和川流式水力发电，挖潜海洋潮汐能和波浪能，汽车的电动化以及通过厌氧消化工农、市政、动物废弃物生成沼气等。

（二）模式升级：通过改变现有设备、工艺的运作模式，采用创新工艺流程、先进能源技术等，推动节能减排

在工业部门中，流程创新是推动1.5℃减排目标的重要抓手，比如钢铁领域的短流程炼钢与节能技术改造、化工领域的甲醇制烯烃技术作用显著。在能源部门中，储能技术的不断提升预示着能源企业优化供能模式的潜力。比如，中国电网企业与研究机构正在推动电化学储能等方面的研究和规模应用，致力于为发电侧能源转型做好充分准备。

（三）能效提升：提升能源效率，在工业、交通、建筑等领域的意义尤为明显

工业部门的具体措施包括：采取节能的压缩空气生成设备、通风设备、照明设备和压缩机等工业设备，通过数字化来实现工艺热节省和机械能节省以及低温余热和吸收式热转换器的热回收。交通部门在尚未替换燃油车的阶段，需要有效降低燃油车能耗。建筑部门可通过改造既有建筑的管网和建筑结构来减少供暖过程中的能量损耗，同时充分推广太阳能供暖。

（四）碳捕获与储存技术

碳捕获与储存技术（CCS）指的是将大型发电厂、钢铁厂、化工厂等排放源产生的二氧化碳在排放到大气之前收集起来，并用各种方法储存的一种技术。碳捕获与储存技术包括二氧化碳捕集、运输以及封存三个环节，该技术可以使单位发电碳排放量减少85%～90%。

碳捕获与储存技术需要在利用化石能源发电的企业以及生产流程中产生碳排放的工业企业中广泛推广，以最大程度地吸收碳排放。在碳运输和储存方面，能源和化工企业可以采用化学链燃烧和氧燃料燃烧，经在岸、离岸和船舶管道运输，采用在岸、离岸和枯竭油气储层存留等措施。在利用捕获到的碳方面，传统依靠化石燃料供能的企业可直接将二氧化碳制成干冰，或当作甲醇、尿素、乙烯等化学品及海藻生物质能、液态化石燃料的原料。此外，碳纳米管、有机溶剂细菌和炭黑等新兴利用方式也在考虑之列。

以上四类举措将相辅相成，推动碳中和进程，最后达到终点。如图1–10所示，以2℃情景减排为例，能源结构转型的减碳影响最为显著，将贡献约71%的温室气体减排，主要由能源部门的清洁能源发电、交通部门的电动化转型带动。模式升级次之，约占温室气体减排贡献的16%，其中工艺流程创新、可持续农业相关举措（沼气工程、

推进有机肥等）贡献主要份额。碳捕获与储存技术对减排的贡献同样不可小觑，在化石燃料无法完全清退的情况下，碳捕获与储存技术势必推行。

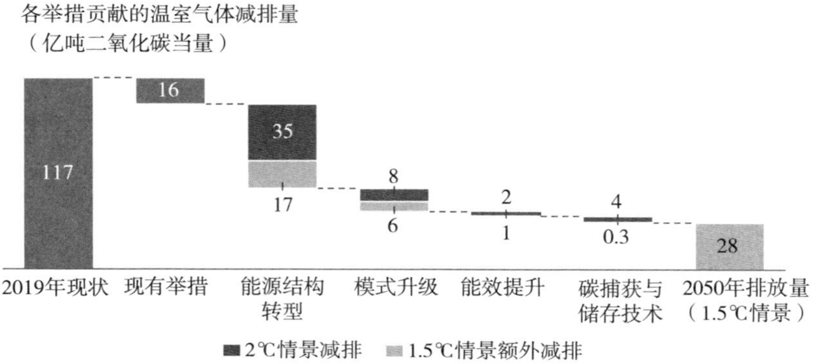

图1–10　技术推动的能源结构转型是达成减排目标的关键抓手

资料来源：BCG分析。

为实现1.5℃路径下的减排目标，中国还需要做好投入大量资金的准备。如图1–11所示，我们估测，截止到2050年完成各项举措所需累计投资为90万亿～100万亿元，约占2020—2050年累计GDP的2%。基于图1–11所示数据，我们可以看到交通部门所需投资[①]最大，主要包括交通工具的电动化以及航空燃料的清洁转型。能源部门次之，主要由可再生能源、核能发电以及碳捕获与储存技术的研发与应用拓展驱动。除此以外，工业部门的工艺流程创新、建筑部门的热泵技术、农业和土地利用部门的垃圾焚烧处理也将占据较大的投资份额。

---

① 1.5℃路径的实现是基于2℃路径的实现，此处所提及的投资是两者累计总投资。

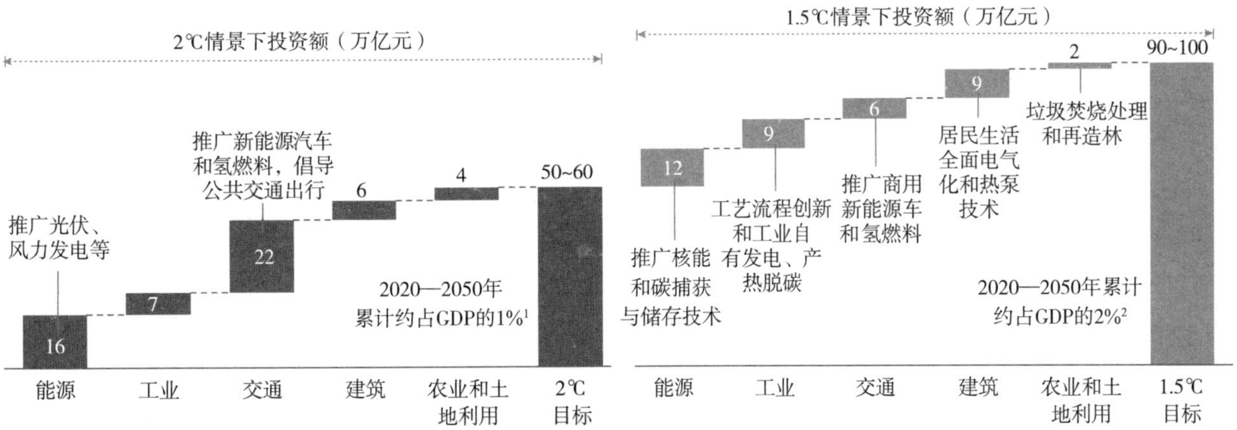

注：1. 与德国的1.04%相比。

2. 与德国的1.6%相比。

图1-11　2020—2050年达成2℃目标和1.5℃目标所需的累计投资额和主要投资领域

资料来源：BCG分析。

三、五大部门的碳减排策略

在碳中和目标的指引下，五大部门需要共同努力，开启低碳转型。为了实现1.5℃路径下温室气体减排目标，五大部门需要各自达成60%～105%的减排幅度，部分部门甚至接近零排放级别。如图1–12所示，我们对五大部门的减排目标、关键抓手及支柱进行了总结。

（一）能源部门

如图1–13所示，至2050年，能源部门在基准情景下碳排放量与2020年相比变化不大，仅能实现停止增长并轻微下降。为实现1.5℃的温控目标，须采取更积极的举措，力争实现65%～70%的减排。能源部门减排技术革新的首要重点便是更加积极地推动发电侧能源转型，预计2050年扩大可再生能源（包括风能、电能、生物质能）与核能的发电比例将成为减排举措中的“主力军”，可贡献约30%及23%的减排。同时，研发启用先进的能源技术（包括化石燃料淘汰、先进能源技术）也将异军突起，贡献7.4%的减排。值得指出的是，这些技术的推广应用也需要与时俱进的管理体系来做支撑：建设更灵活的电力系统，推进能源系统市场化改革，并且落实启动碳排放权交易的运作。

1. 可再生能源

可再生能源的发展与利用是能源部门碳中和之路上的重要一环。中国的光伏和风力发电技术已经相当成熟，装机容量已达到了世界第一。近十年来，中国太阳能和风能发电的成本已经分别下降80%和60%[①]，与传统能源电力相比已极具竞争力，逐步接近平价上网。

---

① 周程程，陈旭. 每经专访国家气候变化专家委员会副主任何建坤：实现碳达峰“十四五”煤炭消费应争取零增长[N/OL]. 每日经济新闻，2021–3–13［2021–09–30］. http://www.nbd.com.cn/articles/2021-03-15/1656805.html.

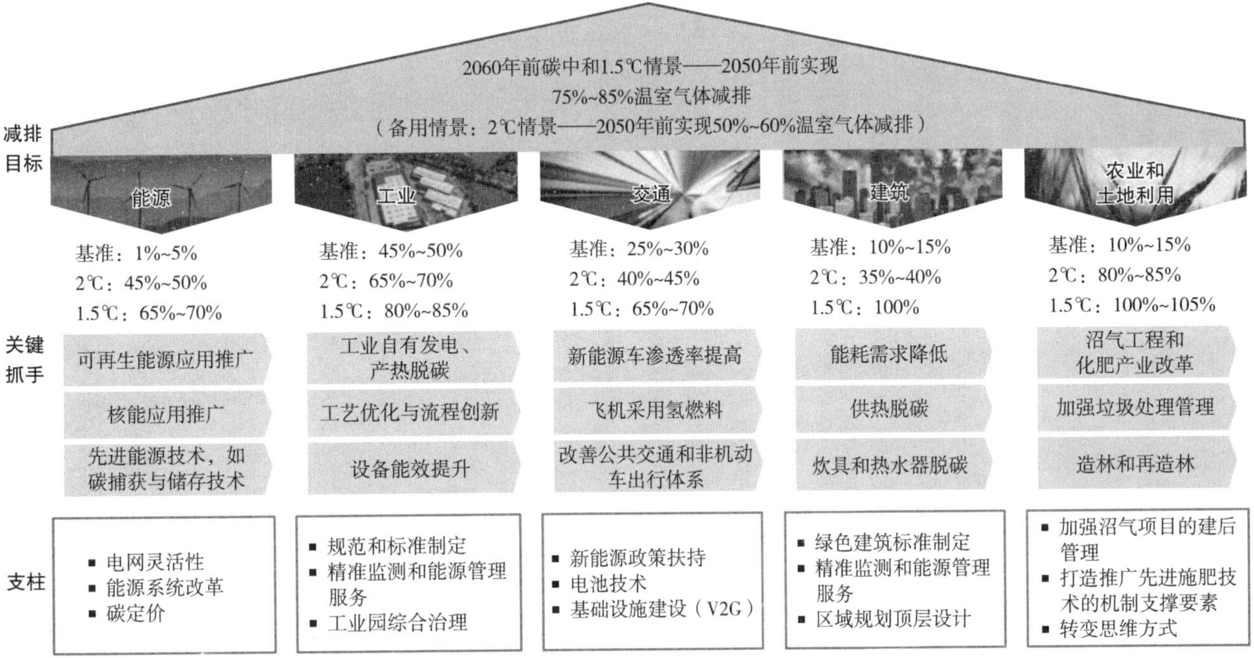

注：所有百分比均为2050年排放量与2019年排放量的比值。

图1-12　五大部门的减排目标、关键抓手及支柱

资料来源：BCG分析。

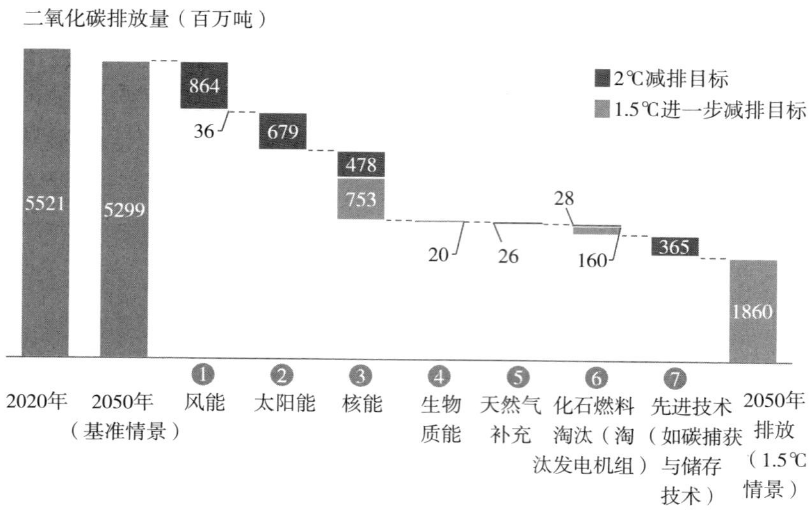

注：所有数据经过四舍五入处理，且小于20的数据未展示。

图1-13　能源：提升电网灵活性和促进能源系统改革对实现转变至关重要

资料来源：世界资源研究所，行业报告，BCG分析。

然而，可再生能源的推进不无挑战。例如，中国风能发电的弃风（指由于电网接纳能力不足等，风机的发电量低于其实际可发电的能力）情况非常严重，造成了巨大的经济和能源损失。2016年，中国的弃风电量达到了497亿千瓦时，如果这些弃风用来替换煤炭，那么中国的二氧化碳排放量将减少4 200万吨，相当于2016年全国碳排放量的4.5%。[①]另外，政府扶持政策在成功带领行业起步之后，也需要调整并引导行业进一步自主发展，逐渐减少补贴。面对这些挑战，中国的光伏和风能企业需在扩大生产规模的过程中加速运用新技术，提升效能，创新商业模式，使得清洁电力成为普惠能源。

① Ye QI，etl. Fixing wind curtailment with electric power system reform in China[R]. Brookings-Tsinghua Center，2018.

2. 核能

核能因其低污染、省燃料等优势成为绿色能源转型中另一种尚需大力开发的清洁能源。中国在核能发电上取得一定成绩，但核能发电也有其“致命的软肋”，亟须用技术手段来克服。核电生产对安全运营的高标准以及对放射性废料处理的高要求，都增加了核能发电的成本。另外，面对日益增长的核电需求，核电生产的主要燃料铀的供应也需补上缺口，因此，铀矿勘查技术的研发和大型基地的建设都将成为加速核电发展的重要支撑。

3. 先进能源技术

先进能源技术也需要在这场能源绿色革命中大显身手。虽然清洁能源会部分替代化石燃料，但是即使在1.5℃路径下，2050年中国的能源结构中依然会有25%～30%为化石燃料。对于这部分燃料燃烧产生的碳排放，我们就需要用碳捕获与储存技术来进行处理。

先进能源技术尚未付诸更多应用的最主要障碍来自高昂的成本。不过，各国科研者始终在钻研寻找技术突破点以求降低成本，并且为封存起来的碳找到二次利用的机会。自2007年以来，我国科技部将碳捕获与储存技术作为控制温室气体排放的技术重点列入专项行动。2007年，中国政府与欧盟启动了“中欧碳捕获与封存合作行动”，共同钻研该项技术，并已经在部分国有能源企业开始了试点项目。

4. 基础设施

基础设施更新与建设也是能源部门减排的关键。现阶段，中国电力系统的灵活性尚不足以支撑新能源电力的整合与纳入，在调节负荷峰谷差、地区间电网互联互济等方面还需更加“智能”。中国电网企业与研究机构正积极推动特高压输电技术（UHV）、电化学储能等方面的研究和规模应用，为发电侧能源转型做准备。

5. 能源管理与市场机制

为了让不断发展、日益精进的能源技术得到切实的应用，能源系统也需要更加与时俱进的管理与市场机制来引导与支撑这次绿色转型。政府与企业应携手推动能源系统市场化改革，在技术开发、生产加工、引导能源消费等环节，构建公平竞争的市场环境，鼓励创新突破。在能源定价上，更进一步真实反映成本的市场化定价势在必行。政府除了在政策调控、维护安全、监督管理层面主导，也应在提高能源公共服务上发挥作用。

毋庸置疑，能源系统的改革也会面临阵痛。首先，中国能源产业"主力军"煤炭产业的"去煤化"进程势在必行。如何平衡来自经济发展需求和人员就业转型的压力，则是需要政府和社会共同应对的挑战。其次，更为市场化的能源定价也意味着交叉补贴的减少。虽然长远来看这是还原电力商品属性的必由之路，但是短期内必将对部分企业以及终端用户形成冲击。为了降低市场动荡的风险，改革的步伐也需循序渐进。最后，为了加速清洁能源对煤炭的替换，中国必须努力探索适合本国国情的碳定价机制，如碳交易与碳税。煤炭发电价低的重要原因是，煤炭污染环境造成的高昂社会和经济成本并未被计入在内。因此，基于"谁污染谁付费"的原则，需要排放温室气体的企业必须购买碳排放权。

（二）工业部门

得益于现有的产业升级与能效提升，在基准情景下，工业部门预计于2050年实现45%～50%的减排。与此同时，工业设备效率的提升（如先进熔炉、高效电机）将继续有效推动进一步的脱碳进程，承担1.5℃路径下约6%的减排。但是仅仅依靠淘汰产能、更换设备、优化燃料等现行措施，工业部门离1.5℃路径要求的80%～85%的减排目标尚有距离。

如图1-14所示，要达到这个目标，首先需要更积极全面地实现工业自有发电、产热脱碳、工艺流程创新，进一步精益运营、鼓励创新，争取相较2050年基准情景下的碳排放再减少约54%。与此同时，政府对于工业部门的管理、引导和规划也需要以助力工业企业节能减排为目标，进一步完善和推动节能减排标准，提升能源综合管理服务，推动生态工业园区建设等。

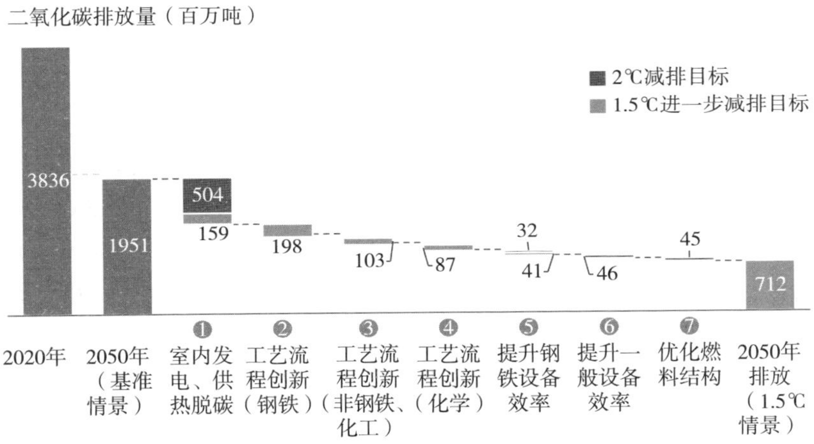

注：所有数据经过四舍五入处理，且小于20的数据未展示。

图1-14　工业：工艺流程创新带来的超越更换设备和燃料转型的好处也至关重要

资料来源：世界资源研究所，行业报告，BCG分析。

1. 工业自有发电、产热脱碳化

工业部门减排任务的重中之重是为工业自有发电、产热脱碳。我们预测，如果成功推动工业脱碳，中国将减少6.6亿吨的二氧化碳排放，约占现有工业部门碳排放量的17%（图1-14中2℃和1.5℃温控目标对应的室内发电、供热脱碳减排总量占2020年二氧化碳总排放量），是达到1.5℃路径中的攻坚一战。

工业脱碳的实现同样需要依靠先进能源技术的大规模应用：清洁能源发电能够减少化石燃料燃烧产生的碳排放，比如热电联产能够充分利用传统热力发电机无法转化的热能，提高能源效率高达80%或以上；碳捕捉与储存技术能够合理处理工业流程中排放的二氧化碳。这些技术成本高昂，尚未达到普遍商用的阶段。攻克这些技术障碍是工业部门减排的首要目标。

2. 工艺流程创新

工业部门减排的另一个重要抓手来自工艺流程创新。我们估测，钢铁、水泥、冶金、化工制造产业在工艺流程创新上能取得的减排成绩总和，将达到约4亿吨二氧化碳。如图1–14所示，2℃和1.5℃温控目标对应的工艺流程创新减排总量约占2020年二氧化碳总排放量为10%。例如，对于水泥生产而言，需要解决水泥原料石灰岩煅烧过程中大量碳排放的问题；对于化工行业而言，需要探索氢化工在氨、乙烯、离子交换膜和氢氧化钠制造中的应用。

3. 园区转型

工业低碳改革的一个值得聚焦的切入点是工业园区的绿色转型。中国已有2 000多个国家级及省级工业园区，贡献了全国工业产值的50%以上。据估算，工业园区贡献了全国能源相关碳排放量的30%。[①]与此同时，大规模的工业园区也有达到系统性节能减排得天独厚的优势，能够通过能源结构调整的相关措施（提高非化石能源占比、碳捕获与储存技术水平、生物质能回收和利用等），推动综合环境治理与生态工业园的塑造。

---

① 郭扬，吕一铮，严坤. 中国工业园区低碳发展路径研究[J]. 中国环境管理，2021（1）。

4. 政府政策、管理法规及服务方面的引导

为保证工业领域减排措施的有力执行，政府应积极推动更完善的节能减排标准，并通过经济与税收手段促进能源密集型企业的绿色转型。目前，国家发展改革委已经针对包括钢铁、化工行业在内的重点产业出台了温室气体排放的详尽核算与上报标准，为之后的碳交易或者碳税等管理形式的推行打下基础。同时，政府加强了对于5 000多家企业在能源效率提升方面的监督，尤其关注化工和造纸行业的绿色转型。

（三）交通部门

因汽车保有量与出行需求的持续上升，在基准情景下，交通部门2050年排放量将上升约30%。如果不采取积极措施，这将与1.5℃路径下减排约70%的方向“背道而驰”。如图1–15所示，对于交通部门来说，交通运载工具的电动化转型是最为本质、贡献最大的减排举措。当下已大幅启动的公共交通电动化以及迅猛发展的乘用车与商用车电动化，2050年，有望肩负交通部门减排贡献的54%。与能源、工业部门类似，交通领域的电动化转型离不开政府的支持、技术的升级与基建的扩张。同时，由于电池的续航能力有限，在解决航空、船舶、铁路等长途运输和交通方面，交通部门还需探寻电动化之外其他储能较高的清洁能源。其中最具研发潜力的是氢燃料——充分推进氢燃料的使用，可帮助交通部门减排约14%。值得注意的是，新能源汽车的推广需伴随发电领域清洁能源替代，只有这样，才能从根本上降低全国整体的碳排放。图1–15汇总了这些措施减排潜力的估算。

1. 陆地出行交通工具电动化

随着城市化生活方式的推进，中国人均出行需求正快速增长。私家车及商用车的电动化，无疑是平衡需求增长和节能减排这一矛盾

的主要解决途径。如果电动车能够在2050年整体汽车保有量中占比70%～90%，那么其有望贡献40%的节能减排。

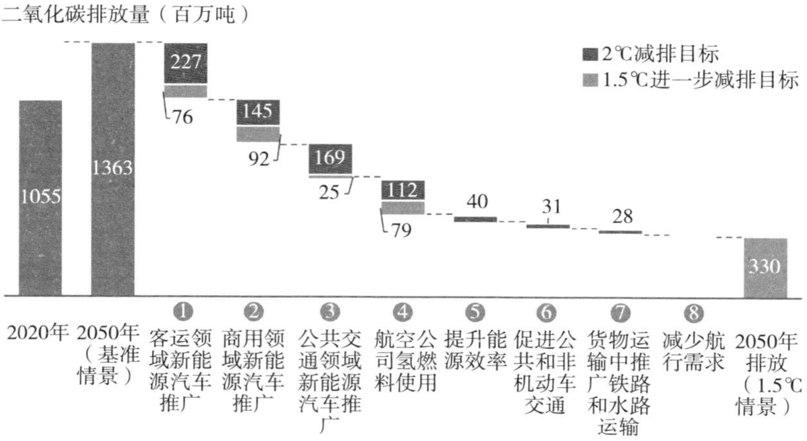

注：所有数据经过四舍五入处理，且小于20的数据未展示。

图1-15　交通：新能源汽车在公共交通领域的渗透和航空公司转型将是关键杠杆

资料来源：世界资源研究所，行业报告，BCG分析。

在中国已大幅度启动的公共交通电动化将进一步得到推进，有望在2050年达到交通部门整体减排目标的14%。例如，深圳市交通运输局的信息显示，在2017年，深圳已率先实现公交车100%纯电动化，连续五年成为全球新能源电动货车保有量最大的城市。[①]公共交通电动化的实现依赖于城市总体交通规划部署的完善与周全：集中式管理提高了汽车的使用率，平衡了电动化汽车的总拥有成本；大量退

① 深圳市交通运输局．深圳公交车出租车电动化实现绿色交通全球领先[EB/OL].（2021-02-21）[2021-09-30]. http://jtys.sz.gov.cn/ydmh/jtzx/tpxw_2061/content/post_8558972.html.

役动力电池得到了梯次利用，进一步降低了新能源车的成本。

基于这些公共政策的成果，中国工业和信息化部制订了规划：至2035年，中国公共领域用车将全面实现电动化。推进公共领域用车的电动化（包括公交车、城市物流车、环卫清扫车等）将是一个契机，有利于政府全面布局和完善当地充电设施建设，也为逐步带动私家车和商用车的电动化铺设道路。

除了国家政策支持外，推动新能源汽车普及的另一大重要支撑来自电池技术的发展。电池成本高、续航里程短等问题仍需进一步攻克，以使新能源汽车最大程度地替代燃油车。在新能源汽车需求与电池产能高速发展的同时，中国亟须解决的另一个问题是退役电池的妥善处置，应建设并规范回收利用体系，避免退役电池数量大规模增长带来的“大规模污染”。

2. 其他交通工具脱碳

其他如船舶、航空、铁路因为化石燃料燃烧而产生的二氧化碳排放大约占交通部门排放的17%。[①]因此在交通工具电动化转型之外，交通部门还需加快推进其他交通工具燃料的脱碳化。例如，中国已启动氢燃料飞机的研发，但现阶段仍以研究机构为主导。中国还需更快加速氢燃料飞机的商用研发，力争在2040年前后实现大规模商业化。只有这样，才可能实现交通领域的“最后一公里”减排。

（四）建筑部门

中国城镇化的步伐不断加快，从建筑部门减排的角度来看减排前景不容乐观。在基准情景下，建筑部门2050年的排放量非但不会下降，反而会增长10%～15%。若要达到1.5℃情景下的减排目标，建

① 资料来源：《中国移动源环境管理年报（2020）》，生态环境部，2020年。

筑部门需实现零排放。

在建筑部门的减排举措中，推进较快且立竿见影的当属建筑节能改造（如热力管网改造、加强墙体隔热）和取暖的脱碳化（如推进电能、工业低品位余热代替燃煤供暖）。这两项举措在中国已经开始推行，但要实现1.5℃路径，则需进一步加强执行的力度与广度，并提升相关企业和规划单位节能改造、清洁取暖顶层设计的硬实力。同时，热泵技术的突破与应用、太阳能热水器和炊具电气化的普及也同样至关重要。如图1–16所示，我们展示了建筑部门达成1.5℃温控目标的路径。

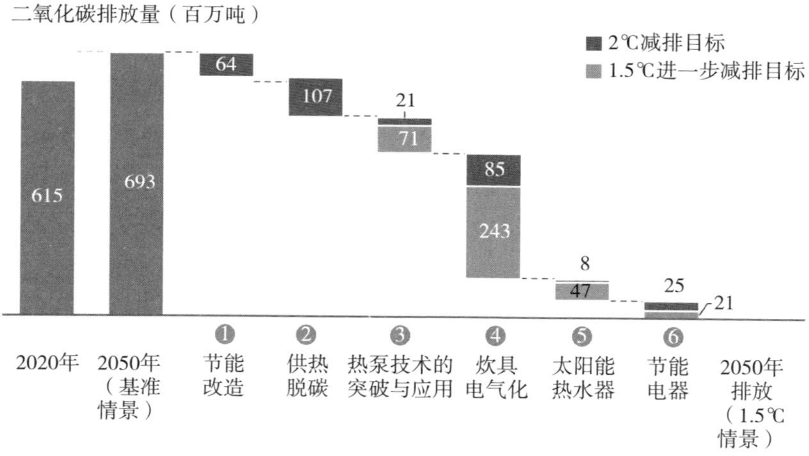

注：所有数据经过四舍五入处理，且部分小于20的数据未展示。

图1–16 建筑：完成节能改造和供热脱碳，随后实现新技术应用和电器电气化

资料来源：世界资源研究所，行业报告，BCG分析。

1. 建筑节能改造

自从2009年推行“绿色建筑”评价标准以来，中国不仅实现了

新建绿色建筑的跨越式发展，也大力推动了既有建筑的节能改造。在新建建筑方面，全国省会以上城市对于政府出资建设的楼房与大型公众建筑已全面执行绿色建筑标准，不少城市也已开展对绿色建筑的立法实践。目前绿色建筑占全国城镇新建民用建筑比例达到50%，仍有提升空间。

既有建筑的节能改造主要针对中国北方采暖地区的建筑，包括外墙门窗等房屋维护结构的保温改造、供热管网的节能改造等。然而，此类建筑节能改造在实际推进中遇到了不少具体的疑难问题。以北方城市不可或缺的供暖系统为例，由于建造年代较早、标准参差不齐等，许多省市都面临供热管网大面积老旧的问题，这在供热过程中将严重浪费能源，也造成了一定程度的安全隐患。对管网进行节能整改，资金投入巨大，需要政府与供热企业共同负担。同时，由于管网供热到户，部分改造工程需要在居民户内进行，因此提升公众对于节能供暖的理解和支持也是建筑节能改造的关键。

2. 建筑供热脱碳

建筑部门的碳排放主要来自人们对于室内温控的需求，因此取暖脱碳化的推进刻不容缓。近年来，在中国北方农村地区大规模开展以燃气代替燃煤的取暖改造，虽然告别了冬日煤炉取暖烟雾缭绕的情况，但是由于天然气资源紧缺且减碳程度有限，取暖脱碳化仍然需要寻求电能、生物质能、工业余热、核能等更加清洁的能源。其中，由于中国工业余热资源丰富，所以对该资源再利用的探索潜力巨大。然而现阶段，工业余热供暖的实现在中国面临着较大的体制障碍。一个具体项目的实施涉及地方政府、工业企业等多个主体，经常会出现“利益冲突”的情况，需要做很多的协调工作。另外，由于工业余热供暖需要铺设从工业园区到城市中心较长距离的管网，项目的初期投资成本很高；而在技术上，尽量减少远距离运暖对热量的损耗至关重要。因此，中国需要更灵活的体制与创新的商业模式，从而让此类减碳理念得到实际拓展，而非停留在规划中。

3. 热泵技术的突破与应用、太阳能热水器和炊具电气化

在房屋供暖制冷领域另一个必须积极推进的技术是热泵技术的应用扩展。被誉为“大自然能量搬运工”的热泵技术，从空气、水或地表下获取的、在原本情况下较难得以利用的热能，通过压缩机运转，将热量在需要得到利用的情景下释放。在冬天，热泵可以将从室外取得的热源用于室内取暖；在夏天，热泵可以以相反的流程将室内热量运输到室外。这一受到广泛关注的清洁能源技术有着安全、低能耗、低成本、温控效果好等多重优势。如果该技术得到广泛应用，那么，预计至2030年，其在中国的市场规模将达到400亿元。这个愿景的达成需要政策的有效推动、公众认知边界的拓展以及热泵技术本身在低温性能和除霜技术等方面的改善。

太阳能热水器的扩大应用是建筑绿色供能转型中另一个不可忽略的潜在机会。太阳能热水器因其价格低廉、使用方便等优势，可谓是对可再生能源的有效应用，但是太阳能热水器的进一步普及尤其是在城市中高层建筑上的应用却止步不前。太阳能热水器需要攻克不少技术难点，例如：如何克服太阳光照时间的限制，使得夜晚和阴雨天气都能稳定提供热水；如何革新产品设计，使其在城市高层建筑上的安装“因地制宜”，突破瓶颈，获得更高市场渗透率。

炊具电气化将是对建筑部门节能减排贡献最大、实施较为困难的举措。在城市中，政府及建筑部门需提升公众对电炊具的接受度，使其了解到电炊具除节能环保之外，同时具有加热速度快、易清洁、安全性能高等优势。而对于偏远农村地区，炊具电气化的难度更高，因为居民的煮饭依然在很大程度上依靠柴草与散煤燃烧，其成本相较电炉来说极其低廉。另外，电网要足够强大才能有效转变千家万户

的“炊烟袅袅”，农村炊具电气化的实现，首先要扩大居民建筑电网容量。

（五）农业和土地利用部门

农业和土地利用部门减排与其他部门相比起步稍晚。在基准情景下，2050年的碳排放量预期比2020年增长约12%；而在1.5℃路径下，减排幅度须略微超过100%，达到负排放，才能达到减排目标。如图1-17所示，在1.5℃路径中，农业和土地利用部门需“各尽其能”：通过农村沼气池建设与化肥改革达到约48%的减排量；在废物处置方面，分担约37%的减排量；通过造林工程发掘地球“天然绿肺”的碳汇潜力。

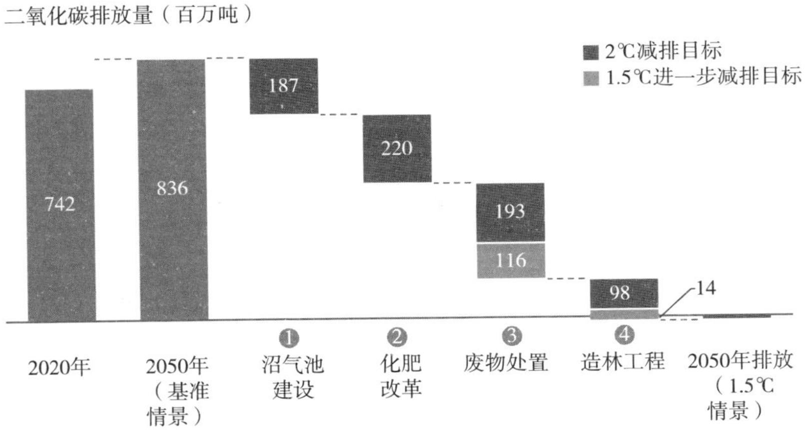

注：所有数据经过四舍五入处理，且部分小于20的数据未展示。

图1-17　农业和土地利用：沼气池建设、化肥改革与废物处置对于达成减排目标作用很大

资料来源：世界资源研究所，行业报告，BCG分析。

1. 农村沼气池建设

农村沼气工程运用厌氧工程技术处理禽畜粪便、农作物秸秆等农村废弃物，从中获得清洁可再生能源和农业生产所需有机肥料，并能改善农村环境污染，促进循环生态的农业发展。中国从20世纪80年代开始就致力于农村沼气池的研究与建设，21世纪之后加快了发展。得益于政策与补贴的支持，截至2020年，中国已建立200亿立方米的生物沼气池，大幅降低了甲烷与二氧化碳等温室气体的排放。

面向未来，农村沼气工程如要在减碳事业中"崭露锋芒"，则需要由户用和中小型沼气池向更大规模的沼气生物池发展。这需要对农村沼气工程建设有更全面的规划：首先，沼气产品的利用水平有待提升，比如大型沼气池可发电并且并入电网，沼渣、沼液可以制成有机肥；其次，除了政府布局与扶植，还需要社会多元化的参与，如非政府资本还需大量注入沼气产业，科研机构需继续专注于技术攻关，市场营运与维护的服务也需进一步成熟。①

2. 化肥改革

化肥的过度利用是农业温室气体（如一氧化二氮）排放的"元凶"，而肥料产业革新将有效推动肥料结构的优化，并加速科学施肥方法的普及。中国是世界上最大的氮肥使用国，其耕地面积不到世界各国总和的1/10，但是氮肥的使用量却占世界总量的1/3，每亩氮肥用量达到了22千克，是欧盟国家和美国的2～3倍。氮肥在生产和施用过程中排放的大量一氧化二氮，产生温室效应的强度比二氧化碳产生的要大300倍。经过多年对化肥施用策略的研究和在中国农村的普

---

① 国家发展改革委.国家发展改革委就《全国农村沼气发展"十三五"规划》答问[EB/OL].（2017-02-16）[2021-09-30]. http://www.gov.cn/xinwen/2017-02/16/content_5168559.htm#allContent.

及教育，化肥利用率在2015年至2017年提升了3%，这相当于减少了6亿吨的一氧化二氮排放，同时在制造化肥过程中也节省了130万吨的煤炭；化肥消耗量在2020年首次实现了零增长。

若要继续减少化肥产生的碳排放，必须让有机肥成为更多耕种人的首选，回归绿色农业。目前，有机肥的普及尚需解决成本高、产品标准不统一等问题，这需要政府与市场共同寻求解决方案。而前文提到的农村沼气工程在推进有机肥方面也同样意义重大——沼肥可以就近就地生产并施用，将大幅降低有机肥的制造和运输成本，形成农业的绿色低碳循环。

3. 废物处置

中国目前的垃圾处理主要依靠填埋（占比约78%）。在填埋过程中，垃圾中的有机物会发生分解，产生大量的二氧化碳与甲烷。多项研究表明，相对来说，垃圾焚烧处理的低碳优势较为明显，为公认的垃圾处理未来发展方向之一。目前，我国政府已经开始针对垃圾分类与处理进行了管理试点和资金补助。若要加快垃圾处理的减排力度，则需推进垃圾焚烧处理的研发，破解现有技术与成本方面的难题，大幅提升垃圾焚烧处理的渗透率——在城市生活垃圾处理中达到80%的水平。

4. 造林工程

要达到农业和土地利用部门的负排放，我们必须珍惜、呵护且充分利用碳汇资源——森林。中国需进一步推进造林工程与林业资源管理，增强温室气体吸收能力，为负排放贡献源源不断的绿色动力。

从改革开放初期倡导植树造林以来，中国的森林净增长面积在过去的30多年都位列世界第一；中国实现了再造林7 900万公顷，是世界上再造林面积最大的国家。与此同时，政府、企业与环保机构也在摸索、创新商业模式，让森林碳汇发挥更大的减排作用。例如：蚂蚁金服与中国绿化基金会合作运行了“蚂蚁森林”项目，种植了1.2亿棵树，使其用户“亲自”参与减少碳足迹的行动。另外，如今已经正式开启的全国碳交易市场对林业发展而言无疑是一个前所未有的机会。之前已经有一些企业购买森林碳汇的初步尝试，例如，青海省林业和草原局在2020年向壳牌能源交付了第一笔基于核证碳标准的林业碳汇——二氧化碳减排量25.46万吨。① 森林碳汇有机会在碳交易平台上“崭露头角”，体现其珍稀的生态价值，助力碳中和的进程。

切实有效的减排措施不胜枚举，我们在此主要对五大部门减碳路径上的“关键节点”和“必由之路”进行了解析。虽然不少举措都有其不完美或未成熟之处，但是我们也可以看到，如果积少成多、步步为营地去实现这些举措，那么从碳达峰到碳中和的目标并非无法企及。五大部门的减碳事业其实渗透到社会的方方面面，从政府到企业再到个人，都需要更积极参与其中。正如原美国副总统、诺贝尔和平奖获得者艾伯特·戈尔的观点：解决气候危机的方案已经存在，但是要真正将这些方案付诸实践，我们需要社会各界刻不容缓地采取行动。

---

① 新华社. 青海省规模最大的林业碳汇项目首笔交易顺利实施[EB/OL].（2020-05-11）[2021-09-30]. https://baijiahao.baidu.com/s?id=1666400999677997755&wfr=spider&for=pc.

第二章

企业低碳发展的通用指引：

六步走

“3060”双碳目标已成为中国宏观政策的方向引导，支持节能减排的相关政策正在不断地演变和发展以助力碳中和落地。企业作为当今经济和社会生活重要的一环，必须响应国家号召，顺应监管要求，迎合消费者需求，加速向低碳模式转型。这不仅是这个时代赋予企业的使命，也是企业寻求长足发展时必须掌握的“生存技能”。

本章从企业视角出发，介绍企业低碳发展的跨行业通用指引，为企业碳中和规划提供思路，然后阐述碳排放基线盘查的通用方法，为企业碳中和战略目标设定奠定基础。从第三章到第十章，我们进一步讨论各行业实现碳中和独特的机遇与挑战，分别聚焦能源、重工业、汽车、建筑、消费品、互联网高科技及金融七大行业，着眼行业现状，探索适合各行业的转型举措和低碳发展模式。

第一节
企业低碳发展的通用“六步”

现阶段，虽然对于开启企业碳中和之路的呼声日益高涨，但是在“内外夹击”的压力下，真正踏上征程且取得实质进展的国内企业仍是“凤毛麟角”。从外部环境来看，政策力度的不足、国际统一碳定价的缺失、市场对低碳产品的态度“不温不火”、低碳技术的不成熟都阻滞了企业的低碳发展。反观企业内部，同样障碍重重：实施碳中和计划往往需要高昂的成本，但是其回报价值在短期内较难兑现或量化。这些都“打击”了企业推动碳中和的积极性。

另外，在实施的过程中亦是“举步维艰”，比如企业在盘查碳排放基线时，对于产业链众多上、下游利益关系者的碳排放无法准确测算；在组织人才上，往往是企业高层致力于发展碳中和，但是难以调动中层管理者及以下级别员工的积极性。面临重重挑战，BCG基于多年项目经验，建议企业通过六个步骤来推动企业低碳模式发展。图2-1将适用于跨行业的通用指引进行了总结。但是，不同行业具有一定的行业特性，因此针对重点行业的碳中和转型战略及举措建议，请参阅第三章到第九章。

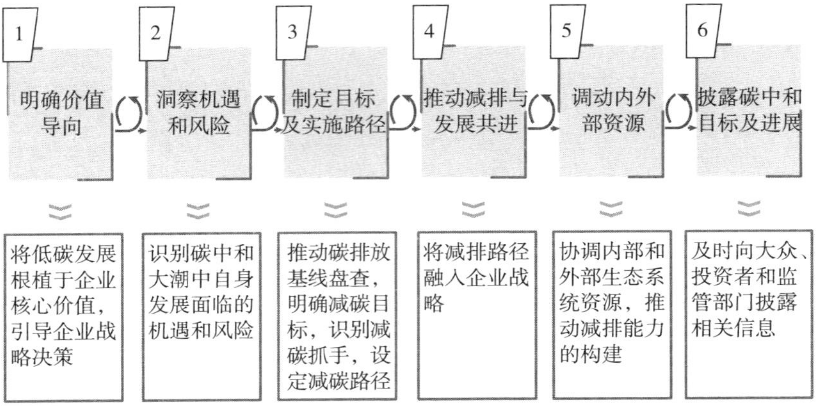

图2-1 企业低碳发展的通用“六步”

资料来源：BCG分析。

一、明确价值导向：将低碳发展根植于企业核心价值，引导企业战略决策

企业“核心价值”的发现始于“聆听自我”，了解自身天然和独特的优势，同时“放眼四周”，发现未被满足的社会需求。这两者重合之处即是企业体现“核心价值”的所在，从根本上回答“企业为何而存在”这一问题。因此，要将低碳发展根植于企业核心价值，就需要企业去寻找在全人类低碳发展中，能够借自身优势所贡献的独特价值。

以下是一些企业依据其气候变化责任而定义的核心价值：

道达尔——“成为负责任的企业公民”“将可持续发展的挑战纳入业务活动当中”。

宜家家居——“我们想为人类及环境带来正面的改变，为当代及下一代缔造长远而重大的影响。”

微软——“我们相信技术是造福人类的强大力量，并且正在努力创造一个可持续未来，使每个人都可以享受到技术带来的好处和机会。”

这些公司清晰的价值导向指引其战略制定及落地实施。比如作为传统石油巨头的道达尔，在全世界向低碳经济转型的浪潮中，逐步推动业务转型，大力参与可持续发展能源，如生物质能和太阳能开发的投资和发展，平衡能源需求及环境保护，实践其作为负责任企业的价值理念。

二、洞察机遇和风险：识别碳中和大潮中自身发展的机遇和风险

（一）借助不同温控情景的框架，定义并描绘企业在各种升温情景中的未来

如今，在各种升温情景下所需减少的碳排放量已经有充分的科学依据。例如：全球2℃升温，意味着180亿吨二氧化碳当量的减排；全球1.5℃升温，则需350亿吨二氧化碳的减排。由此，可以“按图索骥”，计算出碳排放价格、能源供应、市场需求等对企业的价值链产生直接影响的要素，以推演出企业在未来各种情景下的大致定位。

例如，某矿业集团针对三种不同的全球温控情景，对其业务弹性进行分析预测，判断其未来盈利水平，进而决定其应对举措。如表2-1所示。

表2-1　不同温控情景下业务弹性分析示意

项目	升温超标情景（3℃）	全球协议情景（2℃）	提前达标情景（2℃）
2030年欧盟减排目标（以1990年为基准）	40%	50%	N/A
2030年的全球碳价格（单位：美元/二氧化碳当量每吨）	24	50	80
长期大宗品需求[1]			
■ 能源煤需求	100	78	90
■ 铀需求	100	117	126
■ 天然气需求	100	97	105
息税折旧摊销前利润增长（以2016年为基准）	110%	105%	80%

注：1. 以升温超标情景的需求作为基准，即100，对其他两种情景进行预测分析。

资料来源：2019年碳排放信息披露项目，BCG分析。

（二）了解气候变化对企业带来的风险，量化各种情景下的经济损失

众多企业将气候变化引起的自然灾害以及政策法规的不确定性列为最大的风险。比如，飓风海啸的频发对于在沿海地区有大量投资的企业来说可能是毁灭性的。一旦碳定价、碳税等机制得到推广，高排放企业的生产成本将直线上升。例如，欧盟宣布计划通过实施《碳边界调整机制》（CBAM）对生产排放超过欧盟标准的进口企业进行征税，许多进口企业"如临大敌"。其他风险还来自市场更迭（原材料价格上涨、顾客需求转变）、技术转型（启用低碳技术、替换现有产品所需的大量成本）、企业声誉等。通过详尽分析，这些风险均可量化，从而协助企业制定应对方案及优先级的决策。

2019年，碳排放信息披露项目通过问卷形式对30家国际领先企业进行了调研。调研显示，大多企业将与气候相关的物理风险和政

策、法律风险视为最大风险（如表2–2所示），并且其均对气候风险导致的业务影响进行了量化估算。比如，某日系品牌重型机械生产商估测，由于极端气候导致的物理风险将产生70亿美元损失，即0.5%营业收入的消极年化影响。

表2–2 领先企业披露相关气候风险及其频次

披露最为频繁的气候风险			将相关风险列为前三大风险的公司
物理风险	极端的物理风险	极端天气事件的严重性增加	75%
	慢性的物理风险	■ 降水、气候的变化 ■ 平均气温上升	55%
过渡风险	政策、法律	■ 温室气体排放定价上涨 ■ 现有的产品和服务的授权	100%
	市场	■ 原材料成本增加 ■ 客户行为变化	50%
	技术	■ 向低排放技术过渡的成本 ■ 现有产品、服务的替换	40%
	声誉	利益相关者关注增加或负面反馈	10%

资料来源：2019年碳排放信息披露项目，BCG分析。

（三）发现低碳经济呈现的独特机遇，聚焦全新的增值机会

危机的背后也蕴藏着机遇。将低碳发展的机遇带来的经济收益进行测算，不但能帮助企业勾画更清晰的绿色愿景，也有助于取得组织内外对碳中和策略的认同与支持。比如，能源企业可以估算能源效率提升以及能源储存技术大规模运用之后带来的收益，化工企业可以预测清洁燃料催化剂市场的巨大潜力，建筑企业可以展望绿色建筑发展的宏伟图景等。

例如，某欧洲化学集团估测，未来用于清洁柴油发动机所需的催化剂以及用于电动车电池的材料可为其贡献30亿欧元的年收入，相当于其2019年5%的营业收入。

三、制定目标及实施路径：推动碳排放基线盘查，明确减碳目标，识别减碳抓手，设定减碳路径

（一）盘查产业链各个环节以建立碳排放基线

企业可以按照“股权比例”、“财务控制权”或“运营控制权”界定组织边界，然后根据主要经营活动特点明确覆盖的温室气体种类。之后，企业可根据国际认可的温室气体核算标准，对于三大范围[①]的排放分别进行梳理、归纳、整合，从而建立企业本身的碳排放基线。根据现有的企业核算标准，除了农业、能源、制造业企业有较高的碳排放来自直接排放（范围1）或间接排放（范围2），其他行业大部分的排放还是来自价值链上、下游各项活动的间接排放（范围3）。企业对产业链碳排放的盘查应以获取准确、可靠数据为目标，专注于企业可以直接影响的上游供应商或下游客户，从而建立较为实际、可控的碳排放基线。范围1、范围2、范围3的定义及具体的盘查方法及步骤在本章第二节进行介绍。

（二）分范围、分阶段设定减碳目标，确保企业减碳行动可切实降低全球温室效应

越来越多的企业加入了科学碳目标的国际倡议[②]，将企业自身的

---

① 世界资源研究院. 温室气体核算体系[EB/OL]. [2021-09-30] https://ghgprotocol.org/sites/default/files/standards/Chinese_small.pdf.

② 资料来源：科学碳目标倡议网站，https://sciencebasedtargets.org。

减碳目标与全球升温情景挂钩，设定基于绝对排放量或排放强度的目标类型，明确目标覆盖的排放范围（范围1、范围2、范围3），设置切实的目标时间表。参照国际体系，设定基于气候科学的减碳目标，有助于企业更清晰地呈现其低碳目标，更系统化地跟进达成进度，持续建立历史记录，准确预测未来趋势。

（三）识别减碳抓手，衡量减碳之路上每一段“赛道”的“公里数”

碳中和目标的达成需落地重要措施，积跬步以至千里。企业可在内部运营和价值链合作方面考虑以下八项举措，制定更为具体翔实的碳中和实现路径。

1. 四大内部运营举措

（1）优化运营能效：用电是企业的一大碳排放源，企业可以从业务运营流程入手，提升能源利用效率。例如，升级现代化工具和设备，优化工作流程与方法，部署电力监测及管理系统，开发废弃物循环利用机制。

（2）增加业务运营中可再生能源的使用：采用可再生能源供电已成为企业普遍认可的减排方式，能够有效降低运营活动中的碳排放。企业应积极部署屋顶光伏发电系统等自有可再生能源系统，或从外部电厂直购绿电。

（3）打造绿色建筑：推动工厂、中心、分支机构和办公楼日常运营减排是企业碳减排的另一有力抓手，其中，部署电力管理系统、传感器和LED（发光二级管）系统是其中关键的第一步。与此同时，企业可采用能效更高的供暖供冷系统，进一步降低建筑用电。

（4）倡导绿色工作方式：企业可以鼓励员工践行绿色工作方式，促进业务碳减排。通过引导员工节约用电、减少不必要的差旅等举措，建立绿色工作规范。

2. 四大价值链合作举措

（1）助力供应链脱碳：在上游供应链方面，企业必须认识到，选择可持续的供应商，即采用可持续材料、流程和物流的供应商，是构建可持续价值链的重中之重。

（2）设计可持续产品：企业应当履行自身义务，协助下游利益相关方实现碳中和目标，其中，设计更具可持续性的产品是企业的重要着力点。绿色设计有助于减少产品使用阶段的碳排放，还可以通过可持续运营推动生产流程减排。

（3）采用下游绿色物流服务：下游物流是企业削减下游碳排放的另一重要考量因素。通过车辆电气化、使用可持续燃料、提升能效等手段促进自有车辆脱碳，抑或与环保型飞机、船舶和车队供应商合作，都是值得企业借鉴推广的举措。

（4）推出助力其他行业脱碳的产品及服务：除推动自身产品节能减排外，企业还可以推出产品及服务，帮助价值链其他利益相关方脱碳，诸如生产电动汽车或光伏逆变器、提供绿色贷款和绿色债券等措施，都将极大地促进下游价值链碳减排。

四、推动减排与发展共进：将减排路径融入企业战略

（一）将低碳价值观与行动转化为企业的核心竞争力

例如：农产品种植企业通过提高资源利用效率既保护了自然，又增加了收成；消费品企业就近利用资源，既降低了运输产生的排放，又规避了供应链不稳定的风险；建筑企业通过对于绿色建筑标准和低碳材料使用的高度承诺，凝聚了优秀人才；灯具企业致力于LED灯具的研发，LED灯具也成为公司主营业务且销量持续增长；品牌家居企业开拓家具租赁业务，减少浪费，抓住循环经济契机重新定义增长。

（二）将减碳目标与企业自身发展方向达成高度契合，尽早调和显著矛盾

这样做可以避免企业高层出现认知不一致的情况，导致企业战略的摇摆。以电力行业为例，其最典型的难题在于，传统电力企业如何应对去煤化的挑战，实现低碳转型。首先，电力企业应聚焦因低碳发展应运而生的新商业模式与投资机会，增加对于可再生能源发电和电化学储能的使用与投资。其次，拓展新的商业模式，从单纯的供电衍生到能源管理，通过电力批发、电网服务、备用电源和调节负荷等功能为用户增值。

（三）建立全方位的脱碳化机制，通过企业深层次的转型变革达成减碳目标

真正有雄心的碳中和计划不可能只依靠企业社会责任（CSR）部门来完成，而是需要由企业核心高层主导，引领企业进行一次“脱胎换骨”的变革。企业需要创造与气候目标相吻合的竞争优势，大胆果断地依据减碳抓手全面实施减碳举措，并且调整升级运营的重要环节（组织架构、企业治理、技术实力、操作流程、绩效考评等）以顺应变革。

五、调动内外部资源：协调内部和外部生态系统资源，推动减排能力的构建

（一）由企业高管引领、系统性管理并跟进项目进度以确保实际达成

公司领导层需要对气候变化的危害及其对企业的影响有高度认知，对于企业本身的碳排放有清晰的了解，对于低碳发展给企业带来的增值机会有远见卓识。通过公司内部启动碳定价机制、评价新产品及投资的气候影响、将气候标准融入绩效考核等措施，将脱碳化意识

渗透至公司各级的决策。同时，在组织架构上也要提供长期开展碳中和事业的支撑：公司首席可持续官（CSO）将成为核心管理职位，公司董事会也将更积极参与监督低碳项目的进展。

（二）调动公司内部资源以优先低碳发展

在资金投入上，需确保碳中和项目的预算，包括长期的资本投入以及研发的成本。在人力资源上，需要以目标设定等机制增加中间管理层的重视程度，以培训激励等方式调动更多员工的参与积极性。同时，随着碳中和事业的展开，企业内部也需要越来越多的“气候专家”，为寻找企业各个层面的脱碳途径献计献策。

（三）建立以碳中和为共同目标的外部生态系统，凝聚各方资源，众志成城

单靠企业一己之力无法将碳中和进程转到“快车道”，企业需要将供应商、客户、投资者、政策监管部门乃至竞争对手都纳入低碳事业。例如，企业可以通过对供应商的低碳评级减少自身“范围3”的排放，通过呈现低碳发展的高回报潜力吸引投资注入，通过与同行业竞争者战略合作来改善市场环境，共同攻克技术难关，消除对“先发劣势”的担忧。

六、披露碳中和目标及进展：及时向大众、投资者和监管部门披露相关信息

（一）教育客户，培育市场低碳需求

在现阶段，无论是商用还是个人消费，产品的低碳和可持续性依然不是购买决策中首要考虑的因素，但是企业可以通过各种手段唤醒公众意识，培养市场需求，引导低碳消费。例如，微软在其官网上公

布Microsoft Azure云计算服务所产生的碳足迹，提醒大众每一个日常微小举动对于气候变化的影响。又如，荷兰航空以“负责飞行”为口号倡导可持续旅游。

（二）透明公开，积极与大众沟通碳中和的行动和进展，建立企业绿色形象

企业对于发布的低碳工作情况要真诚可信，依据事实数据，目标切实可行，契合企业精神，同时，也要独特鲜明，引人思考，鼓励大众参与更多低碳行动。另外，与大众沟通企业的碳中和愿景，也传递了一个重要的信息：要实现可持续的发展，全社会需要更全面、更深层次的结构转型，每一个人都应参与其中。

（三）及时披露可靠信息，与投资者和政策监管部门达成互信互惠

在低碳发展的社会生态系统中，政府是规则的制定者和执行者，同时也与资本市场一起对低碳转型项目提供大量资金。行动在碳中和事业前线的企业，在依靠政策与资金这些坚强后盾的同时，也需要适时向政府与投资人披露项目进展、事实数据。披露信息不仅仅出于共享资讯的目的，企业也可以通过此举反映脱碳进程中的障碍，从而引导投资决策、政策方向。

无论从人类命运还是自身发展的角度，企业参与碳中和事业都责无旁贷，势在必行。如果将以上六个步骤比喻成一个简化的“导航工具”，我们希望能为企业领导者在思考和执行低碳策略时“指点迷津”，尽快寻找到符合社会和企业自身可持续发展的“绿色新大陆”。

尽管这六个步骤可为跨行业企业提供推动碳中和转型的通用指引，但是每个行业都拥有独特的挑战，在了解完碳排放基线盘查后，我们将在后续章节聚焦热点行业，深入探讨每一个行业的碳中和转型路径。

第二节
碳排放基线盘查方法

开展碳排放基线（以下简称碳基线）盘查[①]是实现碳中和的基础，有助于企业确定基准年的排量。碳基线盘查过程较为复杂、涉及的标准多，建议企业循序渐进，分五步来完成碳基线盘查：明确方法论、界定组织边界、明确覆盖温室气体种类、梳理相关活动及估算碳排放量（见图2-2）。

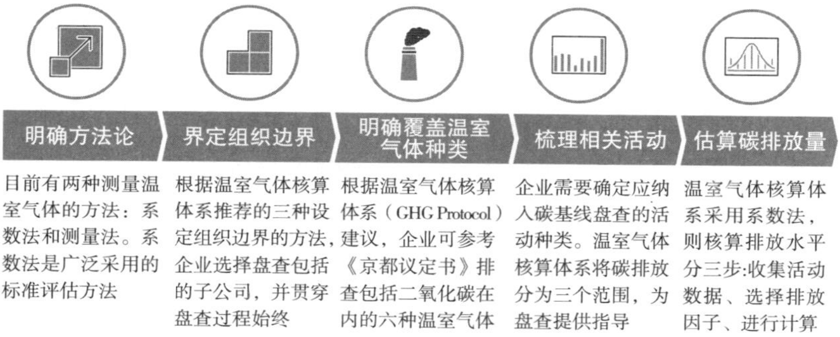

图2-2　碳基线盘查步骤

资料来源：温室气体核算体系，BCG分析。

① 资料来源：《企业碳中和路径图——落实巴黎协定和联合国可持续发展目标之路》，联合国全球契约组织与BCG，2021年7月。

一、明确方法论

不同非政府组织、机构和政府发布的温室气体核算和披露标准多达数十种，但是各种温室气体核算标准的基本方法论较为一致，目前大致分为两种：系数法和测量法。

系数法：通过计算活动数据和相应的排放因子来确定排放量，是广泛采用的标准评估方法。系数法中颇受欢迎的是温室气体核算体系和ISO 14000，其中温室气体核算体系是公认标杆，世界500强当中的众多企业均采用该方法进行碳排放量披露。

测量法：利用排放连续监测系统（CEMS）对活动层面相关温室气体的浓度进行连续测量。这种方法更适用于按行业细分的报告标准，例如美国环保局的温室气体最终排放规则，中国的GB/T 32150《工业企业温室气体排放核算和报告通则》、GB/T 32151《温室气体排放核算与报告要求》。排放密集型行业多使用测量法。

由世界资源研究所和世界可持续发展工商理事会主导的温室气体核算体系是公认标杆，为测量和披露企业在全球范围的温室气体排放奠定了基础。众多其他常见标准均参考这一体系。例如，投资者、利益相关方和全球500强参与的碳排放信息披露项目建议企业遵循温室气体核算体系进行信息披露。目前，全球超过9 600家企业已经向碳排放信息披露项目上报排放数据，占全球市值的50%，其中大部分企业的碳基线都是根据温室气体核算体系来确定的。

二、界定组织边界

界定组织边界的主要目的是明确盘查范围是否包括子公司或者包括哪些子公司，并且一旦明确标准后，应贯穿盘查过程始终。温室气体核算体系推荐了三种设定组织边界的方法，企业可以任意选择一种。

- 股权比例方法：根据企业的股权比例核算碳排放，反映企业的经济利益。
- 财务控制权方法：只涵盖企业有100%控制权的子公司的排放。
- 运营控制方法：企业享有权益，但是没有运营控制权的子公司的碳排放不计算在内。

三、明确覆盖温室气体种类

关于温室气体核算体系的设定建议企业参考《京都议定书》中规定的六种温室气体，包括二氧化碳、甲烷、氧化亚氮、六氟化硫、全氟化碳和氢氟碳化物。企业可以自主选择与主营业务相关的温室气体种类，以上协定非强制性标准。

四、梳理相关活动

企业需要确定应纳入碳基线盘查的活动种类。温室气体核算体系将碳排放分为三个范围，为盘查提供指导。

范围1（直接排放）：企业直接控制的燃料燃烧活动和物理化学生产过程产生的直接温室气体排放。典型的范围1涵盖燃煤发电、自有车辆使用、化学材料加工和设备的温室气体排放。

范围2（间接排放）：企业外购能源产生的温室气体排放，包括电力、热力、蒸汽和冷气等。典型的范围2涵盖发电过程中场外电站释放的温室气体，但不包括电站上下游的排放。

范围3（价值链上下游各项活动的间接排放）：覆盖上下游范围广泛的活动类型。温室气体核算体系示范地列出了常见的范围3活动

（参见图2-3）。

范围3是最具争议的碳排放范围，企业可自主决定所纳入的活动，是否涵盖范围3是企业的战略决策，也取决于上下游行业合作伙伴的合作意愿。对于大多数参考温室气体核算体系的披露系统（如碳排放信息披露项目）而言，范围1和范围2是必选项，范围3是可选项。

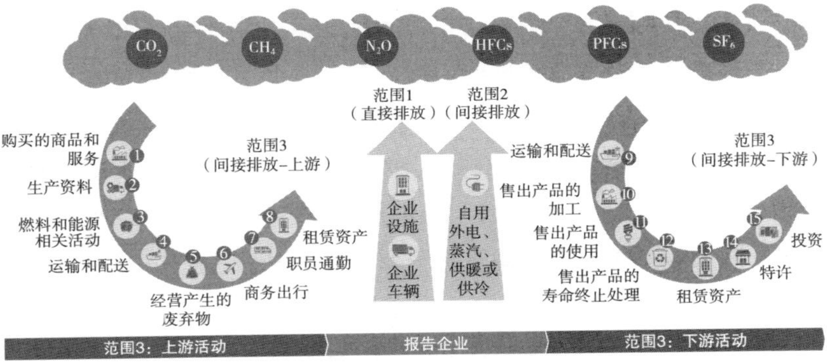

图2-3　典型的碳排放范围活动

资料来源：温室气体核算体系。

五、估算碳排放量

估算碳排放量时，大多数非能源生产企业或者重点排放企业使用系数法，其底层逻辑与其他方法共通。美国、欧盟、中国等的多个组织也纷纷推出了具体核算标准，但暂未统一，主流核算标准遵循温室气体核算体系。采用系数法核算排放水平可遵循三步：先从业务角度出发，收集相关活动数据；接着选择最合适的排放因子；最后计算出排放水平。

（一）收集相关活动数据

在组织边界内和排放范围中，企业需确定各项活动的排放源，并收集活动数据。这些数据是与能源使用直接相关的信息，比如用电量或者填埋废弃物的吨数，是计算的关键数据。收集者需谨慎行事，收集数据通常耗时比较长，计算时对基础数据有一定的要求。

（二）选择最合适的排放因子

排放因子用来量化各活动的碳排放，其选择方法各异，受到国家、地区、技术或能源结构的影响，可以将IPCC缺省排放因子、特定国家排放因子和差异排放因子相结合，灵活应用。大多数企业不需要直接测量或者计算排放因子，尤其是那些来自中低排放行业的公司。企业可以从非政府组织和行业协会发布的一系列排放因子中选取，还可以参考按国家划分的跨行业排放因子，例如中国的GB/T 32150《工业企业温室气体排放核算和报告通则》、GB/T 32151《温室气体排放核算与报告要求》、欧盟排放交易体系的MRR（国际上通用的对搜索算法进行评价的机制）等。当缺乏排放因子时，IPCC缺省排放因子可作为有力补充。企业可以利用IPCC排放因子数据库（EFDB）等资源快速获取排放因子。另外，针对非二氧化碳温室气体，则可以采用差异排放因子。

（三）计算出排放水平

将活动数据和相应的排放因子相乘，并加总到公司层面，可获得公司总体活动水平对应的温室气体排放量。然后，根据国际公认的单位时间发热值标准（全球变暖潜能值GWP），将不同温室气体的排放数据转化为统一的指标——二氧化碳当量（CO_2e），从而最终得到总的碳排放量。

图2-4为用系数法估算碳排放量的流程示意图。

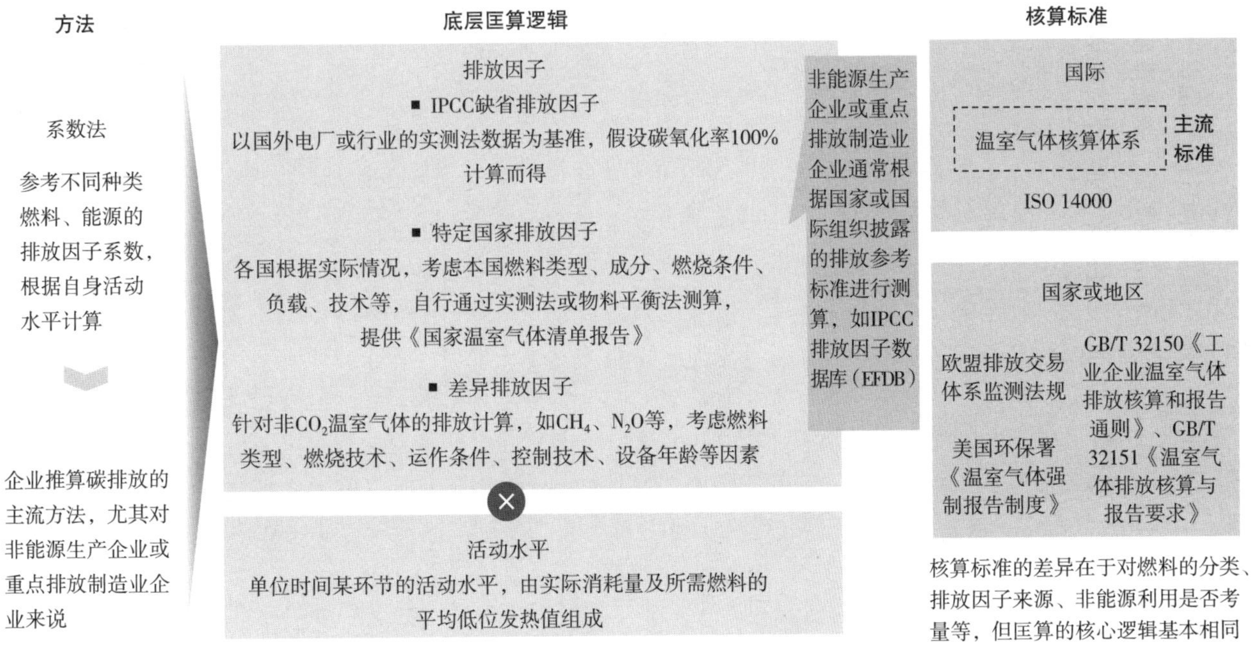

图2-4 用系数法估算碳排放量流程示意图

资料来源：BCG分析。

碳基线盘查过程较为复杂，涉及的法规、标准多，且区域性标准不一致，但是针对铝业、水泥业和半导体行业等特定行业，温室气体核算体系提供了Excel计算工具。企业在确定活动数据、选择排放因子之后可以借助此工具完成计算，也可以通过招募专业团队或者借助外部咨询公司协助完成碳基线盘查。

第三章

能源行业：

推动电力结构向清洁能源转变

“3060”双碳目标的宣布和实施，意味着能源行业的“新时代”真正来临。近年来，全球清洁能源消费量快速增加，世界能源结构正在向低碳化不断转变，作为排碳主力军，能源行业承载着推动中国能源结构转型的历史使命。中国能源行业尽管在低碳转型过程中面临资源禀赋、成本压力、投资缺口和技术缺口等方面的挑战，但也迎来提高国家能源安全、重构能源产业格局和树立绿色企业标杆的转型机遇。

聚焦以电力为代表的能源行业，其实现碳中和需要政策支持、先进技术、电网配套和绿色金融四大必要条件，并推动以清洁核能和可再生能源为主要抓手的电力能源转型。对于少量无法淘汰的化石能源装机，能源行业需要发展CCUS（碳捕获、利用和储存技术）以实现电力碳中和目标。

第一节

整体情况：全球与中国能源行业碳中和发展实践

自第一次工业革命以来，煤炭作为全球主要能源长达上百年，即使在石油取代煤炭成为全球主要能源之后，煤炭仍然是全球最主要的基础能源之一。近年来，随着温室气体排放带来的气候变化问题成为全球议题，新兴经济体的工业化进程开启和加速，全球的资源供给压力和环境承载压力日益突出，在能源需求总体增长的同时，世界开始向低碳未来转型，能源结构正在发生变化，高效清洁的低碳燃料的增速将超过碳密集型燃料。

一、全球能源行业碳中和进程可观，中国躬身入局是必然选择

当今世界，亚太地区、欧洲、北美洲是煤炭的主要生产地区，同样也是煤炭的主要消费地区。这些地区遍布了世界上主要的发达经济体和新兴经济体，两者在煤炭消费特点上有明显差异。发达经济体已进入后工业化时代，其经济发展对高能耗重工业的依赖逐步减少，加之电力生产向绿色清洁方向转变，因此对煤炭的需求强度呈下降趋势，在煤炭相关政策上以减少项目资助、设定排放限制、淘汰煤炭使

用为主基调。

与此同时，新兴经济体正处于快速发展的重工业化阶段，其高耗能经济结构离不开廉价能源的支撑，因此对包括煤炭在内的各种能源的需求均保持强劲势头，在煤炭相关政策上以提高煤炭产量、发展燃煤电厂、提振煤炭产业为主基调。①

随着国力的日渐强盛、国际话语权的持续提升，中国的国际义务和全球责任也不断加重。2020年，中国作为在疫情影响下唯一实现正增长的主要经济体，进一步赢得了全球各国的瞩目。因此，当全球能源行业已经在碳中和道路上走出很长一段距离并取得显著成效的时候，中国的躬身入局和迎头追赶，已经不是“要不要”“能不能”的问题，而是“怎么追”的问题，甚至要考虑怎么才能实现“弯道超越”。

如图3–1所示，自1925年以来，全球温室气体排放量持续增加，但受新冠肺炎疫情影响，2020年全球温室气体排放量较2019年减少了5% ~ 10%，这是自第二次世界大战以来最大降幅，创下了历史纪录。②

仔细观察图3–1，我们发现，在新冠肺炎疫情带来减排契机的同时，全球碳排放量曲线在近年来已经整体趋缓。特别是21世纪的这一小段碳排放量曲线，斜率是明显减小的。相关研究报告的观点证实了我们的猜想，根据《BP世界能源统计年鉴（2021）》③，2010—2020年全球碳排放量复合增速为0.31%，而这一数字在2000—2010年高达2.76%。在21世纪的这20年里，后10年的温室气体排放增速已经明

---

① 杨永明. 全球煤炭行业发展现状与前景分析[N]. 能源情报研究，2016–06–14.

② 资料来源：《助力新达峰目标与碳中和愿景——勠力同心，共筑绿色未来》，BCG，2021年3月。

③ BP. BP世界能源统计年鉴（2021）[EB/OL]. (2021–07–08) [2021–9–30]. https://www.bp.com/zh_cn/china/home/news/reports/statistical-review-2021.html.

显低于前10年的排放增速，节能减排已经成为主要共识和历史趋势。

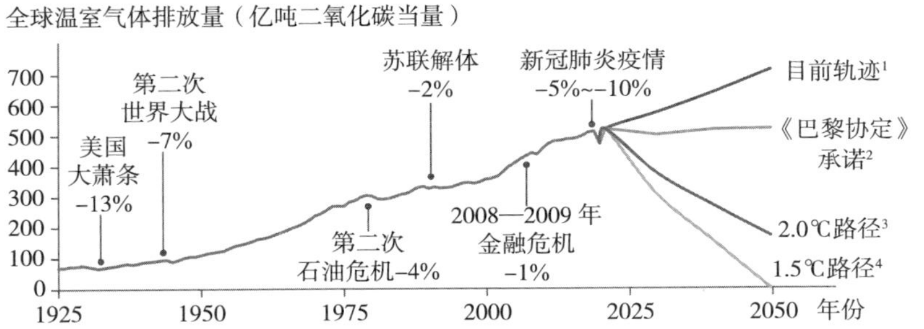

注：这些数据不包括土地使用、土地使用变更以及森林的碳排放。

1. 假设2020年至2050年温室气体排放量的增长水平保持不变，增长率为《联合国环境规划署2019年排放差距报告》中目前政策场景下的水平（年复合增长率为1.1%）。
2. 新公布的排放路径，反映了中国、欧盟、日本、韩国和阿根廷等国家或地区的净零目标。
3. 2.0℃路径，假设到2030年减排25%，到2070年实现净零。
4. 1.5℃路径，假设到2030年减排50%，到2050年实现净零。

图3-1　全球温室气体排放量

资料来源：欧洲经济区，全球大气研究排放数据库V5.0，哥伦比亚国家石油，国际能源署，联合国粮食及农业组织，PRIMAP-hist v2.1，全球碳项目，联合国政府间气候变化专门委员会，《联合国环境规划署2019年排放差距报告》，世界资源研究所，《自然》杂志，BCG分析。

其中，全球能源消费总量增速放缓、煤炭消费占比下降功不可没。从一次能源①消费量来看，2019年，全球一次能源消费总量达到

① 一次能源指的是在自然界中以原有形式存在的、未经加工转化的能源，又称天然能源，如煤炭、石油、天然气、水能等。二次能源指的是一次能源经过加工，转化成另一种形态的能源，主要有电力、焦炭、煤气、沼气、蒸汽、热水和汽油、煤油、柴油、重油等石油制品。在生产过程中排出的余能，如高温烟气、高温物料热，以及排放的可燃气和有压流体等，也属于二次能源。

583.90艾焦[①]，较2018年增加7.67艾焦，同比增速降至1.3%，低于过去10年的平均水平（1.6%）。从能源消费种类上看，2019年，在全球一次能源消费构成中，化石能源（石油、天然气和煤炭）消费量占总消费量的84.3%。其中，石油消费量仍是占比最高的，占2019年一次能源消费总量的比例高达33.1%。近年来，经合组织（OECD）有意识地大力推行绿色发展政策，推动了世界煤炭需求的急剧下降，根据《BP世界能源统计年鉴（2021）》，全球煤炭消费量在过去6年中连续4次下降，2019年煤炭消费量同比降低0.5%，在一次能源结构中的占比达到近16年以来的最低水平。

专题研究

近年来，全球各国都在努力减少煤炭使用、优化能源结构[②]

1. 欧洲地区：逐步淘汰煤炭使用

2014年10月，欧盟领导人同意，到2030年，将比照1990年水平削减40%的温室气体排放。这一行动伴随着强有力的公众活动，将逐步取消煤炭使用和煤炭投资，进而取消对化石能源的资助。

2015年9月，法国宣布不再向不具有CCUS的境外燃煤电厂提供金融支持；金融机构法国巴黎银行、法国兴业银行以及法国农业信贷银行也在其2015年决议中宣布不再向煤炭开采投资。

2015年11月，英国能源大臣安布尔·拉德（Amber Rudd）宣布，英国将在2025年前逐步淘汰煤炭使用。2016年3月，苏格兰最后一座燃煤电厂正式关闭。未来一段时期内，英国政府还将关闭包括

① 艾焦，能耗单位。1艾焦=1 018焦耳。

② 杨永明. 全球煤炭行业发展现状与前景分析[N]. 能源情报研究，2016-06-14.

Fiddlers Ferry等在内的多个装机容量约8吉瓦的燃煤电厂。英国成为20国集团成员中第一个做出淘汰煤炭使用决定的国家，旨在2025年退役所有燃煤电厂。

其他一些欧洲国家也宣布将逐步淘汰煤炭使用，比如葡萄牙承诺到2030年不再使用煤炭，奥地利也做出了相似的承诺。

2.美洲地区：继续快速脱离煤炭

（1）美国多举措脱离煤炭

2016年1月，美国决定暂停实施新的联邦土地煤炭开采租赁制度。此举旨在加强美国对化石能源的管理和利用，推动美国朝着清洁能源经济的方向发展。

2016年3月，美国能源信息署公布了该国当年的电网增加计划，其中燃煤电厂的增加计划为零。也就是说，从2016年开始，美国就没有新增燃煤电厂的计划。

（2）加拿大设定新建燃煤电厂技术标准

2011年8月，加拿大颁布新法律，要求燃煤电厂拥有大约和天然气发电机组相同的排放水平，硬性要求在加拿大新建的燃煤电厂应用CCUS。分析人士认为，这部法律可能会在2050年前逐步淘汰该国的煤炭。2015年，加拿大计划到2030年，逐步淘汰亚伯达省所有的燃煤电厂，并将50%～75%的退役燃煤电厂置换为可再生能源发电项目。

3.经合组织：减少燃煤电厂政府资助

2015年11月，经合组织成员达成历史性协议，将严格控制对燃煤电厂技术出口的补贴。根据协议，鉴于燃煤电厂带来大量导致全球气温上升的主要排放物，34个经合组织成员将限制对燃煤电厂技术出口的补贴。虽然美国此前已经限制煤炭技术出口，包括美国进出口银行、世界银行和欧洲投资银行等主要银行已停止了对煤炭项目的支持，但这一新协议的签署将迫使日本和韩国首次限制对燃煤电厂的援助。

4.亚洲地区：煤炭需求相对旺盛

（1）日本为经济增长推出新建燃煤电厂计划，然因环保规定趋严而取消

2011年福岛危机后，日本开始关闭核电站，煤炭则成为一种较便宜的发电资源。2015年7月，日本经济产业省提出了新电力结构计划。该计划指出，到2030年，电力结构中来自煤炭的发电量将占总发电量的26%，同时温室气体排放量将比2013年减少26%。将煤炭发电量在日本电力供应中所占比例控制在这一水平线意味着，到2030年，燃煤电厂效率将从当前的80%下调至60%，煤炭产业的未来发展将势必受到更多压力。2016年2月，日本环境省称，将在条件允许的情况下，在全国相继推出新建燃煤电厂计划。日本未来12年内计划新建43座燃煤电厂，而且进口煤炭的税率还优于较洁净天然气的税率。[①,②]

然而，日本2020年10月已宣布在2050年实现碳中和目标。并且由于近几年更严格的环保规定和银行限制碳密集型项目融资，日本已逐渐取消所有计划新建的燃煤电厂。[③]从未来实现“碳中和”目标的技术行动与手段方面来看，能源系统低碳转型是其重要的技术手段，主要包括大力发展可再生能源、推动能源消费终端电气化等。

---

① 大嘴君.日本大规模扩建燃煤电厂会带来什么影响[EB/OL].（2016-05-20）[2021-09-15]. https://news.bjx.com.cn/html/20160520/735310.shtml.

② 资料来源：日本海关网，https://www.customs.go.jp/english/index.htm。

③ E Small Data. 日本取消计划中的煤电厂 今后不再上马煤电[EB/OL].（2021-05-10）[2021-09-15]. https://news.bjx.com.cn/html/20210510/1151592.shtml.

（2）印度、印度尼西亚、越南等发展中国家将继续增加煤炭需求，支持经济增长

印度方面，为了向全国近3亿无电人口提供电力，同时提振国内制造业，印度目前的煤炭年产量较2015年增长了一倍，增加至15亿吨。

印度尼西亚方面，作为全球煤炭出口大国，印度尼西亚决定大力发展燃煤电厂，通过增加国内煤炭消费扶持，来应对国内严峻的产业形势。2019年，该国国内煤炭消费量已增加约2.9亿吨，较过去三年增长了2倍。

越南方面，为增加煤炭产量，保证煤矿工业生产规模的发展，越南计划在2030年前扩建现有矿山并开发新区域，在2020—2030年以拥有巨大煤炭储量的红河三角洲盆地为基地，利用新技术试点开发。越南规划指出，煤炭工业的技术先进性将覆盖所有环节，从勘探到加工，以及为国内生产尤其是电力生产供给煤炭。

从全球数据表现和各国实践来看[①]，近年来，全球碳排放量增速放缓主因系主要碳排放国家已逐步实现碳达峰：在碳排放量排名前列的国家中，美国、俄罗斯、日本、巴西、印度尼西亚、德国、加拿大、韩国、英国等都已经实现碳达峰；到2030年，全球将约有58个国家实现碳达峰，而这些国家的碳排放量约占全球碳排放量的60%。

具体分析目前已实现碳达峰的国家在气候行动上采取的措施，我们发现：一方面，在履行《巴黎协定》要求和推进能源转型的双重背景下，80多个国家和地方政府及企业加入“燃煤发电联盟”，承诺逐

① 资料来源：《能源行业专题报告：立足“碳中和”元年，拥抱能源新纪元》，长江证券，2021年2月。

步淘汰燃煤发电，减少化石能源使用；另一方面，各国加大可再生能源投资，尤其是近年来海上风电投资屡创历史新高。

截至2019年年底，可再生能源发电装机容量占全球装机容量的34.7%，同比提升1.4个百分点。[①] 2019年水力、光伏和风能发电量占全球发电量提升至23.6%，同比提升1.0个百分点，可再生能源发电量增长的贡献率达到72.0%，其中约90.0%来自光伏和风能，全球能源消费增量已经从化石能源转向清洁能源。

从上述国际先进经验来看，中国能源行业要实现碳达峰目标，下一步面临的也必然是较为彻底的能源结构和能源消费模式转型。这场绿色战役，没有撤退可言。

二、中国能源行业碳中和进程及面临的机遇和挑战[②]

目前的现实是，在我国能源消费结构中，占据主导地位的依然是原煤，接着是原油、非化石能源和天然气。

根据国家统计局《国民经济和社会发展统计公报》数据，2010—2019年，原煤在我国能源消费结构中的占比是逐年下降的。尽管如此，2019年57.7%的占比表明，原煤仍然在我国能源消费结构中占据着绝对主导地位。原油占比相对保持平稳，2019年占比18.9%，仅比2010年高出1.5个百分点；非化石能源占比在过去的一段时间里快速提升，2019年已经达到15.3%，相较2010年提升5.9个百分点；天然气占比低、增长快，2019年达到8.1%，相较2010年实现翻番。

---

① 资料来源：《能源行业专题报告：立足“碳中和”元年，拥抱能源新纪元》，长江证券，2021年2月。

② 同上。

（一）挑战

1. 以煤炭为主的能源结构与国内资源禀赋相关，存在着客观制约①

我国现有的能源消费结构与固有资源禀赋密切相关。能源行业的需求很大程度上受限于供给，而供给因为资源禀赋存在着天花板。

“多煤、少油、缺气”的资源格局，正是煤炭长期以来占据我国能源消费结构主导地位的核心原因。根据《2020年中国矿产资源报告》以及世界能源委员会数据，2019年我国原油已探明技术可采储量为261.9亿桶，仅占全球总量的1.5%；天然气已探明技术可采储量为8.40万亿立方米，仅占全球总量的4.2%；煤炭已探明技术可采储量为1 415.95亿吨，占全球总量高达13.2%。

整体而言，中国煤炭资源在成矿空间上表现出西部多、东部少和北部多、南部少的地质特征。但是从煤炭消费需求来看，除一些产煤大省外，排名前列的多为山东、江苏、广东、浙江等东南沿海经济强省，这种供需逆向的格局使得我国被迫兴建大量“北煤南运”“西煤东运”的铁路运输通道，进而导致能源消耗进一步加大。

石油和天然气同样面临着资源供给与需求在地理分布上的错配。我国石油资源集中分布在渤海湾、松辽、塔里木、鄂尔多斯、准噶尔、东海陆架等八大盆地，这些地区的可采资源量占据全国总量的八成左右；而天然气资源则集中分布在塔里木、四川、鄂尔多斯、东海陆架、柴达木、渤海湾等九大盆地，这些地区的可采资源量占据全国总量的八成以上。从地理分布来看，东南沿海及中部地区作为经济较发达、能源消费较强地区，距离华北、西北等盆地较远，因此“西气东输”等跨区域能源调配工程便成为我国能源供给侧的“大动脉”。

---

① 资料来源：《能源行业专题报告：立足“碳中和”元年，拥抱能源新纪元》，长江证券，2021年2月。

从这一点来看，能源行业的绿色革命，不仅会影响能源本身，还会牵连交通运输、配套基建等战略性行业。号角一吹，我们面临的将是一场波及面甚广、影响深远的“大仗”。

2. 较为彻底的转型面临着较大的成本压力、投资缺口和技术缺口

（1）成本方面[①]：要实现能源转型，首先要有无碳和低碳的能源，新能源规模化开发利用是实现碳中和的根本保证。像光伏发电，制约其发展的最关键因素不是技术，而是成本。兼具环境效应和经济效益是光伏未来发展的方向，我们需要在规模化应用中提升技术水平、降低综合成本、创新商业模式。此外，氢能也是很重要的零碳能源，我们要利用可再生能源制氢，开发氢的能源储存价值，构建完善的制氢、储氢、运氢、用氢产业体系，加快发展氢能源汽车。但当前，制氢成本是制约氢能源规模发展的关键因素。

（2）资金方面[②]：实现碳达峰、碳中和的资金需求，规模级别都是百万亿元。我国低碳投资量近年来持续上升，总量十分可观。然而，由于我国产业规模庞大、转型处于初级阶段，碳中和投资依然存在缺口，特别是能源、交通、建筑等需要大幅度降低碳排放的领域，以及新能源与CCUS研发及碳汇等助力碳中和的产业。对于上述领域的资金缺口，政府财政只能覆盖约15%，85%需要依靠社会资本，主要来自个人、企业和金融机构。但目前来看，金融系统还没有与碳中和目标统一的投资标准和产业目录，金融机构在碳中和募集资金管理、项目遴选过程中没有参考依据。此外，国内碳中和投资的产品创新程度低，吸收国内社会闲散资本的能力不足，导致市场活跃度低，

① 资料来源：《刘宇：碳中和下的技术缺口》，综合开发研究院，2021年6月。

② 邓玥. 碳中和超百万亿元投资，从哪来，投向哪？ [N]. 中国环境报，2021-06-03（7）.

使金融杠杆的作用大打折扣。

（3）技术方面[①]：目前我国碳排放50%以上来自电力消费，接近30%来自工业制造，它们的转型方向一定是技术驱动型。其中有几种技术较为关键：首先是绿色技术，可以改进甚至替代传统的工业过程；其次是数字和智能技术，过去多在消费端，现在正在工业端、产品研发制造等环节发挥重要作用；最后是新材料研发技术，通过改良、创造新型材料，也能挖掘巨大的减碳空间。此外，还有极为重要的碳汇技术。尽管未来的能源主体是可再生能源和无碳能源，部分能源还是会含碳，工业生产过程中也会产生碳排放。基于我国目前100多亿吨的年碳排放量，即使碳达峰后再中和，我国每年也有十几亿吨的碳排放量，这时便需要如CCUS及生物固碳等碳汇技术。图3-2为CCUS流程示意图。目前，我国在这方面规模化、商业化的项目很少，而这些问题只有在技术被规模化应用时才能解决。

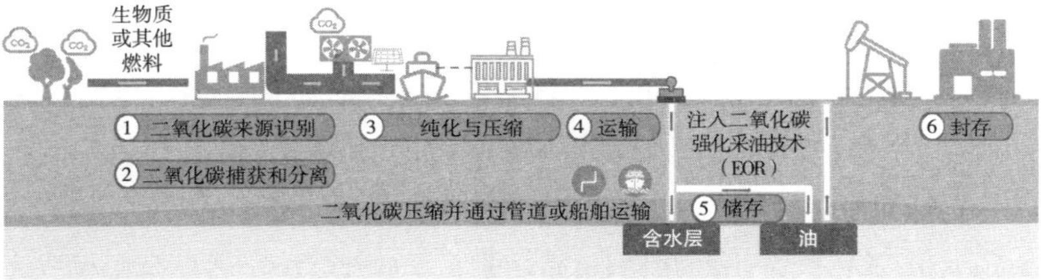

图3-2 CCUS流程示意图

资料来源：联合国欧洲经济委员会发布的《碳捕获、利用和储存》。

虽然不乏挑战，但我们认为，中国能源行业实现碳中和是可行

① 每日经济新闻. 碳市场启动后的投资机会：实现碳中和资金缺口大 产业转型需更多金融产品[EB/OL].（2021-07-17）[2021-09-30]. https://baijiahao.baidu.com/s?id=1705515050788661295&wfr=spider&for=pc.

的，并且能带来多重机遇。

（二）机遇

1. 从国际来看，碳中和将显著提升国家能源安全

我国是世界第一大工业国，对能源的需求量极大，但不匹配的是，我国能源供应存在缺口，高度依赖外部供应。随着我国经济加速发展，这种矛盾变得越来越突出。根据中国石油经济技术研究院的数据，2020年，我国石油和天然气的进口依存度已经上升到73%和43%。这对石油消耗量巨大的我国而言，无疑是个外部风险。①

通过进一步发展风能、光伏等可再生能源和绿色科技，中国能够大幅降低对进口能源及不可再生能源的依赖度，这对提高国家能源安全有重要的战略意义。目前，中国在风能和光伏方面的投资在世界名列前茅，并且拥有全世界1/3的可再生能源专利，但仍需再接再厉。根据我们的测算，在向1.5℃目标行进的过程中，到2050年中国的化石能耗将降低约80%。②届时，新能源和低碳技术的价值链将会成为重中之重，大国国际竞争格局也可能因此受到重要影响。

2. 从国内来看，碳中和将重构国内能源产业格局和东西经济版图

碳达峰、碳中和首先改变的将会是能源产业格局。目前，水力、风能、核能和光伏等在我国能源结构中仅占16%，要实现2060年碳中和的目标，就要大力发展可再生能源，降低化石能源的比重，因此能源产业格局的重构是大势所趋。目前，我国光伏、风电、水电装机

---

① 资料来源：《我国石油对外依赖度飙升至73%》，国家石油和化工网，2021年3月。

② 资料来源：《助力新达峰目标与碳中和愿景——勠力同心，共筑绿色未来》，BCG，2021年3月。

容量均已占到全球总装机容量的1/3左右，无论在投入还是规模上都领跑全球。据测算，实现碳中和目标意味着到2060年可再生能源占比要达到75%～85%，核能的装机容量可能超过现在的5倍，风能的装机容量将超过现在的12倍，而太阳能装机容量预计是现在的70多倍。①一个巨大的产业发展空间将被打开，而在产业链的细分领域，将产生众多的新兴产业，创造大量的就业机会。

根据我们的测算，在向碳中和目标行进的过程中，在1.5℃目标下，绿色技术投资至2050年将贡献2%～3%的中国GDP。根据国际可再生能源署的预测，仅在2℃目标下绿色经济相关的可再生能源、建筑、交通等行业至2030年也能够为中国带来约0.3%的就业率提升。②

此外，按照2060年碳中和目标计划，届时，光伏、风能聚集的中西部地区将会成为我国最主要的能源输出地之一。中西部地区在中国经济版图上的角色，也将被重新定义，国内经济社会存在的不平衡、不充分问题有可能得到更进一步的解决。

3. 从企业来看，转型成功的企业将获得巨大的绿色优势

碳中和的实施，将倒逼能源企业加快绿色生产模式的形成，这不仅有助于企业在新的政策环境下获得更多样的政策支持，实现可持续发展，而且在不断深化的低碳流程改造中，能源使用效率也必将获得进一步提升，反哺企业的产出和营收。此外，低碳技术的充分运用，也很有可能帮助企业形成独属于自己的绿色技术资产。在碳中和推进的大趋势中，企业可以通过出售或购买专利、引进氢能或CCUS等新

---

① 资料来源：《面对实现“双碳”目标的新机遇——衢州光伏产业能否绽放辉煌？》，浙江省人民政府，2021年7月。

② 资料来源：《助力新达峰目标与碳中和愿景——勠力同心，共筑绿色未来》，BCG，2021年3月。

技术建立起更强大的核心竞争优势、更广泛的赢利渠道，并借此获得更优质的社会影响力和群众口碑，甚至跃升成为行业龙头或标杆，而这些都将为企业的可持续发展带来不可估量的助益。

第二节

抓准能源行业的“牛鼻子”
——中国电力行业碳中和前景展望

2021年7月16日，备受瞩目的全国碳排放权交易市场启动上线交易，电力行业是首个被纳入全国碳市场的行业，这足以证明电力对碳中和目标实现的影响举足轻重。一方面，电能来源有很多种，火电、风电、光电……盯住了电，其实就是盯住了能源结构；另一方面，电是二次能源，相当于将不同发电能源转化到了同一单位下，更易于度量和比较，且国内电力行业数据管理、统计相对规范、完整，数据可信度与准确度较高。因此，只要锚定电力行业的绿色转型，也就锚定了能源行业的碳中和。

即使受疫情影响，中国的经济仍旧保持活力，未来经济增长将继续拉升中国的用电量，预计到2050年，中国总用电量将达11 300亿~14 000亿千瓦时。庞大的体量意味着电力减排存在极大的挑战，实现碳中和刻不容缓。2020年12月12日，习近平就在气候雄心峰会上宣布：“到2030年，中国单位国内生产总值二氧化碳排放将比

2005年下降65%以上，非化石能源占一次能源消费比重将达到25%左右，森林蓄积量将比2005年增加60亿立方米，风电、太阳能发电总装机容量将达到12亿千瓦以上。”[①]明确的量化目标进一步强化了电力行业转型的动力。2021年3月15日召开的中央财经委员会第九次会议也进一步强调，要深化电力体制改革，构建以新能源为主体的新型电力系统。在政府引导和支持下，电力行业成为碳中和的先行者。

在这样的背景下，BCG经过深入调研电力行业的发展现状、转型条件和投资机会等，给出了有借鉴意义的面向碳中和目标的电力行业转型路径建议，以及发电企业实现碳中和的“三步走”战略。

一、2050年中国电力结构展望

（一）看清局势再下手：认准国内电力能源转型的主要抓手

十九大报告为我国能源清洁低碳转型发展指明了新方向，即推进能源生产和消费革命，构建清洁低碳、安全高效的能源体系。为实现碳中和目标，电力行业需要加快推进能源结构转型，从以煤炭发电为主向清洁低碳能源转变。经过对中国清洁能源发展现状的梳理研究，我们发现，对中国来说，最不会出现“水土不服”的转型抓手，就是核电、风电和光伏发电。

从全球来看，新能源对发电的贡献度已经有了可观的提升。国际能源署（IEA）发布的《全球能源回顾：2020全球碳排放受新冠肺炎疫情影响情况》显示，2020年，电力部门的二氧化碳排放量下降了3.3%（4.5亿吨），相对和绝对降幅均为有记录以来的最大值。这一方面是受2020年新冠肺炎疫情影响，全球减少了电力需求，另一方面

① 资料来源：《习近平在气候雄心峰会上的讲话》，新华社，2020年12月。

则缘于可再生能源发电的加速扩张。可再生能源发电量占全球发电量的比重从2019年的27%上升到了2020年的29%。

从中国来看，在过去10年间，可再生能源在电力行业中的应用对碳排放量产生了越来越大的影响，使其年均降幅达到了10%。尽管遭受疫情冲击，可再生能源在2020年仍然加速发展。相较于2019年，可再生能源在降低电力行业碳排放方面的贡献增长了50%。以下是各类型能源在2020年发电情况的具体表现：

- 煤炭发电：2020年的装机容量为1 060吉瓦，占比达到49%。过去，投资煤电是满足电力需求的主要方式，但未来这个情景将发生变化。到2050年，煤炭发电量将维持在较低水平，主要发挥平衡电网体系的作用。
- 天然气发电：2020年的装机容量为100吉瓦，占比为5%。中国的天然气资源有限，高度依赖进口，因此其装机容量占比较低。由于二氧化碳排放量较低，天然气将在2030年前取代部分煤炭，但资源有限、减排量低和存在空气污染风险等问题也将影响天然气发电的大规模推广。
- 核能发电：2020年的装机容量为100吉瓦，占比为2%。核能发电是一种已被证实的清洁发电技术，是实现净零排放目标的重要推动力。截至2019年12月，我国拥有47台商运核电机组。核电站建设时间长，投资需求大，但核电装机容量占比还较小。不过，随着技术成熟和战略重视程度提高，预计核能发电占比将不断增长。
- 水力发电：2020年的装机容量为371吉瓦，占比为17%。水力发电的占比未来10～15年会持续增长，但由于已开发量占可开发资源的比重高，其增长的速度将逐渐放缓。
- 风力发电：2020年的装机容量为280吉瓦，占比为13%。我国很早就开始了风力发电的研究、试验和推广工作。目前，陆上风力发电逐渐获得广泛应用，主要覆盖东北、华北和西北地区。保证风电的大幅持续增长需要降低离岸风电成本。

- 太阳能发电：2020年的装机容量为253吉瓦，占比为12%。随着我国光伏发电技术的进步，太阳能发电系统转化率越来越高，成本也将越来越低。太阳能发电装机容量快速增长，是实现净零排放目标的重要抓手。目前，集中式光伏发电广泛应用于东北、华北和西北地区，分布式光伏发电应用也在逐步增加。
- 生物质发电：2020年的装机容量为27吉瓦，仅占1%。我国生物质发电原料供给不足、价格过高和质量参差不齐等问题阻碍了生物质发电产业的发展，因此其占比较小，目前的应用集中在燃料资源丰富的四个省份。不过从长期来看，生物质发电将会呈现继续增长的态势。

（二）小心假设、大胆求证：两种电力能源结构的情景展望

为了让读者对电力行业未来能源结构特点有更加直观的体验，我们基于发展潜力和实现碳中和目标的要求，介绍两种情景：清洁核能情景、绿色可再生能源情景（见图3-3）。也就是，未来的中国电力行业如果分别由这两种能源来发电，等待我们的将是一个怎样的世界呢？

1. 当两种能源同时存在，但以清洁核能发电为主时

（1）核能：积极发展核电，一方面在核电站技术方面有所突破，使安全性更高，核废物生产量更小；另一方面普及核电知识和安全防护措施，明确核电突发事件应对方法，提升大众对核电的接受度。但核电站发展节奏受到一定限制：一方面核电站工程周期较长，一般超过5年；另一方面保证安全性仍是核电发展的前提（大幅增加核电站

会提升燃料处理和核废物处理的难度)。2030年能建成并投入使用的核电站基本都在规划当中，2030年前或只有约6%的涨幅，增长有限，预计2030年后可能加快增长，年增长率可达8%以上。

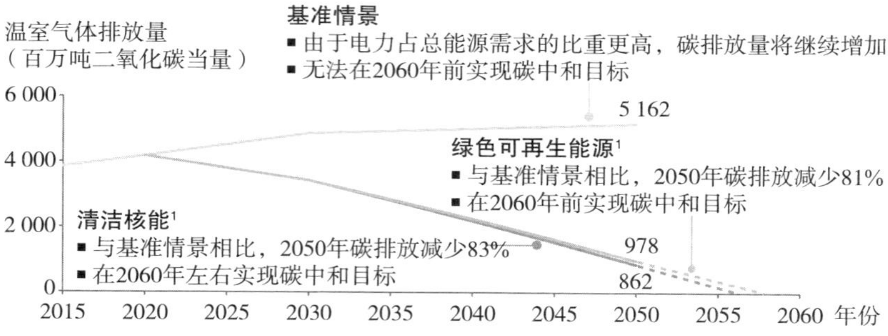

注：1. 假设目前CCUS可捕获50%的二氧化碳排放；假设到2050年，CCUS可捕获60%的二氧化碳排放。

图3-3 中国发电产生的温室气体排放(2015—2050年)

资料来源：BCG分析。

(2)可再生能源：技术成熟、经济性较强的集中式光伏和陆上风电有显著发展，但发展空间受地域限制，比如中东部地区土地资源少，光照和风能资源条件一般，能新建的集中式光伏和陆上风电有限；分布式光伏、离岸风电等仍未达到平价，政策支持力度较小，发展动力较弱。

2. 当两种能源同时存在，但以绿色可再生能源发电为主时

(1)可再生能源：重点发展，在分布式光伏、离岸风电等未达到平价的领域，通过政策支持、技术突破等使其成本大幅降低，同时广泛应用储能和特高压输电技术，支持可再生能源发展。但由于风或光发电存在波动性，需要按风光装机容量的20%左右配置火力发电

（煤炭和天然气）供电网调峰用。

（2）核能：以5%以内的年增长率保守发展，作为基础负荷。当然，需要说明的是，由于上述假设中，两种能源同时存在，只是占比不同，因此以下（3）~（6）情景预测也将同时存在于两个假设中。

（3）煤炭发电：将逐步退出，在发电系统中的角色从主要发电来源转变为维持电力系统稳定性的灵活调节电源，到2050年，所有机组都将配备CCUS装置。

（4）天然气发电：作为煤电退出的过渡方式，在2030年之前会加快发展，但由于资源限制，且自身也产生碳排放，2030年后会维持在较稳定的水平，到2050年所有机组都将配备CCUS装置。

（5）水力发电：未来将有限开发，预计2050年前可开发资源将开发完毕，开发程度达到所有水力资源的80%。限制因素是待开发资源量有限（已开发的水资源已经占到总资源的50%以上），开发难度将越来越大（生态环境脆弱、地理位置危险）。

（6）生物质发电：受限于生物质资源（垃圾、秸秆）等资源分散，收集、运输、储存成本较高，未来在发电量中会保持较小占比，且到2050年所有机组都将配备CCUS装置。

两种未来情景下各种发电方式的装机量和发电量预测如图3-4、图3-5所示。

（三）用碳汇技术为未来兜底：实现碳中和目标的最后一公里

在上述两种假设情景里，少量难以淘汰的化石燃料装机仍然会带来部分碳排放，因此实现碳中和目标的最后一公里需要用其他方式。在上述两种情景下，可通过研发与推广CCUS，以及发展储能技术、植树造林等手段实现剩余9亿吨二氧化碳减排。

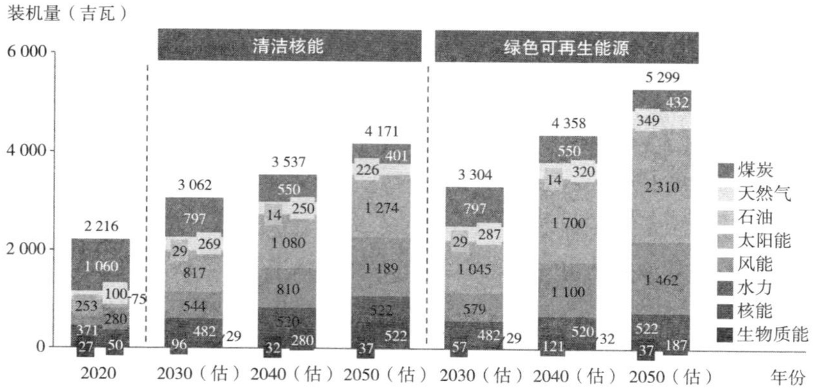

图3-4　两种未来情景下各种发电方式的装机量预测

资料来源：BCG分析。

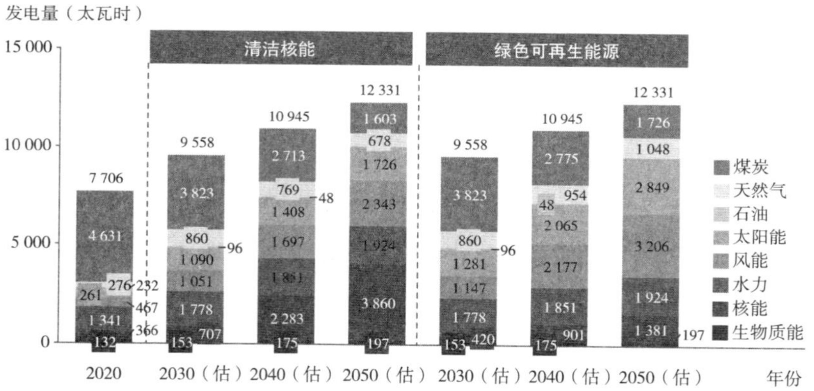

图3-5　两种未来情景下各种发电方式的发电量预测

资料来源：BCG分析。

- 研发与推广CCUS：积极研发和推广化石燃料CCUS，以及生物质碳捕获与储存、直接空气捕获等技术。通过技术革新，使碳捕获装置能有效地分离和收集二氧化碳，从而使由化石燃料发电产生的二氧化碳能够更完全地被捕获和利用。

- 发展储能技术：进一步发展储能技术，氢能等中长期储能技术可代替火电为电力系统调节来源和基础负荷，维持电力输出的稳定性，进一步降低发电结构中化石能源的占比。
- 加大植树造林力度：植物生长过程能直接吸收二氧化碳，可以加大植树造林力度，发挥森林资源的重要作用，抵消碳排放。

二、实现电力行业结构转型，四大必要条件不容小觑

前文假设所展现的碳中和世界确实“很美好”，但这些还仅仅是理论推演。为了不让这一切只是纸上谈兵，中国必须为推动能源结构转型争取必要的条件。发电企业要想从传统化石能源向可再生能源良性过渡，离不开政策支持、技术推动、电网配套以及绿色金融的助力。

（一）政策支持

中国能源转型的相关政策尚处于发展初期，目前对能源结构转型的影响有限，而一味埋头自己搞方案，难免会费力不讨好。我们可以借鉴欧美成熟市场的经验来进一步实现发展。

目前，可以对能源结构转型产生影响的政策主要是碳定价、绿色电力证书（GEC）和可再生能源直接购电（DPP），它们在国内的发展现状以及与欧美的差距不尽相同。

1. 碳定价

碳定价是一种减少温室气体排放的市场化工具，它可以反映温室气体排放的外部成本，这些成本将通过对排放的二氧化碳定价的方式展现。化石燃料发电厂需要为排放二氧化碳支付额外成本，因此可以选择逐步转向低碳排放的发电技术以降低成本。

可以说，碳定价是推动燃煤发电向可再生能源发电主动转变的有效工具，可以提高燃煤发电成本，让可再生能源更早在成本上发挥竞争力（见图3-6）。通过实施碳定价，可再生能源可提前2～12年实现与燃煤发电相比的成本优势。

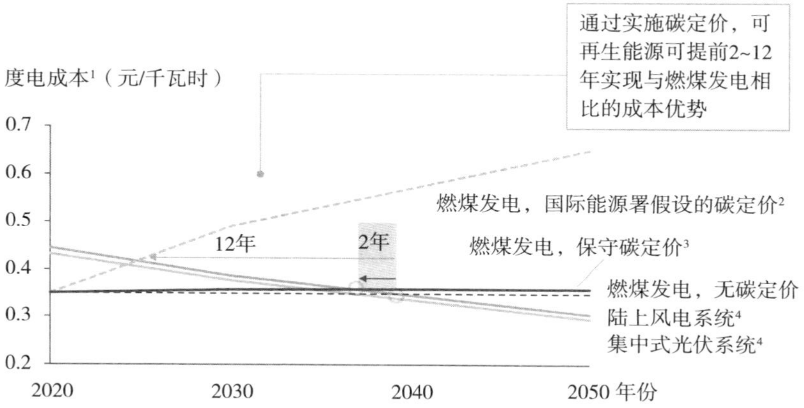

注：1. 基于基准情景计算。

2. 假设2050年碳定价增加到47美元/吨（基于国际能源署新政策）。

3. 假设碳定价为10～15元/吨。

4. 度电成本包括储能成本（假设占20%）和特高压传输成本（假设占60%）。

图3-6 中国度电成本（LCOE）预测（2020—2050年）

资料来源：国际能源署，中国国家可再生能源中心，BCG分析。

一直以来，中国都在积极推进碳排放权交易市场的制度建设和市场建设，可喜的是，就在2021年7月16日，全国碳排放权交易市场正式启动上线交易。2021年是全国碳排放权交易市场第一个履约周期，首批纳入发电行业重点排放单位2 162家，覆盖约45亿吨二氧化碳排放量。这意味着中国碳排放权交易市场一经启动，就成为全球覆盖温室气体排放量规模最大的碳排放权交易市场。建设全国碳排放权交易市场是利用市场机制控制和减少温室气体排放、推进绿色低碳发展的一项重大制度创新，也是推动实现碳达峰目标与碳中和愿景的重要政策工具。

全国碳排放权交易市场启动初期，纳入2013年至2019年任意一年排放量达到2.6万吨二氧化碳当量的2 000多家发电企业（含自备电厂）；对2019年至2020年的配额实行全部免费分配，后续按照稳步推进的原则，成熟一个行业，纳入一个行业。

生态环境部有关负责人表示，发电行业直接烧煤，二氧化碳排放量比较大，把发电行业作为首批启动行业，能够充分地发挥碳排放权交易市场控制温室气体排放的积极作用，协同减污降碳。

全国碳排放权交易市场启动上线交易当日，中石油、中石化、华能集团、大唐集团、华电集团、国电投、国家能源、申能集团、浙能集团、华润电力等企业参与了交易。

我国的碳排放权交易市场建设是从地方试点起步的，自2011年10月以来，在北京、天津、上海、重庆、湖北、广东和深圳等地开展了碳排放权交易试点工作。截至2021年6月，试点省市碳排放权交易市场累计配额成交量4.8亿吨二氧化碳当量，成交额约114亿元，重点排放单位履约率保持较高水平，市场覆盖范围内碳排放总量和强度保持双降。

在碳排放权交易试点中，北京将发电、石化、水泥以及服务业等八大行业的800多家重点排放单位（包括企业和公共机构）纳入管理。主管部门免费给重点排放单位发放配额，经核查，实际排放量超过配额的排放单位，需从碳排放权交易市场购买配额完成年度履约任务，反之可以出售多余配额获利。

这个机制十分简单，就像任何一种生物都需要呼吸，而呼吸会消耗氧气、排出二氧化碳一样，如果一个生物被剥夺了“排放二氧化碳”的权利，那么等待它的就是死亡——企业一旦失去了排碳指标，就意味着要“关门大吉”了。这种方法能有效激励企业在既定的碳排放额度内，加速压降自己的碳排放量，因为超标就要多付钱去买；而且，整个市场的碳排放额是由总量控制的，真到了市场额度告急之日，即便愿意出高价购买，也不一定能如愿买到。从这一点来讲，减碳降排是企业实现长远发展的唯一出路。

2. 绿色电力证书

绿色电力证书，简称“绿证”，是国家对发电企业每兆瓦时非水可再生能源上网电量颁发的具有独特标识代码的电子证书，是非水可再生能源发电量的确认和属性证明以及消费绿色电力的唯一凭证。简言之，绿证就是一张“光荣证”，证明企业的用电来源是国家认可的风电或光伏电。

要理解绿证机制，首先要了解我国电价补贴演变的历程。电价补贴是我国可再生能源发展，尤其是风、光等新能源发展的主要推动因素。正是得益于电价补贴政策的激励，中国的风电及光伏行业经历了10年的快速发展。①

国家可再生能源电价补贴由可再生能源基金支付，基金主要源于可再生能源附加费，即向全社会（扣除居民生活用电和农业用电）用电量征收的可再生能源附加费。为满足可再生能源并网的补贴需求，国家能源局多次上调可再生能源附加费征收标准，但由于风力、光伏和生物质能等可再生能源发电规模增长过快，可再生能源基金依然入不敷出，无法满足此类能源大量并网带来的补贴需求。

为了弥补资金缺口，绿证机制应运而生。2017年，我国依托可再生能源发电项目信息管理系统，试行为陆上风电、光伏发电企业

---

① 资料来源：《一张图读懂“绿证”》，国家可再生能源信息管理中心（微信公众号），2018年2月。

（不含分布式光伏发电）所生产的可再生能源发电量发放绿证。一个绿证的产生就意味着有1 000千瓦时风电及太阳能产生的绿色电力已经上网，并且这个证书可以拿来交易。政府机关、企事业单位、个人都可以通过可再生能源发电项目信息管理系统进行认购。借助这种方式，可再生能源发电项目利用绿证获得额外收入来源，以补贴发电成本。

在发电企业出售绿证后，相应的电量也就不再享受国家可再生能源电价补贴。总体而言，绿证机制可以对冲补贴拖欠的风险，缩短企业资金回款的周期，也有助于减轻国家可再生能源补贴压力。

当然，从实际的执行情况来看，绿证机制的推广目前仍在摸索起步阶段。由于价格高和缺乏政策引导，绿证认购率较低，2017年7月至2020年11月的数据显示，风电绿证认购率为0.16%，光伏绿证认购率仅为0.004%。

绿证认购率较低的原因主要体现在两个方面。一方面是绿证价格较高，早期可再生能源发电项目的上网电价补贴高，其价格约为欧美自愿减排交易市场的10倍或更多，而且国内资源禀赋差异导致不同地区绿证价格有较大差异，即国内可再生能源上网电价和燃煤标杆电价的差异导致不同地区绿证价格有较大差异。比如，太阳能或风能越丰富或并网时间越晚，可再生能源上网电价就越低，而煤电上网电价则根据不同省份有所差异，这些都会影响认购者的认购意愿。另一方面体现在缺乏政策引导，绿证交易主要基于自愿原则，依赖用电企业或个人自愿认购绿证以实现可持续发展目标，而美国和欧盟既有自愿交易市场也有强制性交易市场。

未来，随着交易价格降低和需求增加，绿证认购率将有所提升。首先，随着补贴减少，国家对绿证价格的预期也会降低。自2019年起，国家允许没有补贴的可再生能源项目申请和交易绿证，尽管定价机制尚未确定，但此举将进一步推动绿证价格降低。其次，随着可再生能源消纳保障机制（配额制）全面落实，绿证的需求将增加。

3. 可再生能源直接购电

可再生能源直接购电是国外较多采取的一种绿色用电模式，其过程是由卖方（可再生能源发电企业）与买方（企业用户）直接联系。但是它对签订直购电协议有一定的要求，即卖方必须是在政府准入名单上的电力企业，买方必须是以前就在政府准入名单上的企业，直到2019年才放宽至所有工商业用户；另外，双方须通过省电力交易中心参与交易。

在发展成熟的欧美市场，直购电合同期限通常为10～15年或者更长的时间，且地理限制更少。可再生能源发电企业通过签订直购电合同来保证未来的可持续性收入，并可借助直购电合同寻求更多社会投资，另外还可通过虚拟购电协议实现跨国家和地区的交易。这是因为虚拟购电协议是独立的衍生金融协议，而非购电合同，能为可再生能源发电企业和用电企业锁定稳定的长期价格。

反观中国市场，可再生能源直购电项目受到政府严格管控，只有几个省份允许可再生能源直购电交易。直购电交易也不活跃，合同期通常在一年以内，并且面临着一些挑战，包括客户认知度低、落实案例少、以省内交易为主、跨省区交易一般仅限于两省电网公司之间。简单来讲，就是这种“绿色玩法”还没真正“出圈”。

基于上述分析，我们认为，电力体系需要开展根本性改革来推动直购电交易发展：在直购电模式下，需要进一步实现输配电与售电环节分离，完善独立的输配电价格体系；与此同时，发展现货市场，鼓励可再生能源发电企业和电力消费者参与直购电交易，以减少价格波动风险。

（二）技术推动

政策是外部基础，在获得强有力的政策支持之后，发电企业还需要建立自己的“本事”，也就是进一步探索技术发展和规模化效应，来降低各项减排技术的成本，提升应用可行性。其中，一些核心发电技术的成本效益对于保证能源结构转型的可行性来说至关重要（见图3-7）。

一个重要的影响因素便是度电成本，即发电项目单位上网电量所产生的成本。会计概念的度电成本包括固定资产折旧、项目运行成本、维护成本、财务费用、税金等；财务概念的度电成本除了包括会计概念的度电成本的所有内容，还包括项目占用资本金的机会成本以及资本金内部收益率。

与2020年相比，预计到2050年核电、煤电及天然气发电和生物质发电的技术度电成本将基本保持不变，水电的技术度电成本将提高0.07元/千瓦时。然而，陆上风电、离岸风电、集中式光伏发电和分布式光伏发电等项目的技术度电成本预期将明显降低（0.09～0.23元/千瓦时）。需要重视的是，除了发电技术成本，叠加输电、储能及CCUS等必要成本之后，各种技术的系统成本格局将有较大变化。煤电、天然气发电和生物质发电的系统成本将显著提高。

1. 分布式光伏

相较于煤电，分布式光伏发电的技术成本偏高，需要进一步降低。2020年分布式光伏发电技术度电成本为0.38～0.48元/千瓦时，分布式光伏发电系统度电成本为0.49～0.59元/千瓦时，其成本主要源于光伏组件（约50%）和安装（约10%）。预计到2050年，分布式光伏发电的技术度电成本可以降到0.25～0.35元/千瓦时。

分布式光伏发电成本节降主要由光伏组件推动，例如，光伏组件制造商整合上游供应链环节，降低生产原材料成本，或者优化新产品

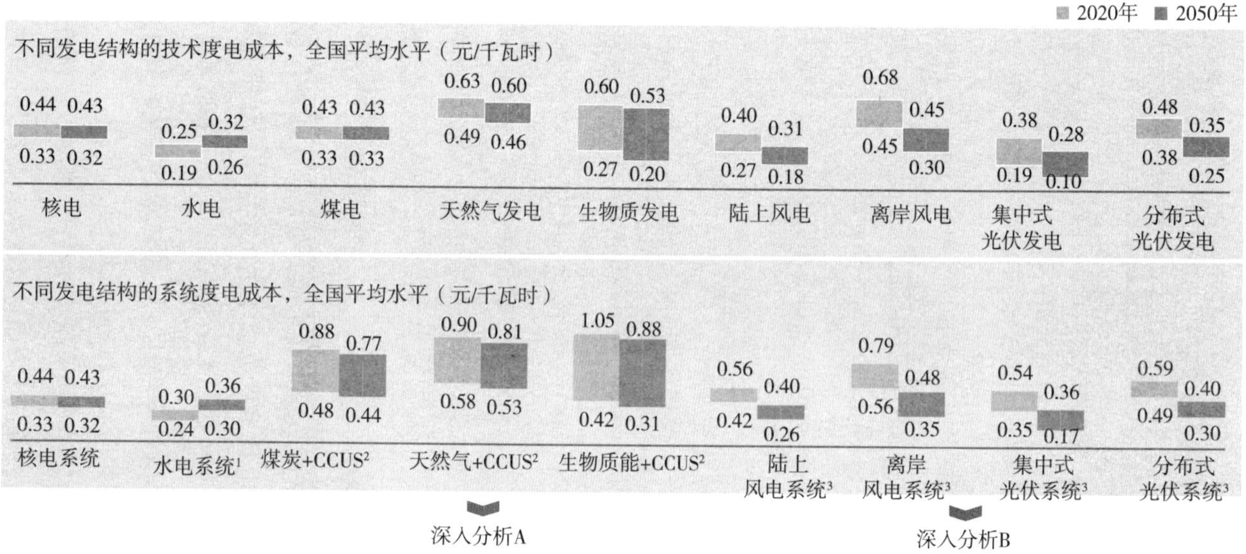

注：1. 假设60%新装机的水力发电厂需要特高压传输。

2. 假设CCUS的效率约为50%。

3. 假设可再生能源发电厂配置储能约为20%，60%新装机的陆上风力发电厂与集中式光伏发电厂需要特高压传输。

图3-7 不同发电结构的技术度电成本和系统度电成本（2020年与2050年相比）

资料来源：彭博新能源财经，《中金公司报告》，BCG分析。

的设计和工艺，提高组件效率，减少单位成本（比如使用多栅线太阳能电池）。

2. 离岸风电

与分布式光伏发电一样，离岸风电的技术度电成本也高于煤电，其成本主要源于风力发电机（约40%）、电缆（约20%）和支撑结构（约20%）。预计到2050年，离岸风电的技术度电成本可以降到0.30～0.45元/千瓦时。

离岸风电成本节降可以通过降低价值链上各环节的成本来实现：在零部件及设备方面，可以将轴承和变压器等零部件进一步本地化，设计开发标准化设备模块，提高制造流程的效率；在建设及安装方面，可以充分利用改装钻井平台等石油开采相关设备，并根据地点和建造时间规划项目，共摊项目成本（如船舶、设备等）；在运营方面，通过维修路线优化、天气预测等降低维护成本，并且部署远程监控或检查设备，比如使用无人机降低交通成本。

3. 集中式光伏和陆上风电

2020年集中式光伏发电和陆上风电技术度电成本分别为0.19～0.38元/千瓦时和0.27～0.40元/千瓦时。它们本身的成本已可实现平价，但由于系统成本较高（由于需要储能和特高压输电，其电缆或场地开发和建设约占总成本的15%），因此它们仍需要持续降低储能和特高压输电成本。根据储能和输电成本估算，2020年集中式光伏系统和陆上风电系统度电成本分别为0.35～0.54元/千瓦时和0.42～0.56元/千瓦时。

就储能的降本措施而言，一方面是削减初始建造成本，提升电动车普及率以推动电池成本降低，提高能量密度以降低建造成本；另一方面是提高利用率，也就是延长电池寿命，降低生命周期的平均度电成本。特高压输电可以采用先进技术降低建设投资（如同塔多回输电技术），同时通过“风电+光电”结合互补，辅以储能系统，提高利用率，以降低输电成本。

到2050年，预计集中式光伏发电系统度电成本将降低到0.17～0.36元/千瓦时，陆上风电系统度电成本将降低到0.26～0.40元/千瓦时。

4. 碳捕获装置

对很多人而言，“碳达峰、碳中和”更偏向于概念，“碳捕获”则更具技术“灵魂”。事实确实如此，但高深的技术也意味着高昂的代价。一个不容忽视的趋势是，煤炭发电需要配备碳捕获装置以减少碳排放，但CCUS仍处于发展初期且成本较高（系统度电成本约0.48～0.88元/千瓦时）。未来，发电企业需要通过技术突破来实现进一步降本，并提升收益。

同时，“废物利用”在此处同样适用，即积极利用已捕获的二氧化碳。例如，通过销售二氧化碳额外创收，因为焊接、电子产品、激光、食品保存等工业和食品业都需要高纯度的二氧化碳。

（三）电网配套

随着可再生能源需求提升，电网性能将迎来新的需求和挑战。可以说，如果没有配套的储能设备，那些看似光鲜亮丽的光电、风电，也不过是在“违法边缘”疯狂试探的“垃圾电”。

理由很简单——想象一盏拼命闪烁的灯泡，没有人能在这样的光源下正常工作和学习。光电、风电等新能源虽然清洁，但由于依赖光、风等稳定性较差的自然资源，无法像煤电那样实现稳定的发电频率和电压。这也是人们明知煤电不好，却在短时间无法离开煤电的原因之一。因此，为了在提升可再生能源占比的同时，又能让电网发电和负荷始终保持电力平衡，电网企业需持续投入大量资金助力电网升级来保持电网的稳定运行。

从目前的电网升级技术来看，智能电网技术能助力电网实现提升：在稳定性方面，可以通过引入有针对性的技术和流程，以确保运营稳定性和可控性（如频率、电压、功率平衡），还可以建立电网运行保护体系，及时监测异常情况并恢复正常运行；在提升电力传输灵活性方面，可以整合多种发电资源，进行优势互补，还可以提高区域和全国层面的互通互联，建立发电厂和电力用户之间的互通网络，而不是单向互动。

中国的电网企业正在加大对电网升级的投资力度，并提升对智能电网技术的关注度。国家电网董事长辛保安出席世界经济论坛“达沃斯议程”对话会时说：“未来5年，中国国家电网公司将年均投入超过700亿美元，推动电网向能源互联网升级，促进能源清洁低碳转型，助力实现‘碳达峰、碳中和’目标。”

（四）绿色金融

“钱不是万能的，但没有钱是万万不能的。”各行各业如此，碳中和更是如此。前文已述，实现碳达峰、碳中和的资金需求，规模级别都是百万亿元。要落实这些资金保障，金融体系无疑承担着资源配置和风险管理等重要功能，也是推动绿色发展的重要支柱。

我国绿色金融主要包括绿色信贷、绿色债券、绿色股票指数、绿色保险和环境权交易所五大金融工具。在上述五大类中，绿色信贷和绿色债券是发展最成熟的工具。我国绿色债券市场虽然起步晚，但发展较快，已成长为全球第二大绿色债券市场。

中国的绿色金融体系虽然发展迅速，但仍难以满足碳中和转型的资金缺口，亟须进一步完善。

三、推进碳减排举措落地，发电企业启动“三步走”策略

碳中和目标任重道远，能源行业又是这一过程中的“硬骨头”。例如：减排技术虽多，但多而不精；绿色技术投入成本大，投资回报却非常不稳定。最重要的是，不能为了绿色而全面抛开发展，那就有点矫枉过正、过犹不及了。

为了解决这些政府和企业都可能产生的疑虑，我们在全面调研分析的基础上，结合中国国情、最新碳中和规划部署以及电力行业发展实际，研究制定了一套可落地、可执行的“三步走”行动策略。通过这一套框架性的方案，我们力争为发电企业制定符合其自身需求的、有效的转型路线图，以供参考。

（一）巩固前期减排成果，持续深化已有措施与方案

“另起炉灶”前，别忘了继续给旧炉“煽风点火”。能源行业碳减排，确实需要“釜底抽薪”的勇气，但并不意味着这是一场完全“翻天覆地”的清洁革命。如果为了碳中和而全面推翻前期已有的减排举措和方案，就有点得不偿失。毕竟，有些已经上马的减排举措，包括已制订的短期解决方案，与碳中和目标并不相悖。比如，相关煤电机组节能改造、设计优化等都是电力行业加快转变发展方式、提升质量效益的重要举措。所以，尽管目标艰巨，但能源行业也不必“如临大敌”，要知道继续推行已有的减排规划，可以大大减少碳中和过程中不必要的人力、物力消耗。

1. 现役煤电机组节能改造

通过汽轮机通流部分改造、减小汽封间隙、余热回收利用等方式，提升机组运行效率，以减少能耗来达到降低煤耗的目的。

2. 新建煤电机组设计优化

采用超临界机组，通过提高汽轮机进汽参数、二次再热、管道系统优化等措施，来提高能量利用效率、降低煤耗。

3. 煤电转天然气

从煤电转向燃气轮机或燃气—蒸汽联合循环发电，相比利用煤炭发电，天然气在用于发电时产生的温室气体排放量能减少45%～55%。

这些举措在未来依然值得大力推进。当然，通过推进这些举措进行减排，整体效果有限，仅能实现约15%的减排量。因此，通过“另起炉灶”，开辟能源减排新疆场，就是我们下一步聚焦的重点。

（二）推动能源结构转型和减排技术发展

要想“开疆拓土”，还得“快马加鞭”。虽然部分举措已在进行中，但对于碳中和目标而言，它们的速度还不够快、力度也不够足。要在规定时间内完成规定动作，发电企业实现减排的关键还在于推动重大能源结构转型和减排技术发展，让煤电彻底退出历史舞台，并重点投资性价比高、有助于实现净零目标的举措（见图3-8）。

1. 从“煤”到“没”：科学谋划促进煤电有序退出

煤是排碳之源，煤电的逐步退出就是能源结构转型的关键（见图3-9）。中国电力企业联合会的数据显示，截至2020年年底，全国全口径发电装机容量为22亿千瓦。其中，全口径煤电装机容量为10.8亿千瓦，占总装机容量的比重为49.1%。煤电比重虽然首次降至50%以下，但仍超过所有其他国家总和。

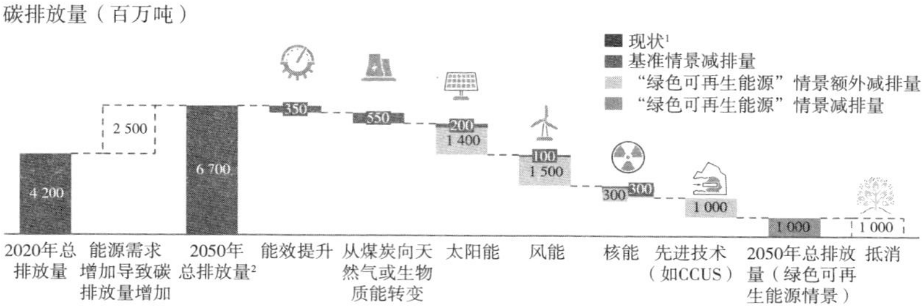

注：1. 截至2020年。

2. 利用2050年能源需求预测进行计算，假设能源结构、能效水平和技术水平与2020年相同。

图3-8　不同减排举措对应的碳排放量

资料来源：BCG分析。

从装机总量来看，近十年来，我国发电装机量保持增长趋势。2015年到2020年间持续投资新建燃煤电厂，导致产能过剩、煤电亏损等问题。如果照此速度发展下去，预计到2050年，煤电装机量将超过2 000吉瓦。

很显然，要想实现碳中和目标，煤电必须控制自己的“扩张速度”：一方面，要通过自然退役来平稳退出，并大幅减少新增燃煤电厂，对于已建成的燃煤电厂要充分利用、加速折旧，直至自然淘汰，对于新增的能源需求尽量通过可再生能源发电满足，并尽快对煤电的定位进行调整；另一方面，要通过逐步淘汰来加速“瘦身”，果断放弃明显已经需要淘汰的煤电机组，同时加强对机组情况的识别，根据使用实际情况先后有序淘汰，并在淘汰过程中，抓紧为现有煤电机组设计退役时间线。

以下具体分析和建议，可以帮助企业更清晰地规划煤电退出方案，实现从“煤”到“没”的转型目标。

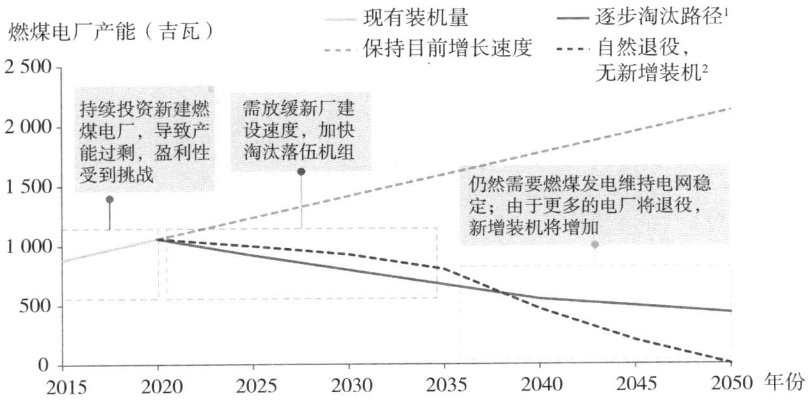

设计燃煤电厂淘汰路径的考虑因素

理想的淘汰速度：权衡低利用率和资产搁置带来的经济损失

- 快速淘汰意味着强制退役，可能会造成资产搁置
- 缓慢淘汰将降低电厂的平均使用率，导致利润削减

机组淘汰顺序：设计退役时间表评估框架

- 技术特征，如装机容量、燃煤技术
- 经济效益，如净利润水平、负载时间
- 环境影响，如当地空气污染水平

注：1. 使用“绿色可再生能源”情景，假设负载时间在2030年到达峰值4 800小时/年，2050年降低到4 000小时/年。

2. 假设电厂平均寿命为30年，2020年后没有新增装机。电厂目前的寿命数据来自马里兰大学《中国逐步淘汰火力发电厂的远大目标：根据每个电厂不同情况进行全面评估的可行战略》。

图3-9　逐步淘汰燃煤电厂的预估路径

资料来源：BCG分析。

- 在自然退役路径下，假设电厂平均寿命为30年，2020年后没有新增装机，现有电厂或可以按当前产能继续工作到退役。电厂产能将先缓慢下降，到2035年达到转折点后快速下降，到2050年清零。
- 在逐步淘汰路径下，2020—2035年，可以放缓新厂建设速度，并加快淘汰落伍机组进度；2035—2050年，在保持此前淘汰速度的同时，仍需要利用部分燃煤电厂来维持电网稳定。另外，在此期间由于更多的电厂将退役，新增装机仍将增加。

- 如果想要达到理想的淘汰速度，那么在设计燃煤电厂淘汰路径时，需要权衡低利用率和资产搁置带来的经济损失。快速淘汰意味着强制退役，可能会造成资产搁置，而缓慢淘汰将降低电厂的平均使用率，导致利润削减。
- 在机组的淘汰顺序上，可以制定明确的退役时间表评估框架，从技术特征（装机容量、燃煤技术）、经济效益（净利润水平、负载时间）以及环境影响（当地空气污染水平）方面详细梳理。

2. 从“有”到“优”：根据减排举措的经济性和减排效果选择转型策略

随着燃煤机组全面超低排放和节能改造，煤电退出后的空间将逐步被可再生能源发电占据。如何有效选择、投资清洁能源类型，使未来能源使用结构和效率达到最优，也是碳中和目标的隐含要求。

从近十年的历史数据来看，我国传统化石能源装机比重持续下降、新能源装机比重明显上升。2019年火电装机比重较2010年下降了14.24个百分点，风电、光电、水电、核电等新型能源装机比重共上升了14.24个百分点，发电装机结构进一步优化。

2035年后，现役机组将会大量退出，因此需要补充新型的煤炭发电机组来提供调节电源。此时，发电企业可选择投资长期具有较好成本效益、有助于实现碳减排目标的举措。

具体来看，清洁能源“各有千秋”。

- 集中式光伏发电和陆上风电：这两种方式的二氧化碳减排成效显著，不仅本身成本效益较好，而且未来储能等系统成本也将大幅降低，这对于保持整个系统的性价比来说至关重要，发电企业可以借此机会大力发展。我们预计，在绿色可再生能源情景下，到2050年它们分别可以贡献约15%和20%的减排量，在清洁核能情景下分别可以贡献约10%和15%的减排量。

- 核电：经济性较好，在清洁核能情景下大力发展核电可贡献约35%的减排量。
- 分布式光伏发电和离岸风电：规模扩张和技术进步有助于降低成本，企业需要额外增加减排投入，尤其是离岸风电平均减排成本约180元/吨二氧化碳当量。但是在绿色可再生能源情景下，减排成本有望降低，且对减排贡献较大，到2050年它们分别可以贡献约17%和15%的减排量。
- 先进技术（如CCUS）：可以应用于所有煤炭、天然气、生物质发电厂，碳减排效果也较好。但是捕获、利用到储存的各个环节所需的技术大部分都处在基础研究环节，且减排成本高，每吨二氧化碳高达约400元。不过，先进技术对减排贡献最大，可以贡献约35%的减排量，是实现碳中和不可或缺的手段之一。

（三）综合内外部条件决定具体投资方案

摸清家底，心里有数。无论在哪个领域，无论朝着怎样的目标，每一次改革都是一场硬仗，也必然伴随着“阵痛”。能源行业的绿色革命有点像灰姑娘穿上水晶鞋，在华丽转身的同时，也要尽快适应水晶鞋的尺寸，不然，真的可能跑着跑着，水晶鞋就掉了。因此，面对我们在前两步中提出的举措，企业要做的并不是贪多求快、照搬全收，而是先要摸清自身能源使用状况、看准投资时机，并基于生产规模充分考量后，再针对性地选择适合自己的改革路径。

那么，企业到底该从哪些方面去把握呢？我们在此也提供了一些具有参考价值的方向。

就内部而言，要盘活物理资源和人才资源。一要明晰现有资产，比如有可能在其他发电技术中使用的设备，梳理资本和现金流；二要关注特定领域的人才，比如专攻CCUS的人才。

就外部而言，要整合自然资源和客户资源。一要厘清自然资源，在有丰富太阳能或风能资源的地区估算土地的可得性，厘清财务状况、投资伙伴和现有政府试点项目；二要争取客户资源，加强与领先零部件或设备供应商的合作，维护与终端客户的关系，比如吸引大型能源消费企业购电，从而保证项目的投资回报水平。

当然，就当前的战略重点而言，我们认为，革新、推进发电技术最值得作为工作的重点。通过大力推动新型、高效的发电技术发展，利用前述减排成本曲线，在全国范围内加强信息通信技术、控制技术和人工智能技术的研发和大规模部署应用，不仅有利于碳中和工作的快速推进，而且更可能获得政策的支持。

回顾本章，全球碳中和进程已颇有成效，整体能源消费模式已明显从化石能源向清洁能源转变，节能减排成为世界范围内的主要共识和必然发展趋势。虽然进度可观，但减排现状与《巴黎协定》目标仍然存在较大差距。在这一目标差距倒逼下与国际社会碳中和实践指引下，中国给出了碳达峰、碳中和的国际承诺，人们对国内能源行业转型的关注和期待，也达到了前所未有的高度。

过去几年，中国的能源行业，也许还能因为服务经济高速发展而在排碳上获得一定的“赦免”。如今，中国经济增长由高速转向高质量，碳中和作为实现高质量的重要组成部分也是重要手段，能源行业和“碳”的“近身肉搏”已经避无可避。

在推进碳中和目标过程中，电力行业是能源行业的“代言人”，抓住了电力行业就是抓住了能源行业的“牛鼻子”，也就握对了应对气候变化的重要抓手。电力行业低碳发展和转型已是大势所趋，应及早谋划、积极应对，转变生产方式，加快推进能源结构转型升级。其中，发电企业要想从传统化石能源向可再生能源良性过渡，离不开政策支持、技术推动、电网配套以及绿色金融的助力。

此外，在从以煤炭发电为主向清洁低碳能源转变的过程中，大力发展核电、风电等可再生能源，可以提高我国能源的独立性，降低能源的区域依赖性，催生新的商业模式和投资机会，还能实现能源生产与能源消费一体化，保障能源安全以及满足长期能源需求，进而助力全面提高社会经济发展能力，进一步满足人民对美好生活的期待与向往。

第四章
重工业：

钢铁减排聚焦能源替换、能效提升及工艺升级

工业是仅次于能源、农业及土地使用的第三大碳排放源。我国单位GDP的温室气体排放量远超发达国家，在严峻的碳减排压力下，工业成为减排路径能否按计划完成的重中之重。为了达成进一步的工业碳减排目标，我们需要从政策支持、技术革新和运营改善三个方面入手。

聚焦钢铁行业，在“十三五”规划期间，有关部门就从供给侧改革、节能减排两个方向对钢铁行业进行了规划，为企业转型注入动力。在具体的减排行动中，企业应从财务、投资人、供应商和客户四个方面进行规划考量，从速赢抓手（废钢利用、能效提升、可持续能源与燃料替换）和结构抓手（碳捕获和碳替代）入手设计落地措施，以实现碳中和。

第一节
工业碳排放组成及减排挑战：聚焦钢铁行业

一、工业碳排放组成

在人们的刻板印象中，工业生产往往与高耸的烟囱、繁忙的流水线相关联。从18世纪60年代的第一次工业革命开始，每一次工业革命都是以新的能源得到广泛推广，进而推动生产效率爆发式增长为代表。在第一次工业革命中，蒸汽动力的发明与煤炭动力的推广开启了用机械替代双手的机器时代。在第二次工业革命中，电力及石油能源的推广则让机械生产变得更复杂高效，同时促进了人口的大幅增加。第二次世界大战后的第三次工业革命将原子能等可再生能源带入了生产当中，并通过信息科技进一步加快了科技的发展和生产效率的提升。但人口的增加、人类对生产效率提升的渴求，让我们从未摆脱过对煤炭、石油等化石能源的依赖。在工业生产中，化石燃料不止以能源形式存在，更是重要的生产原料。根据BCG于2020年发布的《中国气候路径报告：承前继后、坚定前行》，工业生产所产生的温室气体排放量每年高达38亿吨二氧化碳当量，占中国温室气体排放总量的33%。

二、减排压力

中国单位GDP的温室气体排放量是发达国家的3倍，这就意味着为了在2060年实现1.5℃的目标，工业板块需减少80%～85%的碳排放量。作为占全社会能源消耗量48%、每年消耗量相当于20亿吨标准煤能源的碳排放板块，工业成为减排路径能否按计划实现的重中之重。

我国政府其实一直在进行工业结构优化调整，并制定了一系列针对能源密集型行业的环保政策，这让工业产业在现有政策、技术、市场的情况下，在2050年可以减少碳排放量近50%。我们称这一情况为基准情景，但是要达到1.5℃的目标，则需要进一步挖掘减排空间，较基准情景再降低60%～65%，以实现80%～85%的减排目标。[①]为了达成进一步的减排目标，我们需要三个方面的抓手：政策支持、技术革新、运营改善。

- 政策支持是从宏观方面调动工业减少碳排放量的动力源泉，通过完善工业的减排标准，凭借税收、补助、碳交易等政策为企业创造减排的压力与动力。
- 企业在有了足够的动力来推进碳减排的时候，需一并推进减排技术。在这一过程中，减排技术的经济性成为至关重要的指标。从经济学的角度来看，只有减排技术的应用成本小于等于政策带来的碳排放增加成本，减排技术才有可能得到大规模的应用。与能源部门类似，推动碳减排的关键技术将来自清洁能源，以及碳捕获技术与工艺流程的创新，但碳捕获技术的应用成本仍旧偏高。
- 在技术革新的同时，运营改善也是碳减排的重要抓手。通过数字

① 资料来源：《助力新达峰目标与碳中和愿景》，BCG，2021年3月。

化手段推进精益运营，减少生产过程中的能源损失，提升能源的利用效率将成为工业领域关注的重点。

这里我们以钢铁行业为例，介绍工业产业的转型实践。

（一）钢铁行业概况

钢铁行业是能源密集型行业的代表，也是工业系统中的支柱性产业。钢铁行业与上下游产业高度关联，在房地产、汽车、机械、建筑等行业增长时，社会对钢铁的需求也随之增加。同时，钢铁生产也拉动了上游采矿、运输等行业的产业规模增长。作为工业生产路径上承上启下的重要一环，钢铁行业的规模增长依托并展现出了中国经济的迅猛发展。此外，作为劳动力密集型生产行业，钢铁行业在拉动地方消费、稳定就业形势方面也发挥着关键的作用。我们在河北、山东等地可以看到一个又一个以钢铁为支柱型产业的园区甚至城市。在一些新兴的钢铁园区中，我们还可以看到明显的因钢铁行业增长而带来的收入提升与消费升级现象。在经济的强力驱动下，中国钢铁行业更是占据了世界钢铁行业的半壁江山，中国粗钢产量已占到世界总产量的49%。

但在能源利用效率方面，中国钢铁行业仍比发达国家低约6%。作为温室气体排放量最高的工业产业之一，钢铁行业的减碳任重而道远。

（二）钢铁行业的碳足迹

钢铁产业链的碳足迹如图4-1所示。

钢铁行业的碳排放源都在哪里？

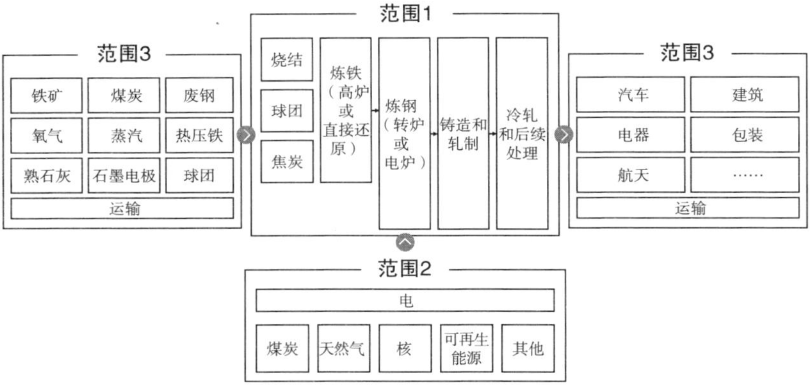

图4-1 钢铁产业链的碳足迹

资料来源：BCG分析。

1. 范围1排放

我们通常将钢铁生产过程分成炼铁、炼钢、轧制及后处理三个部分。

炼铁，我们可以理解成是一个将高价铁（如氧化铁）还原成铁元素的化学反应过程，而这一过程中所使用的还原剂则为一氧化碳。一种典型的在炼铁高炉中产生的化学反应为：

$$Fe_2O_3 + 3CO \xrightarrow{\text{高温}} 2Fe + 3CO_2$$

氧化铁在还原过程中与一氧化碳结合，生成二氧化碳形式的碳排放。而一氧化碳的主要来源则是煤炭、焦炭的不完全燃烧：

$$2C_{(\text{固})} + O_{2(\text{气})} \xrightarrow{\text{高温}} 2CO_{(\text{气})}$$

铁在硬度、抗锈能力、焊接性能等方面往往无法满足生产需要，所以炼铁过程往往会跟随一个将铁转化为钢的过程，以提升其理化性能满足下游生产需要。炼钢，即是将铁、废钢等含铁物质，通过调节合金元素配比形成具有特定理化性能的钢。炼钢过程通常会经由一系列的冶炼炉，如转炉、电炉、钢包精炼炉等以调节不同元素的含量。这个调节过程通常是利用氧气或造渣剂将不需要的元素氧化脱离出钢水，并通过电能或氧化反应释放的热来维持冶炼过程的反应温度。而氧化反应发生的过程则会释放出温室气体，产生碳排放。常见的炼钢过程中的碳排放如转炉吹氧的过程中将铁水中的碳氧化，形成二氧化碳的过程：

$$2C + O_2 \longrightarrow CO_2$$

轧制及后处理则是将炼钢产生的具有特定理化性能的钢，制作成下游加工、使用过程所需要的形状，比如钢筋、工字钢、镀锌板、彩钢板等。轧制过程通常会消耗化石能源，比如：热轧时使用天然气或煤气作为燃料对钢坯进行加热，使其具有更好的可塑性；利用天然气对钢材进行退火处理以增加钢材的韧性及延展性。在轧制及后处理过程中的各个加热过程，都会直接产生碳排放。

当前主流的钢铁冶炼过程一般分为两类：包含炼铁工序的长流程炼钢和不包含炼铁工序而以废钢为主要原料的短流程炼钢。

2. 范围2排放

钢铁行业需要大量外购能源，以支撑如高炉鼓风机、电炉、精炼炉等耗电大户的正常运行。轧制及后处理过程也需要电力来维持轧机、电镀等工序设备的运行。虽然钢铁冶炼过程通常会利用余热、余压进行发电，但仍有约50%的电力需求需要外购电力来满足。这部分电力所造成的间接碳排放即为范围2排放。以中国年产10亿吨钢材估算，钢铁行业每年会产生约2.4亿吨二氧化碳当量的范围2排放。

3. 范围3排放

钢铁行业的范围3排放主要来自两方面：供给侧和需求侧。

供给侧的碳排放源主要是采矿业。中国钢铁行业的主要原料是铁矿砂及精矿，其大多需从国外进口，比如澳大利亚、巴西、加拿大等国，市场供应也多集中于被称为“四大矿山”的淡水河谷、力拓、必和必拓和FMG手中，“四大矿山”也自然成为供给侧碳排放的代表。以澳大利亚的力拓为例，其每年的范围1、范围2的碳排放量高达2 900万吨二氧化碳当量，而这部分碳排放对于钢铁企业而言就成了供给侧的范围3排放。采矿业主要的碳排放来自矿场运输机械与选矿设备的运行，澳大利亚联邦科学与工业组织[①]和巴西欧鲁普雷图联邦大学的研究[②]发现，来自澳大利亚和巴西的铁矿每吨可产生12 ~ 13千克二氧化碳当量的碳排放，而矿场运输机械与选矿设备的运行就占据了其中的71%。

对比国外矿山，国内矿山的碳排放格局则不尽相同。虽然运输所产生的碳排放少，但国内矿山面临着品质低、开采难度大的问题，开采与选矿过程需要消耗更多的能量。卡内基梅隆大学的一份研究报告[③]显示，中国矿山每生产1吨铁矿砂及精矿会产生34 ~ 39千克二氧化碳当量的碳排放，约是“四大矿山”开采过程中碳排放的3倍。这部分差异主要是因为国内铁矿品质低，需要开采更多原矿以精选出等量的精矿，并且埋藏深，需要更多的能源进行开采及通风作业。

除大宗铁矿石的开采及运输外，钢铁行业供给侧的范围3排放还包括很多能源密集型产业，比如焦炭、铁合金、石灰、石墨电极等高碳排放行业。这些供给侧的碳排放占整个钢铁行业范围3排放的近

---

① Terry N. Energy and greenhouse gas impacts of mining and mineral processing operations[J]. *J. Clean Product*，2010，18（3）：266–274.

② Helio F. A life cycle assessment study of iron ore mining[J]. *J. Clean Product*，2015，108：1081–1091.

③ Yu G. Analysis of life-cycle GHG emissions for iron ore mining and processing in China–uncertainty and trends [J]. *Resources Policy*，2018，58：90–96.

一半。

需求侧的碳排放多来自钢铁产品的加工、制作、使用及回收过程，这部分碳排放覆盖了人们日常生活的方方面面，比如建筑行业、汽车制造业。2020年，世界钢铁协会对钢铁产业价值链的统计表明，全年生产的约18亿吨钢铁有约52%应用于建筑行业，12%应用于汽车制造业。其中，建筑行业更是消耗了全球约30%的能源，仅维持建筑物的日常运转就需消耗全球约55%的电力供应。汽车行业则是另一个需求侧的碳排放大户。抛开汽车制造过程所涉及的3万多个零部件的加工制作，一辆普通家用轿车在使用过程中，一年就可产生4.6吨二氧化碳当量的碳排放，而当前全世界的汽车保有量已经达到10亿辆之巨。这些来自需求侧的碳排放，在钢铁产业价值链上贡献了大比例的碳足迹，以瑞典萨博钢铁为例，其2020年的范围3排放有40%源于需求侧的范围3排放。①

我们在梳理钢铁产业价值链上每一道“工序”的范围1、范围2、范围3排放时发现：各道“工序”之间的碳排放界定相互依存。例如，汽车制造商直接生产和外购能源所产生的碳排放，对于钢铁企业而言是非直接排放的重要组成部分，而钢铁生产过程中的范围1、范围2排放对于汽车制造商而言则是产业链上游所带来的范围3排放的重要组成部分。统计并划分端到端全产业链的碳排放，会提高行业的减碳动力。例如，在进行碳排放交易时，汽车制造商可能更倾向于购买低碳排放的钢铁企业所生产的钢材，以减少自身的范围3排放，降低碳排放带来的成本和社会压力。

---

① SAAB.Use better steel: SSAB customers benefit from leading CO_2 efficient production [EB/OL]. [2021-09-30]. https://www.ssab.com/company/sustainability/sustainable-operations/co2-efficiency.

三、钢铁是怎样炼成的

钢铁生产过程分为长流程、短流程，这对于碳排放而言有什么样的区别？简言之，长流程炼钢会产生更多的碳排放，因其需要更多的能量将含铁量约50%的物质转化为含铁量大于90%的物质，而短流程炼钢则仅需要小部分能量将含铁量已为90%左右的废钢熔炼，重塑成钢材（见图4–2）。

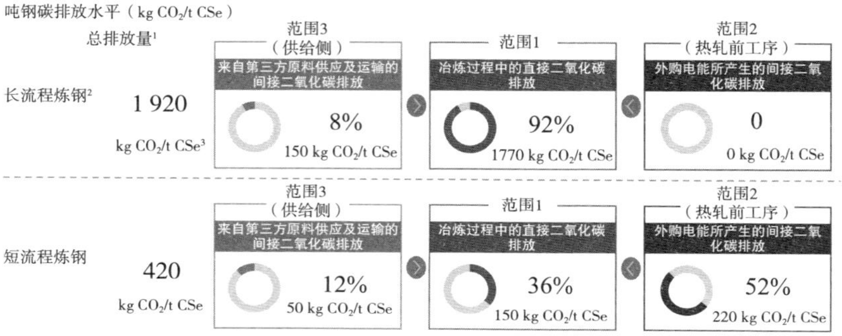

注：1. 不包括热轧及后续工序和销售端的范围3排放。
2. 假设长流程钢厂自发电可满足热轧前工序生产。
3. CSe为粗钢当量。

图4–2 吨钢碳排放水平

资料来源：欧洲钢铁联盟，BCG分析。

在长流程炼钢中，碳排放主要来自烧结和高炉两道工序。烧结是将粉末状的铁矿精粉黏结成块的过程，其碳排放主要来自燃气以及烧结原料中的含碳物质燃烧。烧结工序所释放的温室气体相当于吨钢

0.4吨二氧化碳的排放量[1]，相当于电炉炼钢直接排放的近3倍。

而长流程炼钢中的另一排放大户是高炉工序。高炉往往是一个钢厂最明显的建筑物，也是钢厂的标志，一般高达几十米。高炉将烧结矿、铁矿、球团矿等含铁物质熔炼，还原成铁水。铁矿、烧结矿、焦炭、助溶剂等原料被从高炉的顶部投入，在炉体内部不断地进行着氧化还原反应，产生吨铁水约0.66吨二氧化碳的排放量。

除去烧结、高炉工序产生的碳排放，长流程炼钢过程往往需要搭配焦炭炉、转炉、回转窑等进行生产，这些辅助工序也会产生吨钢约0.5吨二氧化碳的排放量。

对比长流程炼钢，短流程炼钢省去了繁复、高碳排放的炼铁环节，采用电炉熔炼废钢的方式进行生产。电炉也称电弧炉，其熔炼废钢的热量来自高压电流通过石墨电极时产生的电弧。电炉冶炼过程中的主要温室气体排放来自钢水中的碳以及石墨电极自身氧化产生的碳排放。电炉工序的温室气体排放量约为吨钢150千克二氧化碳。

既然短流程炼钢较长流程炼钢有明显的碳排放优势，为什么大量的高炉仍在运作，而短流程炼钢占比不足10%？这主要有两方面的原因：一是宏观层面，人类发展对钢铁总量的需求增加，这就要求我们去将更多的铁矿转变为钢；二是短流程生产成本仍高于长流程生产。这就要求我们一方面从经济层面调节低碳冶炼工艺与长流程冶炼工艺的成本差距，另一方面不断地探索、应用新的低碳甚至无碳排放的冶炼工艺，而政策的指引就是推动这些的动力。[2]

---

① EPA. Compilation of Emission Factors in AP-42[EB/OL]. [2021-09-30]. https://www.epa.gov/air-emissions-factors-and-quantification/ap-42-compilation-air-emissions-factors.

② 资料来源：《碳中和时代的机遇和挑战：聚焦重工业》，BCG，2021年。

第二节
钢铁行业政策现状及碳中和举措

一、政策现状

当前，无论长流程还是短流程的冶炼技术的发展，主流研究方向都是提高冶炼过程的能源效率与减少污染物的排放。而驱动这一研究方向的动力则是早在中国提出2060年碳中和目标之前，钢铁行业就已经实行的一系列环保与经济政策。

在“十三五”规划期间，国家发展改革委、工业和信息化部、生态环境部就从供给侧改革、节能减排两个方向对钢铁行业进行了规划。

（一）供给侧改革

2016年2月，国务院公布了《关于钢铁行业化解过剩产能实现脱困发展的意见》，提出钢铁行业供给侧改革的五年目标：“从2016年开始，用5年时间再压减粗钢产能1亿吨至1.5亿吨，行业兼并重组取得实质性进展，产业结构得到优化，资源利用效率明显提高，产能利用率趋于合理，产品质量和高端产品供给能力显著提升，企业经济效益好转，市场预期明显向好。”国务院提出的这一行业目标在相关部委的具体措施、指导文件中得到体现。例如，工业和信息化部在2016年10月制定的《钢铁工业调整升级规划（2016—2020年）》中再次对产能减少、产能利用率提高、产能集中度提高进行了相应的规划，并在“十三五”中期形成了具体的执行举措，于2017年12月发布了《钢铁行业产能置换实施办法》。我们也看到这一系列供给侧改革措施促使中国的钢铁行业产生了结构性的改变。

- 淘汰地条钢。中国政府在2017年上半年彻底淘汰了1.4亿吨高排放、高污染、高能耗的地条钢产能。
- 控制、压缩新增产能。通过产能置换等举措从2016年至2018年压缩了1.45亿吨炼钢产能，并与环保政策相结合，将炼钢技术进行提升，且大幅提升了低碳排放的短流程炼钢产能。
- 产能利用率提高。在去产能的同时，中国钢铁的产量和吨钢利润逐年提升，这一改变很大程度得益于产能利用率的提升。2018年年底，粗钢的产能利用率为96.9%，同比2015年提高30多个百分点。[①]更加高效、集约化的利用产能，减少了能源的浪费及碳排放。
- 行业集中度不断提升。在区域性的产能置换政策的引导下，钢铁行业的产能归属和产能布局发生变化。政策支持下的大型钢厂不断整合、兼并钢铁企业。中国钢铁产业集中度CR10从2015年的34.2%提升至2020年的39.2%。[②] 2020年后，中国更出现了以宝武集团兼并山钢、鞍钢集团兼并本钢为代表的大宗并购案，宝武集团成为第一个年产量过亿吨的钢铁集团。钢铁产能的集约化，更有助于推动先进的生产工艺与管理理念在钢铁行业的应用，从而减少生产过程中包括能源消耗在内的浪费。

在产能布局方面，新增产能的审批被进一步收紧。传统的钢铁产能集中区域，如河北和江苏，被完全禁止新增产能。这一方面进一

---

① 资料来源：《细数供给侧改革以来钢铁行业的变化》，中金研究，2019年5月。

② 兰格钢铁信息研究中心. CR10及前十大钢铁企业产量占比[EB/OL].（2021-01-27）[2021-09-30]. https://finance.sina.com.cn/money/future/indu/2021-01-27/doc-ikftssap1230543.shtml.

步促进了区域内的并购行为，另一方面促使产能向华南、西北地区输送，形成了如新疆乌鲁木齐、广东湛江、广西防城港等新兴的钢铁产业基地。新兴钢铁产业基地的选址更贴近于需求量大的终端市场以及原料供给地，减少了钢铁材料周转的成本及运输过程的碳足迹。同时，新兴钢铁产业基地的工艺选型在能源利用效率、降低污染水平、产能利用率等方面都有显著提升。

（二）节能减排

2016年，工业和信息化部发布了《工业绿色发展规划（2016—2020年）》，细化了钢铁行业的节能目标。同时，基于2015年颁布的《中华人民共和国大气污染防治法》，生态环境部在2017年出台了《工业企业污染治理设施污染物去除协同控制温室气体核算技术指南（试行）》，明确要求对大气污染物和温室气体实施协同控制，并在2019年发布的《关于推进实施钢铁行业超低排放的意见》中限定了对新增、置换产能的环保要求。工业和信息化部与生态环境部的一系列政策，卓有成效地提升了中国炼钢的能源效率，在2019年即达到平均吨钢消耗能源554千克标准煤的目标，较2015年吨钢消耗能源下降了3.2%。①

在现有政策的驱使下，供给侧改革的需求缩减、节能减排带来的能效提升可大幅降低碳排放，到2030年预估可降低约36%。其中值得关注的是，企业在部署超低碳排放政策的过程中，为了减少有害的硫化物、氮化物而使用了大量的除尘、尾气处理设备，新增了碳排放源。如何进一步协同控制碳排放与污染物排放，将会是政策下一步的关注重点。然而，通过超低碳排放政策的落地执行以及供给侧改革的

① 资料来源：《中国钢铁工业节能低碳发展报告（2020）》，工业和信息化部，2020年12月。

成果，我们可以看到一个更有效地执行减排政策的企业运作模式已经形成，这将会快速推动碳中和目标响应政策的落地。

二、2060年并不遥远，钢铁行业碳中和之路在何方

（一）碳中和举措涉及的方面

在政府政策的动力注入下，钢铁企业经营过程中设计并执行碳中和的举措可划分为四个方面：财务、投资人、供应商、客户。

1. 财务

钢铁企业受市场和利润驱使，会及时地调节生产节奏以及产品结构，以求利润最大化。政策要求对于钢铁企业来说，会转化为生产成本，影响公司的决策。

而碳交易机制的正确规划与试点推动，正是将碳排放转化为生产成本的有效工具，它从政策上对钢铁企业施加了良性压力。在世界主要经济体都开始部署并执行碳交易机制之时，中国同步制定、落地相关政策，将有助于中国钢铁行业维持在世界钢铁市场中的地位，减少因碳排放带来的贸易摩擦。对于钢铁企业来说，碳交易机制的推广相当于政府设置了与碳排放相关的征税或补贴，提高了企业向着减少碳排放这一目标行动的动力。对于企业的内部管理而言，碳交易机制的完善与推广意味着要新建并适应碳排放成本这一新兴的成本核算中心，在传统的成本管理、技术管理体系内纳入碳排放这一运营指标，支持对新兴减碳生产技术进行研发、实验，建立相应的减碳战略目标。

2. 投资人

钢铁企业推进减碳技术的应用除了需要来自政府层面的压力或动力，也需要来自投资人的压力。对比其他工业产业，钢铁行业在低碳

转型道路上成熟度低，大量钢铁企业虽对碳排放减少形成积极意识，但是缺乏执行战略及有效抓手推动减碳相关举措的开发与落地。[①] 当碳中和成为明确的行业目标后，对于企业而言，其行动和战略规划不能匹配这一目标即意味着被淘汰。投资人会对碳排放高的钢铁企业进行重新评价，调整投资策略。越来越多的碳排放统计、报告平台，使各行业、企业的碳排放状况更加透明，也更易于对标，这为投资人向钢铁企业施加减排压力提供了有力的工具，而这也将成为钢铁企业变革的一大重要动因。

3. 供应商

钢铁企业的碳排放会直接影响到供应商的碳排放达标情况，这是供应商压力的主要来源。而在可见的未来，鉴于高碳排放的企业所造成的成本升高，供应商一方面将会帮助下游钢铁行业推动碳减排举措，另一方面会将高出的成本转嫁到减排水平落后的钢铁企业采购成本中，形成行业内部的无形“碳税负”。以上游铁矿业为例，因其绝大多数客户是高碳排放的长流程钢铁企业，钢铁行业在其价值链上成为最大的碳排放者。

对于已有明确的碳中和路径的国外矿业公司来说，这将会是巨大的社会负担和成本负担。在减碳初期，矿山大多选择了帮助下游钢铁行业推动减排举措。例如，某国际矿山在2019年与国内领先的钢铁企业和高校合作，开始推动碳减排技术在钢铁行业中的应用。而随着碳排放路径的不断迁移，我们可以看到矿山会将钢铁企业的碳排放水平与相应的销售策略相结合，形成价格差，以抵消向其供应所带来的“碳成本”提升。

---

① Transition Pathway Initiative. TPI State of Transition Report 2020[EB/OL]. [2021-09-30]. https://www.transitionpathwayinitiative.org/publications/50.pdf?type=Publication.

4. 客户

碳减排对于钢铁企业来说意味着资金支出与运营成本的上升，而市场动力对驱动钢铁企业进行碳减排举措的落地同样至关重要。

在碳中和政策制定并执行后，消费端对低碳排放钢铁的需求将会增加。在钢铁的主要应用市场建筑和汽车领域，我们已经可以看到这样的动力正在形成。在建筑领域，已经有成熟的LEED认证、绿色建筑认证等政府支持的认证体系，且与税收补贴直接相关，这将大幅提升建筑类客户对以短流程炼钢产品为代表的低碳排放钢或“绿钢”的重视与使用。而在汽车领域，全球领先的商用车生产商也正在《巴黎协定》的框架下与全球钢铁制造标准组织（Responsible Steel）合作对生产基地进行认证，促进“绿钢”的使用。对于其他钢铁消耗行业而言，“绿钢”已不再仅仅是碳排放水平的标志，而是一种正在积累品牌效应并产生经济价值的认证，客户对低碳排放钢铁产品的认知与愿付价格也在逐渐提升。

调查显示，79%的客户愿意多付钱来购买低碳排放产品（见图4-3），这对积极履行碳排放义务、推进碳减排技术的企业来说，既提高了品牌认可度又获得了利润的增长，真正做到了名利双收。

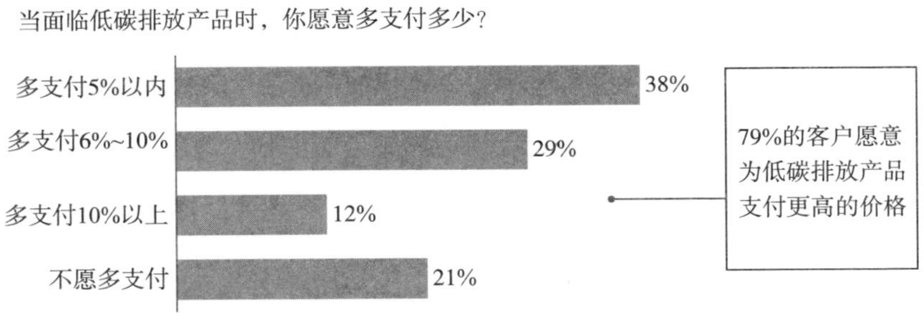

注：欧盟委员会在2012年调查了来自27个欧盟成员国的26 573名终端客户。

图4-3 消费者更愿意为低碳排放产品支付更高价格

资料来源：欧盟委员会，BCG分析。

（二）钢铁行业碳减排六大抓手

钢铁行业在获得足够多的动力之后，如何将动力转为行动，在何处发力可以有效减碳？我们归结了钢铁行业碳减排六大抓手，其中一部分为已有的技术，需要快速推广，我们称之为速赢抓手；另一部分则需要长期布局，开发或优化现有技术，我们称之为结构抓手。为达到2060年1.5℃的碳中和目标，我们需要结构抓手为碳减排带来根本改变，同时也需要速赢抓手与结构抓手并用，让企业保持竞争力。

1. 速赢抓手：废钢利用、能效提升、可持续能源与燃料替换

（1）废钢利用

对比长流程、短流程炼钢后我们可以发现，短流程炼钢的碳排放仅为长流程炼钢的约1/3。而碳排放主要源于对高价铁的还原过程，所以更多地利用废钢，减少还原反应发生量，是减碳的有力举措。

然而，受制于较高的废钢价格，中国当前短流程炼钢产量不足总产量的10%，但在长流程炼钢中，利用更多的废钢以达到提产目的的工艺早已推广，废钢需求在逐年上升（见图4–4）。2020—2030年，废钢的消费量预估每年会有5%以上的增长。但在中国，废钢收集、处理的环节还处于高度分散的状态，废钢的交易模式也未成熟（见图4–5）。

在碳减排的背景下，集约化废钢的收集、处理环节是在市场诱因下的必然趋势，同时废钢处理的税收优惠政策落地，废钢进口的政策打开，也是填补废钢供给短板和降低废钢采购成本的关键。

（2）能效提升

炼钢企业的能效提升主要集中于自产热能、压力、燃料的充分利用。能效提升的技术已经相对成熟，炼钢企业可以快速利用，比如焦炉的干熄焦技术、烧结的余热利用技术、高炉的煤气余压透平发电技术、转炉的煤气回收技术、电炉的废钢预热技术、轧钢的退火预热利

用技术等。能效提升多涉及固定资产投资项目，钢铁企业在产能置换的同时，将能耗、碳排放降低纳入新建替换产能的规划当中，推进能效提升设施的建设。

注：自2016年至2017年中国政府清理非法市场以来，废钢消费量增长了64%。

图4-4　中国的废钢需求正在逐年上涨

资料来源：中国钢铁协会，BCG分析。

	废钢收集	废钢处理加工	废钢交易、运输	钢铁企业
企业数量	70 000家	400家	300家	200家
主要洞见	▪ 除汽车回收拆解、轮船拆解行业外，其他废钢收集行业进入门槛低 ▪ 行业集中度低，企业规模小，多以夫妻店形式存在 ▪ 行业附加值低	▪ 行业进入门槛高 ▪ 政府提供约30%的退税优惠政策 ▪ 行业集中度仍较低，但有行业整合趋势，且大型钢铁企业在该行业内投资发力	因法律法规限制，行业进入门槛高	正在自建废钢处理加工设施，如宝武集团、葛洲坝集团等

图4-5　废钢行业的行业集中度低，企业分布广

资料来源：工业和信息化部，BCG分析。

同时，能效提升还可以通过运营手段来实现，比如使用分析和人工智能优化、预判高炉炉温及生产状态，可从运营上减少吨钢约170千克二氧化碳的排放量。

（3）可持续能源

当能源企业发力将可持续能源投入市场，降低能源行业的碳排放时，钢铁企业应同步推进对可持续能源的利用，比如扩大电炉炼钢的生产。这也要求钢铁企业对废钢、减碳政策做出预判，提早布局电炉炼钢的产能建设。

（4）燃料替换

在仍占国内产能约90%的长流程炼钢中，主要的燃料为煤炭、天然气等化石燃料。利用低碳燃料替代煤炭已经有了成熟应用，比如减少烧结矿的入炉比例，使用生物质燃料替代部分煤炭，在高炉炼钢时应用氢气作为还原剂等。这些应用可以有效减少碳排放，仅上述三项技术就可以减少吨钢约204千克二氧化碳的排放量。

2. 结构抓手：CCUS与碳替代技术

CCUS，指的就是将排出去的碳“抓回来”，将其从气体等易于扩散的形态固化下来。碳替代，则是用其他元素来替代碳元素。我们已经知道，钢铁行业是将高价铁还原成零价铁，而作为还原剂的碳并非是唯一选择，氢气等其他具有还原性的物质同样可以进行这一还原反应。

（1）CCUS

“高炉+碳捕获”技术在钢铁行业的应用，主要是配合传统冶炼技术进行，将从碳排放大户（如高炉）逃逸出去的碳捕获回来。当前碳捕获技术应用得到较快发展的是“高炉+碳捕获”及“熔融炉+碳捕获”的工艺路线。图4-6为“高炉+碳捕获”技术示意图。

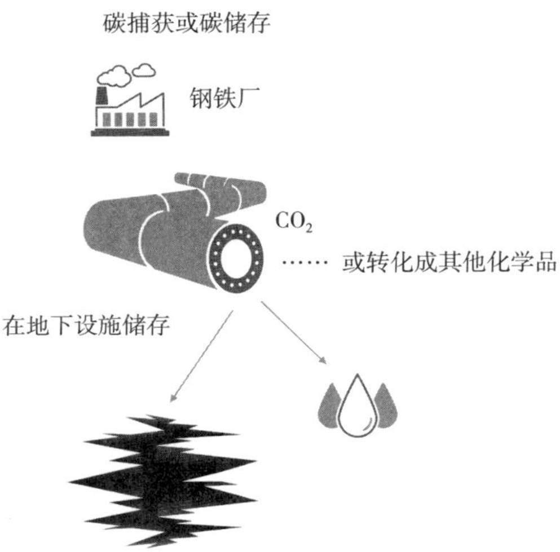

图4-6 “高炉+碳捕获”技术示意图

资料来源：BCG分析。

高炉产生的碳排放占整个长流程炼钢碳排放的约1/3。碳捕获或碳储存技术，可以将气体二氧化碳固化下来，并储存在地下储集装置中，或转化成其他化学品，从而减少高炉释放出来的碳。二氧化碳转变为碳氢化合物的路线可以有效减少80%的二氧化碳排放，但是碳捕获技术在传统工艺中还处于早期的试用阶段，未得到大规模应用。图4-7为“熔融炉+碳捕获”技术示意图。

熔融炉是利用铁矿、煤炭直接进行还原炼铁，省去了烧结工序这一碳排放大户，直接减少了炼铁过程中的碳排放。当前技术成熟的熔融炉炼铁技术为COREX，其是奥钢联开发的一项利用大块的铁矿和煤炭直接进行冶炼的技术，省去了烧结工序的同时也省去了将煤炭转化为焦炭的焦化过程。宝武集团在八一钢厂成功地建设并投产了COREX炉。但是COREX炉也有其娇贵之处，即对矿石、煤炭的质量要求较高，同时熔融过程本身仍然会有碳排放，需要配合碳捕获技术对产生的碳排放进行捕捉、中和。另外一种仍处于早期的熔融炉炼钢技术是利用生物质能源的Tecnored。Tecnored是一项由巴西淡水河谷公司支持开发的利用甘蔗制成生物质能源来进行冶炼过程中的还原反应的技术，同时其熔融过程中产生的二氧化碳可以被种植的甘蔗“消耗”，从而实现钢铁生产价值链的碳中和（见图4-8）。

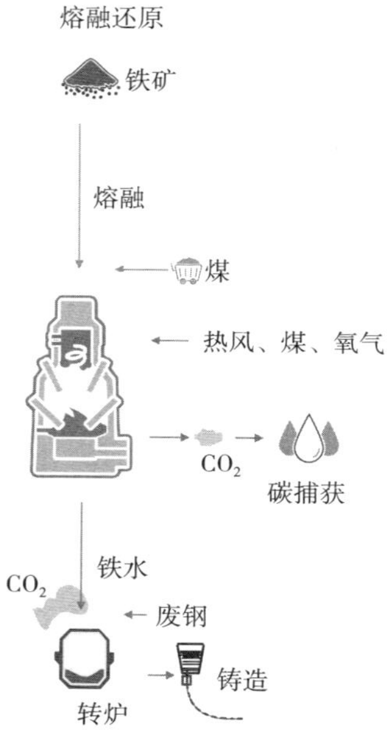

图4-7 “熔融炉+碳捕获”技术示意图

资料来源：BCG分析。

（2）碳替代技术

相对于碳捕获技术，碳替代技术是从根本上取代碳元素在生产过程中的应用，实现真正的碳中和。就钢铁冶炼而言，当前的技术方向主要集中于直接还原铁技术与电解法冶炼。直接还原铁技术是利用可燃气体及球团矿冶炼出可供电炉使用的杂质少、含碳量低的海绵铁，相较于传统的高炉炼铁，其可减少50%的二氧化碳排放。当前，利用天然气直接还原冶炼的技术已经成熟，但其对球团矿的品质要求高，且天然气消耗量巨大，生产成本高于传统高炉炼铁。

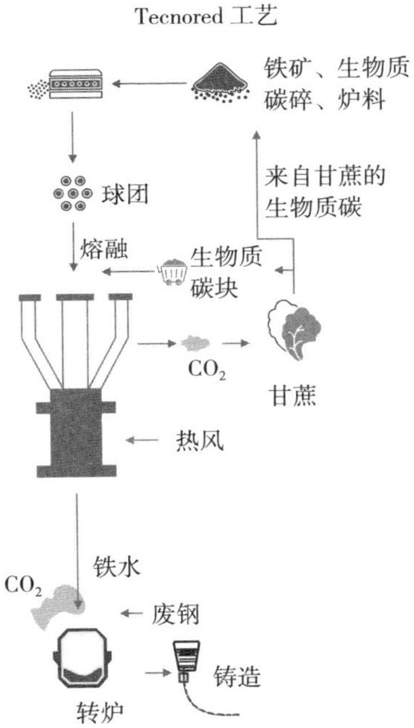

图4-8　Tecnored熔融还原技术

资料来源：BCG分析。

利用氢能源直接还原的冶炼技术当前仍在开发当中，其核心是利用氢气作为还原剂对球团矿进行还原（见图4-9）。受限于当前的氢能源成本，成规模的冶炼试验设施仍处于建设阶段。

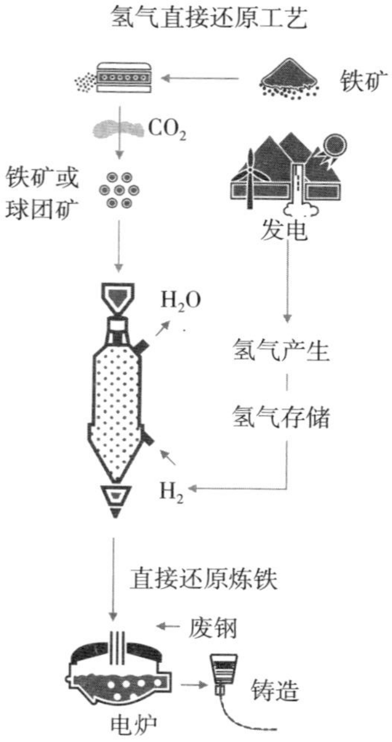

图4-9　氢能源直接还原的冶炼技术

资料来源：BCG分析。

另外一种碳替代技术即为电解铁（见图4-10）。电解铁技术可以有效减少约87%的二氧化碳排放，但当前仍处于初级阶段。一些有色金属如铜、铝及高价值黑色金属锰的冶炼过程会应用电解法。电解法适于生产金属单质，成本较高。国外的科技企业如BOSTON METAL正致力于降低电解法的生产成本，使其成为可行的炼铁工艺。

电解铁工艺

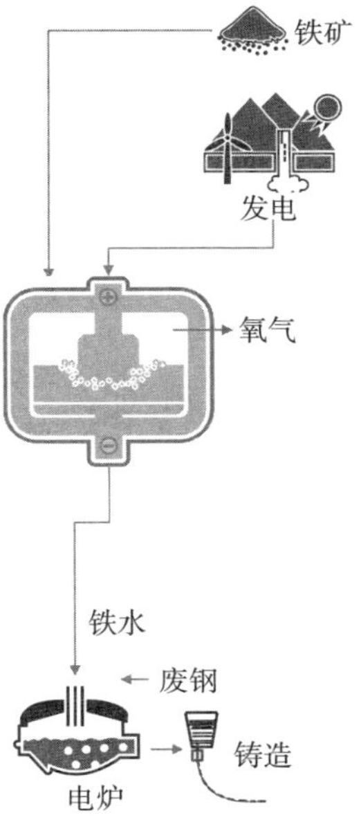

图4-10 电解铁技术

资料来源：BCG分析。

2060年碳中和目标给钢铁行业带来的将会是一次真正意义上的产业升级。这次升级将覆盖从矿产原料到消费者的端到端全产业链，通过新科技、新政策、新财务措施及消费者需求衍化的驱动，来刺激产业链内不断地针对减碳进行投资，并淘汰落后的产能及玩家（见图4-11）。

对于以钢铁行业为代表的工业来说，这种升级来自在自由贸易环境下，全产业链上不同利益相关方推动变革的动力，而这种动力来自政府、供应商、科技，甚至来自作为普通人的你和我。

明确的减碳战略目标、清晰的减碳战略路径以及对实现碳中和目标的决心，将是工业企业在这次产业升级中生存、制胜的关键。

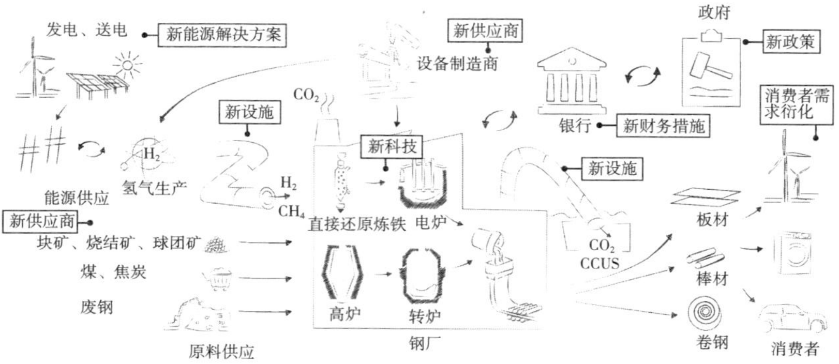

图4-11　碳中和实现路径：从矿产原料到消费者的全产业链

资料来源：BCG分析。

第五章

汽车行业：

发展新能源汽车，
联合上下游产业链减排

对汽车行业而言，2021年是值得铭记的，这一年被称为“造车大战元年”。传统车企和互联网巨头组合布局新能源汽车产业，如“上汽集团＋阿里巴巴”“广汽集团＋腾讯”“北汽集团＋京东”。在碳达峰、碳中和的背景下，国家大力发展新能源汽车产业，显然加快了“大厂造车”的速度。

作为交通运输业的代表，汽车行业的绿色转型是全球碳减排中非常重要的一环。汽车行业的碳减排方式非常明确——大力推广和普及新能源汽车。从传统燃油汽车转向纯电动汽车只是汽车行业实现碳中和的开端，要想真正实现净零排放，关键在于价值链碳减排。令人振奋的是，车企价值链中的上游企业进行碳减排的成本比较“低廉”，这也在一定程度上为汽车行业的绿色转型注入了强心针。

作为汽车行业碳减排的主要推动者，全球许多车厂制定了明确的碳中和目标，并承诺采取措施。从上游的供应链到下游的用车排放，在汽车行业全生命周期的碳中和规划中，我们通过研究主流车企的碳中和战略，总结归纳了“六大招式”以助力企业制定并实现碳中和目标。

第一节
交通运输业减排的必要性

交通运输业减排是全球碳中和进程中的重要环节之一。交通运输业是现代社会的高排放行业，对人类生活的方方面面都有着广泛而深远的影响，而汽车行业更是交通运输业的重要代表。对仍处于转型深化期的中国社会而言，在传统“老三样”升级为“新三样”后，汽车已经成为每一个中国家庭的标配，其普及度堪比当初停满街头巷尾的自行车。

2020年，国家发展改革委表示，我国汽车年产量从20世纪90年代的不足100万辆持续增长到近年来的2 800万辆左右，连续多年位居世界第一。目前，我国汽车保有量约为2.6亿辆，千人汽车保有量从不到10辆快速增加到180多辆。[①]但放眼全球，这仍与发达国家有一定差距。随着实体经济的振兴和城市化建设的逐步完善，三、四线城市的消费市场将会被进一步打开，我国潜在的汽车消费能力也将被进一步激活，因此有充分的理由预计我国未来的购车需求还将逐步增加。

① 朱笑熺. 国家发展改革委：目前全国汽车保有量大约在2.6亿辆左右[EB/OL]. [2020-04-19]. https://wap.peopleapp.com/article/5369018/5281670.

因此，推动以汽车为代表的交通运输业减排，对于推动人类转向更加可持续的生活方式，特别是推动中国碳中和进程来说，有十分重要的作用。为了打造可持续的未来，那些拥有或经营客运、货运车辆以及飞机、货船的交通运输企业需要致力于减少温室气体排放，探索更加绿色和可持续的生产方式。

一、交通运输业碳排放量巨大

从产生碳排放的构成来看，无论是全球还是中国，能源相关行业是产生碳排放的主要构成部分。而在能源相关行业的碳排放中，交通运输业位居第二。

交通运输业的碳排放活动主要包括自有车辆运输、设施运营以及包装。交通运输业的范围1占比通常较高（占碳排放总量的40%～80%），主要排放源为自有车辆的燃料燃烧。其范围2主要涵盖外购电力、电力中心、枢纽站点，以及其他仓储、服务设施产生的碳排放，约占碳排放总量的20%。其范围3的占比大小取决于企业具体的商业模式。企业非自有车辆或飞机的碳排放应归于范围3，因此与大量承包商合作的企业往往有着占比较高的范围3。除此之外，范围3还包括企业购买商品和服务所产生的碳排放。其中，包装材料产生的碳排放量约占碳排放总量的10%。因此，企业应重点聚焦上述碳排放活动，致力于推动运输流程碳减排，开发可持续的仓储和服务设施，采用更加绿色的包装材料。①

根据国际能源署的最新结论，由于生产效率和电气化水平的提高，以及生物燃料的更多使用，2019年，全球交通运输业的碳排放

① 资料来源：《企业碳中和路径图——落实巴黎协定和联合国可持续发展目标之路》，BCG与联合国全球契约组织，2021年7月27日。

量增长了不到0.5%（自2000年以来，年均增长1.9%）。[①]尽管如此，交通运输业的碳排放量仍占燃料燃烧产生的碳排放总量的24%。其中，公路车辆（主要指汽车、卡车、公共汽车以及两轮和三轮车）的碳排放量约占交通运输业碳排放总量的3/4。此外，航空和航运的碳排放量也在继续增加。这进一步证明，只有更多国家深度参与，并制定国际政策，汽车行业才能达成这些颇有难度的减排目标。

国际能源署的一项研究成果表明，2020年，所有行业的碳排放量都下降了，但SUV（Sport Utility Vehicle，城郊多用途汽车）的碳排放量却"逆势增长"。[②]在新冠肺炎疫情的影响下，2020年，能源行业及相关领域的碳排放量都在下降，而SUV的碳排放量却增加了。究其原因，是由于SUV的碳排放量通常多于其他汽车，其燃油效率更低。2020年，SUV的油耗达到每天550万桶，这很可能是2020年SUV总量的增长抵消了新冠肺炎疫情导致的SUV石油消耗量的下降。

这些表现"突出"的数据都证明了汽车行业，尤其是汽油车的碳排放量巨大，交通运输业减排是全球碳中和进程中非常重要的一环，汽车行业减排对实现"3060"双碳目标至关重要。

二、交通运输业减排空间广阔，新能源汽车减排效果显著

根据《新能源汽车产业发展规划（2021—2035年）》，新能源汽车主要包括三类：纯电动汽车（BEV）、插电式混合动力汽车（PHEV）和燃料电池汽车（FCV）。纯电动汽车可用充电电源作为其

---

① 资料来源：Transport-Topics，IEA，2021。

② 资料来源：Carbon emissions fell across all sectors in 2020 except for one-SUVs-Analysis，IEA，2021。

动力源，通过电动机将电能转化为机械能，进而驱动车轮行驶。插电式混合动力汽车介于纯电动汽车和传统燃油汽车之间，既有电动机又有发动机，在纯电续航里程内，插电式混合动力汽车可以做到零油耗。燃料电池汽车的工作原理是将汽车燃料电池中搭载的燃料通过化学反应转化为电能，进而驱动车轮行驶。以氢燃料电池汽车为例，燃料电池中搭载的燃料是氢和氧，生成物是水，其本身不会产生一氧化碳和二氧化碳。从这三类新能源汽车的工作原理中可以看出，与传统燃油汽车相比，新能源汽车在燃油使用阶段大大减少了二氧化碳排放量。

与传统燃油汽车相比，新能源汽车在电池制造、回收等过程中会排放二氧化碳。在比较新能源汽车和传统燃油汽车的碳排放量时，若仅考虑燃料使用阶段，那么可能会与整体碳排放量数据产生一定偏差。而中国汽车技术研究中心的数据显示，2010—2019年，我国乘用车燃料周期的碳排放量在全生命周期中的占比达到80%以上，其中，燃料使用阶段的碳排放量占比较大，占全生命周期的68%～75%。[①]因此，仅从燃料使用阶段就可以反映出新能源汽车较传统燃油汽车在碳减排方面的优势。

基于上述分析，我们得到一个基本结论：在碳中和进程中，汽车行业有必要、也必须实现大幅减排，且方式非常明确——大力推广和普及新能源汽车。目前，这一目标已经在国家和个人、供给方和需求方等各个层面达成共识。同时我们也发现，汽车行业的减排逻辑其实与能源行业是一致的，即侧重于推动清洁能源转型。从这一点来看，汽车行业的碳中和解题思路似乎颇为简单，只要促进新能源汽车的购买量和使用量增加，从而加速车企转型为以新能源汽车制造为主即可——但这其实是一种片面的想法。一个残酷的事实是，汽车行

① 资料来源：《中国汽车低碳行动计划研究报告2020》，中汽数据有限公司，2020年。

业碳中和的主要战场不在自身排放，除了用车阶段，很大一部分在供应链。

根据BCG分析，2018年，在全球每100辆汽车中，电动车与燃油车的比例为6∶94。假设2030年的这一比例将变为70∶30，同时温室气体依然是我们熟知的二氧化碳、甲烷、氧化亚氮、氢氟碳化物、全氟化碳和六氟化硫六大气体，那么初步估计，汽车整车厂的范围1和范围2（直接和间接排放）在未来十年几乎不变，只是从2%上升至4%。但位于整车厂供应链上游的一级供应商，其范围3——给整车厂提供汽车配件等价值链活动所产生的碳排放量的占比将从25%上升至55%。与此同时，同在范围3的整车厂下游企业，其车队的碳排放量占比则会从73%下降到41%。这背后蕴含着两个关键结论。

- 汽车行业的碳减排环节在未来十年将逐渐向行业供应链的上游转移。这是一个值得重视的结论，一般而言，人们对汽车行业的碳排放认知大多产生于日常，也就是位于供应链下游的终端消费环节，似乎这一环节产生的碳排放量是最多的。因此，使用新能源汽车是“直击病灶”的有力手段。但事实证明，汽车供应链的上游才是碳减排的重要环节。上游制造商除了在原材料加工、生产环节产生碳排放，其材料运输环节更是碳排放的重要来源。这一结论的确立，有助于更正我们在认知上的一些偏差，让我们把碳减排视线瞄得更加精准。
- 汽车行业的碳排放主体几乎全部集中在非车企上，车企上下游企业的碳排放量占全产业链的95%以上。完成车企自身的绿色革命还只是“万里长征第一步”。

虽然数据触目惊心，但我们也不必过度紧张。在正视这个问题之前，我们可以先看看国外车企有哪些实用经验，这或许能为我们寻求下一步对策提供参照和信心。

第二节
全球汽车行业减排目标

作为汽车行业全生命周期中最不可控制的一部分，车企实现供应链碳中和目标的难度相对较大。对一般车企而言，其供应链体系较为庞大，仅零部件供应商就多达上千甚至上万家。要想实现供应链碳中和目标，车企不仅需要和供应商达成理念共识，更需要协助供应商在资金、技术等方面变革，这更能体现出一家车企在全生命周期实现碳中和的决心。根据BCG的统计，目前全球已有许多整车厂承诺实现碳中和目标。

在整车制造商方面，沃尔沃、奔驰、宝马、大众等车企在实现自身碳中和，乃至价值链碳中和上，都基本确定了具体的达标年份；在汽车供应商方面，博世、德国大陆、佛吉亚、蒂森克虏伯等企业也都在实现内外部碳中和上明确了具体年份。宝马宣布从2021年起，其全球所有经营地点都将完全实现碳中和（范围1、范围2）。[①]而在包

① 资料来源：Over 200 million tonnes: BMW Group sets ambitious goal to reduce CO_2 emissions by 2030，BMW Group，2021。

含价值链的碳中和目标上，奔驰预计到2022年实现范围1、范围2的碳中和，到2039年实现包括价值链在内的整体碳中和。①

此外，十年后，也就是到2030年，上述企业还会对将要实现的二氧化碳当量减排目标进行量化。其中，有两个显著的数据值得关注。一个是绿色电力，绝大部分企业承诺，到2030年，其主机厂的能源结构将全部清洁化，这会使汽车行业的减排面貌发生明显改观；另一个则是范围3的减排目标，除某家全球知名供应商提出减排46%的雄伟目标之外，其余供应商的预计减排比例基本保持在15%～30%。和其他处于减排高位的数据相比，汽车行业的价值链减排确实是碳中和进程中的“老大难”。

表5-1为我们总结的六家典型车企的碳中和目标。

表5-1　六家典型车企的碳中和目标

项目	奔驰	大众	宝马	标致雪铁龙	丰田	特斯拉
目标难度（范围1、范围2）	在1.5℃路径下，到2039年实现碳中和	在2℃路径下，到2050年实现碳中和	到2050年实现碳中和	遵循2℃路径	到2050年实现碳中和[8]	未公布
自身排放（范围1、范围2）	2030年：50%[2] 2039年：碳中和[3]	2030年：30%[2, 5] 2050年：碳中和	2050年：碳中和	2034年：20%[2] 2050年：碳中和	2030年：35%[9] 2050年：碳中和[10]	未公布
用车排放[1]（范围3下游）	2030年：42%[2, 4] 2039年：碳中和	2030年：30%[2] 2050年：碳中和	2030年：50%	2025年：30%[6] 2034年：37%[7]	2030年：35%[9] 2050年：全生命周期零碳	未公布

① Daimler. Daimler Sustainability Report 2020[EB/OL]. [2021-09-30]. https://sustainabilityreport.daimler.com/2020/.

（续表）

项目	奔驰	大众	宝马	标致雪铁龙	丰田	特斯拉
供应链排放（范围3上游）	未公布	灯塔项目：ID.3碳中和车型[11]（2020年）	2030年：20% 2050年：全价值链碳中和	2035年：33%	2050年：全生命周期零碳	未公布

注：表中目标覆盖乘用车和新销售车辆。

1. 排放强度。
2. 基年为2018年。
3. 从2022年开始，欧洲实现生产碳中和，包括碳补偿。
4. 根据现有法规进行的合规路径。
5. 2025年的乘用车及轻型商用车的全生命周期减排30%（与2015年相比）。
6. 基年为2012年。
7. 基年为2018年；到2035年，将进一步减排55%（与2012年相比）。
8. 部分表态不一致（还有到2050年减少90%的车队排放目标）。
9. 基年为2010年。
10. 碳中和的实现途径尚未完全确定，可能通过碳补偿来减少剩余的碳排放量。
11. 对不可避免的排放做出补偿。

资料来源：各车企可持续发展报告，科学碳目标倡议，碳排放信息披露项目，BCG分析。

一、奔驰

针对自身排放（范围1、范围2），奔驰计划到2030年减排幅度达50%，到2039年实现碳中和；针对用车排放（范围3下游），其计划到2030年减排幅度达42%，到2039年实现碳中和。① 目前，奔驰尚未对供应链排放（范围3上游）的碳中和目标提出明确时间点，但已经

① Daimler. Daimler Sustainability Report 2020[EB/OL]. [2021-09-30]. https://sustainabilityreport.daimler.com/2020/.

采取了将二氧化碳排放量纳入供应商选择指标等做法。从数据上看，奔驰针对目标难度（范围1、范围2）的减排计划是按照1.5℃路径进行设计的，叠加到2039年实现碳中和，这一规划已经通过科学碳目标倡议（SBTi）认证。奔驰在所有范围内制订了具体、完备的计划，在整车、可再生能源、生产和电池等方面都建立了灯塔项目，并高度关注项目发展的持续性和风险。

二、大众

大众承诺并致力于实现与《巴黎协定》保持一致的全球气温控制在2℃的目标，计划到2050年实现碳中和。大众设立了关键里程碑和中期中标，即与2015年相比，2025年的乘用车和轻型商用车的全生命周期减排30%。同时，大众于2020年提出了更具挑战性的目标：与2018年相比，2030年的自身排放（范围1、范围2）和用车排放（范围3下游）都减排30%。该目标将通过完全降低碳排放实现，不但包括乘用车，而且涵盖重型卡车和巴士。同时，这一2030年目标已经通过科学碳目标倡议认证。

三、宝马

宝马认为，应对气候变化的举措应当覆盖汽车整个生命周期，包括生产及上游供应链。宝马计划到2030年将单车全生命周期较2019年减排40%（此前为减排1/3），其中，供应链减排20%、生产层面减排80%。汽车使用阶段的碳排放量占其全生命周期的70%，为实现全面减排目标，宝马计划到2030年将单车使用阶段的碳排放量较2019年减少50%（此前为减少40%），并力争到2050年达成全价值链碳中和的目标。

四、标致雪铁龙

标致雪铁龙按照《巴黎协定》的2℃路径来设计减排。[①]针对自身排放（范围1、范围2），其计划到2034年减排幅度达20%，到2050年实现碳中和；针对用车排放（范围3下游），其计划到2025年减排幅度达30%，到2034年减排幅度达37%；针对供应链排放（范围3上游），其计划到2035年减排幅度达33%。[②]针对自身排放（范围1、范围2）和用车排放（范围3下游）的目标承诺已经通过科学碳目标倡议认证。

五、丰田

丰田计划到2030年使自身排放（范围1、范围2）的减排幅度达35%，到2050年实现这一范围内的碳中和；针对用车排放（范围3下游），其计划到2030年减排幅度达35%。同时，丰田将于2050年同步实现用车排放（范围3下游）和供应链排放（范围3上游）——汽车全生命周期的零碳目标。[③]

六、特斯拉

全球领先的新能源车企特斯拉在碳中和上本来就具有先发优势。特斯拉虽然没有做出相关碳中和承诺，但在制造、供应链管理和下

---

① 标致雪铁龙和菲亚特克莱斯勒已于2021年合并为全球第四大汽车集团，合并后公司叫STELLANTIS。STELLANTIS尚未公布集团层面的碳减排目标，目前标致雪铁龙和菲亚特克莱斯勒已分别设定碳减排目标。上述目标为标致雪铁龙的碳中和承诺。

② 资源来源：2020 Corporate Social Responsibility Report，Groupe PSA，2020。

③ 丰田. 丰田环境挑战2050[EB/OL]. [2021-09-30]. http://www.toyota.com.cn/development/environment2050/.

游车队方面称得上是碳中和示范模板之一。在具体举措上，特斯拉拥有多个关于清洁能源的灯塔项目，比如其推出的太阳能屋顶（Solar Roof）。总体而言，拥有新能源领先技术的电动车车企将有希望带领行业加速完成碳中和远大目标。

七、国内汽车行业碳中和进展

国内汽车行业的碳中和细则尚未出台，部分车企在碳中和方面仍处于探索阶段。有些车企成立了“双碳管理委员会”，密切关注国家层面和行业层面的发展动态。还有一些车企在2021年2月宣布，将正式启动企业碳中和规划研究，对汽车尾气排放做三个“三分之一”减法，以此助力零碳目标的实现。

整体而言，国内车企的碳中和“破局”之道似乎仍在萌芽阶段。近年来，国内车企虽然在汽车电动化方面发展迅速，但在实现“3060”双碳目标的整体布局方面没有明确公示其中长期规划。因为汽车行业的碳中和细则尚未出台，加上减碳成本和投入规模巨大，而国内车企大都处于技术转型的高投入期，所以业内普遍认为，降低碳排放是一项投入巨大且风险极高的工作，在缺乏顶层指导的情况下，企业很难制订和准确实施相应规划。为此，多家车企的高管公开呼吁，在“3060”双碳目标达成方面，希望有关部门尽快明确汽车行业的时间表和具体要求，指导车企更好地用实际行动推动“3060”双碳目标的实现。

此外，BCG最新的深入调研显示，部分整车厂已经开始与供应商交涉碳中和规划事宜。一些车企在询价单中明确要求，成为其供应商的前提是到2023年在欧盟、到2025年在全球完全采用绿色电力，且25%的材料需回收再利用。也有一些车企在询价单中提出，供应商须在2021年就完全采用绿色电力，这是实现车企全链条零碳目标的必要举措。更有甚者在意向书中对供应商提出了强制性要求。为了使减排宣言掷地有声，预计未来全球车企将对供应商提出更多要求。

综上所述，车企的碳中和进程有快有慢，但显而易见的是，供应链减排是这个行业不可忽视的重要环节。车企要想实现全生命周期的碳中和，那么供应商的碳中和是不可或缺的，这一点在其他行业也是如此。这从某种程度上证明了，要想实现碳中和，每家企业都不能仅仅“自扫门前雪”，而是要清除“他人瓦上霜”，这样才能更有效地解决根本问题。

第三节 汽车行业减排特点及举措

一、电动车只是碳中和的“解题思路”，供应链才是“方程解”

由传统燃油汽车转向纯电动汽车并不是汽车行业“一劳永逸”地实现碳中和的方法，这只是其中一步，甚至只是一个开始。要想真正实现汽车行业的净零排放，关键在于价值链减排。

2021年1月25日，达沃斯论坛以线上对话会的形式如期召开。作为世界经济论坛的长期战略合作伙伴，BCG合伙人代表团也参加了此次达沃斯论坛。关于供应链脱碳问题，BCG合伙人代表团早已表达了明确的观点与想法：为了实现《巴黎协定》的气温目标，各企业应在供应链上加强协作。只有供应链上下游企业共同承担减排目标，气候行动与净零计划才能得到切实推行。

为了让大家更直观地了解汽车供应链的碳排放有多“凶猛”，我们对2019年不同行业的碳排放结构进行了调研（见图5-1）。

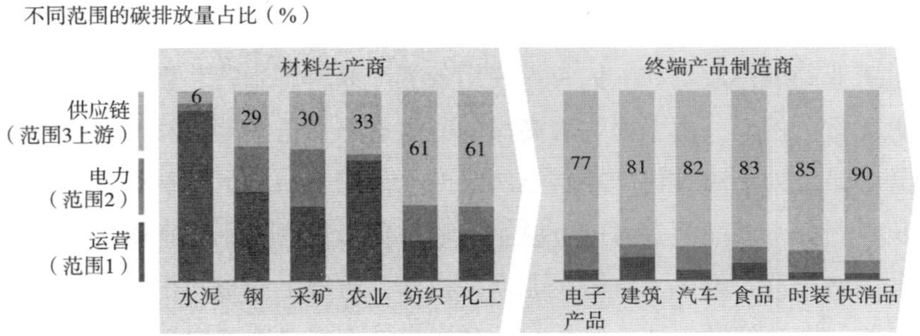

图5-1　2019年不同行业的碳排放结构

资料来源：碳排放信息披露项目，BCG分析。

相比其他行业，汽车行业的供应链（范围3上游）碳排放量占比虽然不是最高的，但也已经“走在前列”，达到82%，与占比最高的快消行业只差8个百分点。这意味着，把目光聚焦于改进车企运营还远远不够。主机厂的清洁能源制造流程为汽车行业带来的直接减排贡献也不过10%左右。

进一步分析来看，汽车行业并不是在全供应链上处处高排放，其高排放环节主要聚集在上游企业，也就是为整车生产钢、铝、电池等原材料的高排放工业企业。

因此，对于某些服务终端消费者市场的下游企业而言，供应链上游产生的碳排放远远超过下游企业直接业务产生的碳排放。随着供应链全球化的加速推进，供应链碳减排的重要性也与日俱增。未来，推动供应商碳减排将为此类企业带来新的挑战和机遇，而由此产生的影响力将远超企业自身业务。与此同时，随着经济和供应链全球化的深度发展，区域企业的跨境减排举措也将推动尚未制订气候行动规划的国家进一步加快碳减排进程。

不过，实现供应链上游减排目标绝非易事。纵观目前推行脱碳的行业，其重担主要落在上游材料生产商的肩上。包括食品、建筑等行业在内的八大供应链，其碳排放量占全球总量的50%，其中农业和重工业的碳排放量在人们每天使用各类产品所产生的总排放量中占绝大比重。然而，由于面临着高昂的脱碳成本，这些上游材料生产商仅凭一己之力无法支付净零转型所需的全部资金。与上游材料生产商相比，服务于终端消费者的下游企业通常拥有更高的利润率以及更积极的消费客群。如果上下游企业通力协作，解决上游材料生产商转型所面临的资金问题，那么气候行动和净零计划将会得到切实推进。

下游企业在价值链上拥有得天独厚的优势，是否意味着上游企业就“天然劣势”，无法有效完成碳中和使命呢？答案当然是否定的。

二、“500欧元/车”：低廉的减排成本

（一）低减排成本

一个令人振奋的事实是，车企价值链中的上游企业可以用比较低的成本来减少碳排放量。

如图5-2所示，平均来说，各行业有45%左右的碳排放量可以通过不高于10欧元/吨二氧化碳当量的价格进行清洁处理，只有20%左右的碳排放量需要花费高昂的价格（大于100欧元/吨二氧化碳当量）进行清洁处理。[①]具体到汽车行业，其55%的碳排放量都可以用不高

① 资料来源：Net-Zero Challenge：The supply chain opportunity，BCG与世界经济论坛，2021。

于10欧元/吨二氧化碳当量的价格进行清洁处理。换句话来说，虽然汽车行业在价值链上的碳排放量较高，但排出来的碳都还算“实惠”，不那么“难搞”，不必兴师动众就能解决大半问题。

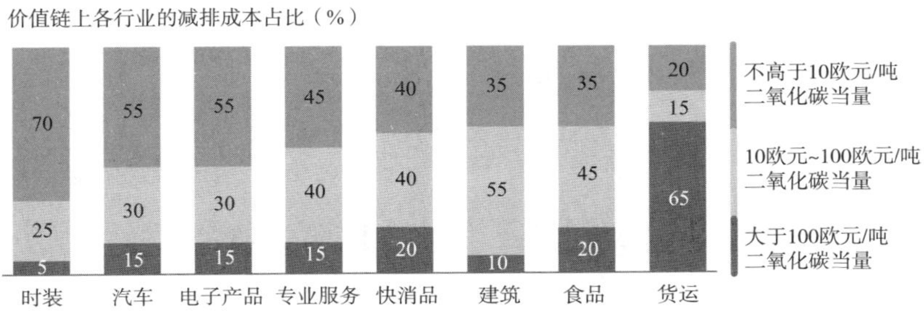

注：价值链上各行业的份额根据估测数据划分，具有指示性；货运包括空运、海运及陆运。

图5-2　价值链上各行业的减排成本占比

资料来源：BCG分析。

其缘由何在呢？价值链上的碳排放主要集中于汽车行业的上游企业，因此只要上游企业采取减排措施，碳排放量就能显著降低。而上游企业的减排成本本身就比较低——只需花费少量金钱，就能收获较大的绿色提升。例如，上游企业在产出铁、铝等原材料后，就可以在原材料运输方式上做“减碳文章”——将陆路运输改为铁路运输。交通方式的改变意味着能源消耗的改变，但交通成本却不见得有跨越式的增加，这就是一个显而易见的、经济环保的减排举措。当然，这种方式对整体减排的贡献并不突出，但仍不失为一个可行的方案。

同时，工业生产环节的资源使用率的提高对减排有显著影响。更换生产设备或提高材料和工艺效率等举措都将对减排产生巨大推动作用。例如，提高钢和铝在生产过程中的材料利用率、在运输过程中的行驶效率，以及在生产环节中采用可再生电力等，而这些尝试只需要不高于10欧元/吨二氧化碳当量的成本。[①]

（二）减排成本向下游消费者传导

根据BCG的测算，到2030年，这类低成本减排举措在供应链中可以占到60%——相当于60%的碳都不怎么“烧钱”。但即使价格再低廉，这也是生产环节的一项额外支出，增加了企业成本。那么这对消费者影响大吗？消费者是否需要分担来自企业的减排压力呢？我们必须承认，碳中和涉及每一个人，消费者确实需要承受终端价格上涨的压力。但值得庆幸的是，消费者为此支付的成本是非常小的，尤其是在价格较高的大件商品中（比如汽车），这项脱碳成本几乎可以忽略不计。

BCG与世界经济论坛的共同跟踪研究显示，供应链减排会导致终端价格上涨1%～4%，这是因为高碳排放的原材料的成本通常只占消费者最终支付价格的一小部分。如果汽车供应链实现了脱碳，那么消费者最终的购车成本只会增长2%。这正是本节标题“500欧元/车”的含义所在，即在脱碳后，一辆价值3万欧元的汽车在卖到消费者手上时，其价格只增加500欧元。[②]这相当于我们只需支付较低的价格就可以帮助汽车行业实现脱碳目标，何乐而不为呢？

究其原因，虽然材料行业的脱碳成本较高，但由于钢、铝、塑料等材料的成本仅占消费者最终支付价格的一小部分，所以下游消费者需要承担的额外成本并不高。

在汽车行业价值链中，主机厂可以通过供应链实现高达60%的减排。通过采取一些可以立即部署的措施，企业每吨二氧化碳当量的

---

① 资料来源：Net-Zero Challenge：The supply chain opportunity，BCG与世界经济论坛，2021。

② 同上。

减排成本将会少于10欧元。[1]如果服务终端消费者的下游企业能够与供应商开展合作，提高可回收原料的份额、为提高流程效率的措施提供资金，并在整个供应链中要求使用可再生能源，那么上游企业的脱碳之路将更加顺畅。

其他行业也是如此。根据BCG的测算，时装行业在完全脱碳后，一条售价40欧元的牛仔裤，其价格涨幅不到2%，与汽车行业的涨幅接近；食品行业在完全脱碳后，一份售价20欧元的食品，其价格涨幅小于4%；建筑行业在完全脱碳后，一套售价15万欧元的住宅，其价格涨幅小于3%；电子产品在这一系列行业中的表现最好，一部售价400欧元的手机在该行业完全脱碳后，其价格涨幅不到1%。[2]

当然，除了上游企业，下游企业也不是不受影响。对于下游汽车制造商而言，虽然采用绿色钢材和其他绿色原料将提高成本，但对于消费者来说，最终的支付价格仅有不到2%的涨幅。因此，在善于“集中力量办大事”的中国，如果汽车制造商和钢铁生产商可以遵循这一处世智慧，共同分摊这部分成本，那么钢铁生产在脱碳转型中面临的资金问题将更容易得到解决。

（三）供应链脱碳思考

时至今日，许多企业还是不能顺利开展供应链脱碳，主要是不知道从何处入手。这主要是因为分散的供应商网络、有限的数据可视性，以及相互冲突的采购优先级等障碍。为此，BCG为企业的供应链脱碳提供了以下三方面建议。

---

① 资料来源：Net-Zero Challenge：The supply chain opportunity，BCG与世界经济论坛，2021。

② 同上。

- 充分了解上游供应商的排放情况。构建全面的供应商数据库，为上游供应商制定明确的减排目标，为其日后实现这一目标打下基础。BCG敦促企业重新设计产品，将可持续性纳入材料选择和产品性能开发的指标中。与此同时，企业还应与供应商就排放标准进行磋商，在采购程序中加入可持续要求，并为达到这一标准的供应商提供更好的条件。企业还需要在行业内外积极推进生态系统建设，以实现持久的变革和转型。
- 各企业和供应商要因地制宜，采取适合自身特征的减排模式。例如，建筑企业可以敦促供应商采用更环保的水泥生产流程，并投资碳捕捉技术（这是更长期、更昂贵的提议）。在专业服务方面，企业必须在办公室采用可再生能源和热能，并与供应商合作，扩大清洁燃料的使用规模。
- 积极推动大规模的供应链脱碳。虽然现在仍处于第26届联合国气候大会的预备阶段，但一些领先企业已经开始行动。要想实现净零目标，政府的行动和语境构建必不可少。随着减排涉及更广阔的消费者群体，企业领导者也应抓住这一机遇，运用已有技术，着手实施企业的供应链脱碳。

三、在碳中和背景下，汽车制造商实现净零目标的六个招式

（一）提高信息透明度——加强内部排放评估和外部数据共享，确保信息披露及时、有效

碳信息披露是否及时、准确，直接关系着规划设定的节奏、进度和方向。整车厂要想提高信息透明度，应当聚焦以下几个方面。

- 理清整体碳排放情况。这件事的关键在于确保原材料、零部件，以及供应商层面的信息透明。一种可行的操作办法是对全体供应

商及其产品绘制色块表，确保企业对各类产品的碳排放情况一目了然。同时，基于可用数据和简单调查，对供应商开展资质分析。最简单的方法是借助外部问卷详细了解供应商的减排行动和最终的减排数据，并在此基础上持续做好跟进监测，一旦发现供应商不符合要求，要予以提醒或者终止合作。此外，还可以根据第三方企业提供的数据或供应商评级资料，对上下游供应商进行评估，以此确定该供应商是否一直走在碳中和的道路上，并且方向不偏。

- 分析主要产品的碳足迹。针对有代表性且具有参考价值的零部件，企业应预估其碳足迹，例如：基于钢材、铝材、塑料等材料的重量来预估其碳足迹；对能源来说，要基于它的生产工艺（组装、注塑成型、冲压、焊接）来计算其碳足迹；在运输方面，可以通过运输距离、交通工具、运量等关键指标来预计碳足迹。有效而准确的碳足迹分析有助于企业进行针对性改进和减排。
- 与供应商做好信息互通。企业要与一级供应商做好安全的数据交换，并从碳排放的角度出发，识别出关键供应商。通过持续交换数据，企业还可以预测零部件在批量生产过程中的碳足迹。此外，还可以通过在招标遴选过程中使用强制性碳排放情况说明书等差异化手段来提高信息透明度。目前，多种自动化汇报工具日益涌现，虽然其有待完善，但至少为未来的产品碳足迹测算和共享带来了更多希望。企业只有完全掌握各项数据，不断提升碳排放信息的对称性，才能将减排方法有效贯彻到供应链的各个环节。

（二）设定宏大目标——运用科学有效的大规模减碳抓手“迈出一大步”

总体来说，采取具体措施来实现碳中和的道路既艰难又昂贵，许多企业不得不推迟减排工作。在这种情况下，AI（人工智能）将改变游戏规则。AI能够深入洞察企业碳足迹的各个方面，降低减排成本，这为加快低成本可持续转型提供了一条有前景的路径。

从全球范围来看，根据我们与客户合作的丰富经验，要想实现《巴黎协定》的气温目标，AI可以帮助企业减少26亿～53亿吨的二氧化碳，占减排总量的5%～10%。与此同时，BCG的研究表明，到2030年，通过增加收入和节约成本等方式，AI对企业可持续发展的潜在影响价值将达到1.3万亿～2.6万亿美元。[①]AI的强大之处在于它能够从经验中学习，从环境中收集大量的数据，直观地发现未被注意到的关联点，并根据结论给出合适的行动建议。企业若想减少碳足迹，就应把AI的重点放在以下三个方面。

- 监测排放。企业可以利用以AI驱动的数据工程跟踪碳足迹，比如从运营、差旅及价值链的各个环节收集数据，并利用AI生成缺失数据的近似值，提高监测的准确性。
- 预测排放。预测型AI可以根据企业当前的减排工作、新的减排方法和未来需求，预测企业未来的碳足迹。这有助于企业更准确地设定、调整和实现减排目标。
- 减少排放。通过对价值链各个方面的详细洞察，指令型和优化型AI可以提高生产、运输和其他方面的效率，从而减少碳足迹，降低成本。

① 资料来源：《碳中和：人工智能助力企业减排，实现发展和社会效益双赢》，BCG，2021年4月14日。

案例5-1 石油和天然气公司通过AI减排降本①

欧洲一家大型石油和天然气公司正面临生产损失的困扰，原因是机械设备出现了未曾料到的问题，而公司依赖的控制系统还在遵循先报告后反应的方法。

为了解决这个问题，BCG帮助该公司重新设计控制系统，制定了基于机器学习的预测和行动方法，并创建了一个集成的操作中心，用来统一监测所有设备。同时，BCG鼓励该公司实施变革管理战略，以促进新工具的使用。

新的端到端系统采用了许多机器学习模型，包括可以预测每个生产单元的维护问题和碳排放的模型。这些新功能可以帮助工厂的工程师预测未来3~5小时所有生产单元的能源消耗和碳排放情况，并对任何造成过量排放的生产单元进行隔离、分析和修复。

此次实践让该公司的碳排放量降低了1%~1.5%，相当于每年少排放3 500~5 500吨温室气体，并减少了500万~1 000万美元的成本。该系统预测设备故障的准确率高达87%，预测排放异常的成功率也在80%左右。

通过扩大AI工具的使用规模，这家石油和天然气公司可以获得所有生产操作的全面、实时视图，在预测和减少问题的同时有效降低碳排放成本。

（三）降低自身碳足迹——紧盯潜在的减排空间，“刀刃向内”提升绿色生产质效

企业应该对由于运营而产生的碳排放进行结构性评估，这包括整

① 资料来源：《碳中和：人工智能助力企业减排，实现发展和社会效益双赢》，BCG，2021年4月14日。

个供应链中的生产和物流。同时，根据行业中其他企业的碳足迹来衡量自身，以保企业证站在一个客观的视角进行评估。

目前，全球领先企业正在采取行动减少碳足迹。例如：大众宣布，ID.3 EV（大众集团一款新能源汽车）将成为德国茨维考工厂利用碳中和技术制造的第一款车型，并且大众希望到2050年实现全部车型的碳中和生产；戴姆勒公司也有大力度的减排举措，并希望到2022年实现组装工厂的碳中和，到2039年实现乘用车的碳中和生产。

从实践来看，企业可以采取以下几方面举措有效降低自身碳足迹。

- 提高效率。第一，企业可以利用卓越的运营工具，实现运营能效提升和减排目标。主要方式包括降低废品率、减少机器怠速时间，或通过优化布局来降低物流的复杂性，这可以使企业通过减少浪费和能耗直接减排。第二，企业还可以采取措施，更高效地生成和利用热量。例如，使用高效燃烧器回收余热或安装热泵将余热温度提高至可用水平。第三，为了尽量缩短零部件在供应链中的运输距离，企业可以利用多式联运来优化物流网络。第四，为了减少消耗，企业可以部署能源监测、管理和转向系统。例如，安装气压系统以便检测泄漏。
- 改变流程或技术，采取新工艺。企业可以改进其核心生产流程或技术，用低排放工艺替代高排放工艺。
- 更换燃料或能源。企业可以用其他可再生能源代替化石燃料发电，比如太阳能、风能，或者用生物质燃料代替天然气进行热电联产，使用电动叉车而不是柴油叉车。

（四）吸引供应商参与——通过客观倒逼和主观引导，形成合力推动碳中和进程

作为汽车生产流程中碳排放量最多的一环，供应商参与减排是理所当然的。在具体做法上，企业可以梳理上下游的各个环节，从以下两方面采取措施。

- 改进采购流程、设立新采购标准。在产品采购流程中，针对供应商的产品或材料部件，车企可以测算供应商提供的重要数据，评估供应商的脱碳目标和发展的可持续性。例如，德国大陆集团在筛选和评估供应商时，聘请第三方审计机构Eco Vadis对公司现有及潜在的供应商展开可持续发展调查。[①]在谈判签约环节，也可以考虑将碳排放等可持续发展目标纳入谈判，并在合同中强调可持续发展的KPI（关键绩效指标）。例如，舍弗勒集团为了防止可持续发展目标在签约后沦为一纸空谈，就在合同中明确纳入了非财务指标，如果对方未达到指标要求，那么集团保留追索权利。[②]
- 让供应商长期深度参与，联合开展减排项目。及时跟踪供应商的表现可能是减少上游碳排放量最有力的直接抓手之一。例如，奔驰通过区块链技术跟踪钴回收利用及相关碳排放情况。为了在2039年实现碳中和目标并发展循环经济，奔驰与区块链初创企业Circulor联合开展试点，通过区块链技术跟踪钴回收利用及相

---

① Automotive World. Importance of Sustainability in Supplier Selection Is Further Increased by Continental in Purchasing[EB/OL].（2017-09-04）[2021-09-30]. https://www.automotiveworld.com/news-releases/importance-sustainability-supplier-selection-increased-continental-purchasing/.

② 资源来源：Annual Report 2020，Schaeffler，2020。

关碳排放情况。[①]除了要求直接合作伙伴提高透明度，奔驰还要求此类合作伙伴对其上游合作方提出类似要求。同样使用区块链技术的著名车企还有保时捷，2020年，保时捷与区块链技术企业Circularise及多家原材料供应商展开合作，联合跟踪价值链上的塑料使用及相关碳排放情况。保时捷客户可通过由Circularise开发的应用程序查看车辆所用材料、采购渠道及材料环境影响，所有信息均由第三方独立机构验证。[②]

（五）低碳创新设计——寻找隐藏在工艺和材料中的创新智慧，全面提升原材料的利用率

通过创新性的低碳举措提高汽车在生产过程中的能耗效率和原材料利用率，企业往往能取得情理之中、意料之外的好结果。通过重新设计产品和服务，企业可以提高回收材料的使用率，从而减少能源的消耗。例如，特斯拉不断改进其产品规格，减轻车身重量，延长电池寿命和续航里程，在实现汽车低碳环保的同时，还增强了对消费者的吸引力。

事实上，2012年，原环境保护部、国家发展改革委、财政部出台了《重点区域大气污染防治“十二五”规划》，其中明确指出“新建机动车制造涂装项目，水性涂料等低挥发性有机物含量涂料占总涂料使用量比例不低于80%，小型乘用车单位涂装面积的挥发性有机物

① Daimler. Blockchain pilot project provides transparency on CO_2 emissions[EB/OL]. [2021-09-30]. https://www.daimler.com/sustainability/resources/blockchain-pilot-project-supply-chain.html.

② Borealis. Porsche and Circularise collaborate with Borealis, Covestro and Domo Chemicals to enable the traceability of plastics in the automotive sector[EB/OL]. [2021-09-30]. https://www.borealisgroup.com/news/porsche-and-circularise-collaborate-with-borealis-covestro-and-domo-chemicals-to-enable-the-traceability-of-plastics-in-the-automotive-sector.

排放量不高于35克/平方米”。这正是对工艺和材料的低碳创新要求。

目前，国内部分汽车厂商在乘用车上采用国际先进的水性免中涂涂装工艺，在保证产品质量的同时，大幅减少了能源消耗量和挥发性有机物排放量，也降低了生产成本。

（六）强化组织能力建设——提升内部排碳的组织、治理和管控能力，加快实现上游减排

对汽车行业而言，要想实现上游减排目标，可以考虑从以下六个方面设计全新的碳排放治理模式，实现内部碳治理和碳管控能力的提升。

- 强制性指导模式。例如，采取问责制手段，明确管理层在减碳方面的职责、决策权以及KPI，一旦未完成或不达标，直接对其进行行政问责，以此增强减排的强制性约束力。
- 碳管控。在涉及碳排放的相关决策上，要充分考虑决策可能带来的碳影响，包括采购、产品组合管理、研发、投资等多方面。
- 成果汇报。如果减碳KPI责任到岗、到己，那么要确保将相关KPI指标纳入标准化汇报，并将其作为一项长效工作，切切实实做好汇报与落实。
- 绩效。对于完成相关减碳目标的人员，可以在薪酬、职务安排方面有所奖励，进一步激发员工参与碳中和的热情。
- 数字赋能。充分利用公开的碳排放数据库等资源，并使用工具和系统来监督、汇报KPI完成情况。
- 组织保障。车企可以组建专门的气候项目团队或职能条线，全面落实碳中和工作的对接与联络，确保碳中和工作责任落实到人、落实到岗，并持续推进。

此外，碳中和事业非一己之力即能完成，供应商、投资者、客户

等多个主体的行为都与碳中和息息相关。企业应与投资者、客户等保持密切沟通、目标一致，这样才能以共识创造更多价值。

案例5-2 来自高级整车厂的“先锋试验”——首家承诺到2021年年底全球工厂实现碳中和的车企

对汽车行业而言，碳中和目标不是主机厂自身能完成的，而是全产业链上的所有企业齐心协力才能做好的。作为全球知名的豪华车厂，该整车厂的主要做法是，将碳足迹分解到不同的工序上，并雇用外部审计员进行核查，同时也关注区块链技术在碳足迹追踪中的应用。对此，该整车厂提出到2021年年底，全球工厂在自身生产上实现碳中和，这是全球最早承诺工厂实现碳中和的车企。

2001年，该整车厂首次发布了《企业可持续价值报告》，报告统计了生产废水、二氧化碳、油漆溶剂、废物废料等要素的碳排放数据，这比大部分车企要早11年。另外，该整车厂也是首家为供应链企业制定碳排放任务的车企。根据该整车厂的规划，到2030年，其供应链（范围3）的碳减排幅度要达到20%，而用车环节（范围3下游）的碳减排幅度预计达到40%。①

2021年，该整车厂首次将年度《可持续发展报告》与集团《2020年财务报告》合并发布。这是对全球汽车企业决心实现碳中和目标的一次重要回应，向外界表示该整车厂将可持续发展放到与年报同等重要的位置，也意味着碳中和正在改变汽车企业的盈利模式。

- 生产环节（范围1、范围2）。自2017年欧洲完全使用绿色能源

① 资料来源：BCG分析。

之后，该整车厂在全球工厂推广使用可再生能源。其莱比锡工厂的四个风力涡轮机提供了生产某款车型所需的全部电力；其沈阳生产基地依靠自产太阳能电力、购买风能电力以及认购国际绿色电力证书，实现了100%可再生能源供电生产；其德国的丁格芬和慕尼黑工厂将100%使用当地的绿色水电为其他两款车型的生产提供动力。除了100%采购绿色能源，自2020年起，该整车厂开始系统地提高能源效率。例如，全面数字化，通过数据分析预测机器的运行状况，提前安排机器维护，从而减少返工零件的数量，这对碳中和也能起到不小的助益。

- 用车环节（范围3下游）。在产品策略上，为了支持电动化，2020年，该整车厂在研发方面进行了较大投入，主要投资方向是未来出行的相关技术。例如，车载互联、高度自动驾驶、电动出行。即使是在新冠肺炎疫情的影响下，该整车厂仍然保证了研发方面的投入，仅2020年的研发开支就达到56.89亿欧元，这一支出约占集团总收入的6.3%，和2019年的占比基本持平。纵观该整车厂在2020年的全球业绩表现，其电动汽车销量增长31.8%，交付量达到192 662辆，纯电动汽车和插电式混合动力汽车的销量分别增长13%和40%。在欧洲，其电动汽车交付量在总交付量中的占比已经达到15%。[①]这进一步证明，车企的可持续发展战略是完全可以获得理想市场回报的。值得一提的是，早在1972年，该整车厂的电动出行梦想就已经实现了（当年，德国的第一部环境保护法《垃圾处理法》颁布，同年，该整车厂生产出第一辆纯电动汽车）。多年来，该整车厂开发了诸如“插电式涡轮增压柴油混合动力概念车”等车型，通过交付创新性的电动汽车，为用车环节减排贡献了大量“绿色智慧”。

① 资料来源：BCG分析。

- 供应商环节（范围3上游）。在推动上游供应商减排方面，该整车厂的努力也卓有成效。作为首个加入零排放联盟的汽车制造商，它致力于追求可持续的绿色物流运输，从而进一步减少全价值链的碳排放量。零排放联盟的倡议目标是，从2030年起使用适合远洋运输的、具有商业可行性的零排放货船。目前，海运产生的碳排放量占该整车厂运输链总量的50%。[①]放眼全球，约3%的温室气体排放来自海运，并且这一比例正在明显上升。[②]作为零排放联盟的一员，该整车厂完全实现生产脱碳的具体做法主要包括使用无碳的清洁燃料、采用新型动力系统、提高能源使用效率等。在加入零排放联盟后，该整车厂除了关注整条生产价值链上的可持续发展，还在其位于世界各地的生产工厂中大力实施资源节约型生产方式，进一步发展电动出行。

此外，该整车厂也在不断扛起其作为国际化企业应有的社会责任，积极参与全球碳排放与环境保护治理。2021年3月31日，该整车厂与世界自然基金会签署了暂停深海采矿倡议，成为第一批呼吁暂停深海采矿的全球公司，而深海采矿的标的物正是与电动汽车紧密相关的钴、镍、稀土等稀有金属元素。

四、六家典型车企的二氧化碳减排方法

表5-2为六家典型车企的二氧化碳减排方法。

---

① 资料来源：BCG分析。

② 同上。

表5-2 六家典型车企的二氧化碳减排方法

项目	奔驰	大众	宝马	标致雪铁龙	丰田	特斯拉
自身排放（范围1、范围2）	75%的电力供应来自风能；开展专门合作；辛德芬根工厂为零碳工厂	自有绿色能源供应（风能）；在巴西和布鲁塞尔实现生产碳中和	从2020年起，在全球范围内100%使用可再生能源进行生产	在巴西和斯洛伐克拥有碳中和工厂	从2020年起，在欧洲和南美洲实现生产碳中和	自有分布广泛的太阳能电池板，可供应绿色能源
用车排放（范围3下游）	投资100亿欧元用于电气化	在2020—2024年投资近330亿欧元用于电动汽车的研发和改造	车型逐渐实现电气化	车型逐渐实现电气化	到2030年，车型广泛实现电气化	生产纯电动汽车；切实使用绿色能源生产、存储和充电
供应链排放（范围3上游）	将CO_2排放量纳入供应商选择指标	通过Elli集团股份有限公司供应自有绿色能源	—	将CO_2排放量纳入供应商选择指标	将CO_2排放纳入选择供应商的标准	在电池供应链上逐步进行垂直整合
其他	通过证书和气候项目增加碳补偿；高管奖金与碳目标成绩挂钩	通过专门的气候项目进行碳补偿；实施内部碳价/碳税	对不可避免的碳排放进行补偿	目前考虑碳补偿；高管奖金与碳目标成绩挂钩	高度关注碳补偿；免费提供HEV（混合动力汽车）专利	销售CO_2证书；免费提供EV（纯电动汽车）专利

注：只考虑乘用车和新销售车辆。

资料来源：各车企可持续发展报告，科学碳目标倡议，碳排放信息披露项目，BCG分析。

通过深入分析某高级整车厂的减碳案例，以及对全球各车企的二氧化碳减排方法进行汇总梳理，我们可以发现，各车企的做法在整体上是相似的，主要聚焦于生产、用车和供应商三个方面。针对碳排放最强的供应链环节，车企对上下游企业要区别对待。

- 针对生产环节，也就是自身排放（范围1、范围2），车企的主要举措是更换整车厂的生产能源，通过使用绿色能源来实现减排。例如，奔驰的辛德芬根零碳工厂、大众在巴西和布鲁塞尔实现生产碳中和、标志雪铁龙在巴西和斯洛伐克的碳中和工厂、丰田在欧洲和南美洲实现生产碳中和等。
- 对于下游消费终端，车企的主要手段是将传统燃油汽车替换为新能源汽车，这也是目前的发展趋势。例如，宝马投资100亿欧元用于电气化；大众计划在2020—2024年投资近330亿欧元用于电动汽车的研发和改造；宝马、标致雪铁龙和丰田都将逐步实现电气化；特斯拉更是行业领头羊，从一开始就生产纯电动汽车。
- 对于上游供应商，车企主要通过使用低碳材料、提升运输效能、优化供应商采购方案、强化碳足迹评估等手段来推动供应商加速绿色转型，从而最终实现全供应链范围的碳中和。奔驰、宝马、标致雪铁龙等车企均将二氧化碳排放量纳入供应商选择指标。大众的做法更为独特，2019年年初，大众建立了总部位于德国柏林的Elli集团股份有限公司（Elli Group GmbH），主要为大众旗下的品牌开发能源以及与充电相关的产品和服务，从而实现大众汽车绿色能源的自主供应。

当然，需要指出的是，碳中和是一个动态平衡的过程，当产生难以避免的碳排放时，上述企业还可以通过植树造林、投资环保教育项目、进行气候领域认证和媒体传播等公益活动进行碳补偿，弥补目标差距。例如，大众与森林保护项目运营机构Permian Global签署了一项联合开发协议，共同创建气候保护项目。

最后值得一提的是，虽然本章重点聚焦于汽车行业的碳中和分析，但从上述分析中也可以一窥整个交通运输业的碳中和路径，因为二者的减排逻辑是基本一致的。只不过交通运输业包含了海陆空等不同形式的交通工具，因此牵扯的上下游产业链更庞大，其涉及面也更宽广，但这并不影响我们对交通运输业碳中和路径的整体理解。对此，BCG与联合国全球契约组织通过共同研究，针对交通运输业的碳中和，给出了较为系统的减排方案。主要方法是降低运输过程中的碳排放量，包括采用清洁能源车辆、提升交通工具能效，以及优化交通工具规模和运输路线等措施。同时，充分考虑到物流在交通运输业中的作用，我们也提出了构建可持续厂房、打造绿色包装等建议（具体内容可详见由BCG与联合国全球契约组织共同撰写的研究报告《企业碳中和路径图——落实巴黎协定和联合国可持续发展目标之路》）。

交通运输业减排是全球碳中和进程中的重要环节之一。交通运输业是现代社会的高排放行业，对人类生活的方方面面都有着广泛而深远的影响，而汽车行业更是交通运输业的重要代表。

在交通运输业中，汽车行业的碳排放量巨大、减排空间广阔，新能源汽车的减排效果更是十分显著，这些都体现了在交通运输业实施减排的必要性、可行性。可喜的是，以新能源汽车产业为代表，国内的政策端、供给端、需求端都为行业减排提供了极大的机遇风口，虽然也面临一些技术挑战，但整体而言，前景广阔。

当然，需要注意的是，汽车行业的减排重难点不在技术上，主要集中在产生大部分碳排放的供应链上。对一般车企而言，其供应链体系都较为庞大，仅零部件供应商就多达上千甚至上万家。在供应链领域实现碳中和不仅需要车企和供应商达成理念共识，更需要供应商在资金、技术等方面进行变革。

当然，在推动汽车供应链减排上，我们也欣喜地发现，目前全球许多整车厂都承诺实现碳中和目标，减排共识已经全面形成。此外，车企价值链上的企业，特别是上游企业是可以“花小钱、办大事”的，也就是可以用比较低的成本来减少碳排放量。

为了让建议更具操作性，我们提出了汽车制造商决胜“净零”目标的“六个招式”。

- 提高信息透明度——加强内部排放评估和外部数据共享，确保信息披露及时、有效。
- 设定宏大目标——运用科学有效的大规模减碳抓手“迈出一大步”。
- 降低自身碳足迹——紧盯潜在的减排空间，“刀刃向内”提升绿色生产质效。
- 吸引供应商参与——通过客观倒逼和主观引导，形成合力推动碳中和进程。
- 低碳创新设计——寻找隐藏在工艺和材料中的创新智慧，全面提升原材料的利用率。
- 强化组织能力建设——提升内部排碳的组织、治理和管控能力，加快实现上游减排。

汽车是当今最重要的出行工具，也是能源消耗和碳排放“大户”，所以汽车行业要在减排上承担相应的使命和义务。从长远来看，发展新能源汽车是大势所趋，但在新能源汽车全面铺开之前，燃油车仍将陪伴每户家庭、每个人走过很长一段距离。在这段重要的过渡期内，关注燃油车节能减排、树立可持续发展的绿色出行理念，仍然具有重要的现实意义。

第六章
建筑行业：
创新发展模式，
全链路打造绿色低碳建筑

建筑行业产业链的碳排放呈现“中间小，两头大”的形态。“中间”环节建筑施工涉及上游建筑材料的使用和下游建筑运行，是撬动建筑业未来低碳绿色发展进程的核心支点。

尽管面临着全球碳权竞争形成的产业压力、碳基线与碳核算困难、建筑施工企业亟待转型、前端老龄化叠加后端年轻化的四大关键挑战，中国建筑业也迎来将规模优势转化为全球话语权、从资源驱动向创新驱动的模式转变以及打造新产业的转型机遇。纵观当前建筑行业向低碳绿色发展进程中绿色化、工业化和智能化的趋势，借鉴领先国际企业在低碳发展领域的经验，中国建筑行业可通过谱写低碳绿色发展的“四部曲”以实现碳达峰、碳中和。

第一节
建筑行业低碳绿色发展的机遇与挑战

一、建筑行业及其上下游在低碳绿色发展中的定位

“上古穴居而野处，后世圣人易之以宫室，上栋下宇，以待风雨，盖取诸大壮。”

——《周易》

建筑业作为人类社会最古老的经济活动之一，一直伴随并见证着人类文明的发展演化——屋宇的更易、城市的崛起、隧道穿越山脉、路桥横贯海洋。从原始的穴居到木结构建筑的诞生，再到钢筋水泥的广泛应用，建筑业支撑着人类赖以生存和发展的物质载体，使得更高效的经济发展与更美好的人类生活成为可能。

（一）建筑业碳排放呈“中间小，两头大”结构

建筑业的诞生与进步始终与人类城镇化的进程密不可分。当前全球的城镇化进程仍在不断深化。根据世界银行预测，全球城镇化率

将由2020年的56%逐步增长到2050年的约70%。[①]在这一趋势的推动下，建筑业也将迎来持续稳定的增长期，目前中国以超过30%的市场份额稳居全球最大建筑市场。仍在持续的城镇化进程、方兴未艾的城市更新以及巨大的基建市场为中国建筑业提供源源不断的发展动能。

建筑业作为具有广泛带动效应的国民经济支柱型产业，其最为突出的特征是其产业链带来的巨大的上下游影响力。这一特征使得建筑业的碳排放足迹远不止于建筑施工建造过程本身，而是渗透到了上游的建筑材料生产、下游的建筑运行乃至建筑“生命末期”的拆除回收阶段。根据国家统计局2020年数据，2019年中国建筑业自身增加值约占全国GDP的比重为7%，而建筑业全过程碳排放占全国碳排放比重却达到惊人的51%。根据中国建筑节能协会的初步估算，在这巨大的碳排放“半壁江山”中，建筑施工过程（包含建造和拆除）仅贡献约2%（约1亿吨二氧化碳），而建材生产、建筑运行环节则分别占据了55%（约27亿吨二氧化碳）和43%（约21亿吨二氧化碳）的比重。[②]

可以说，从排放总量来看，建筑业碳排放呈现出“中间小、两头大”的结构。然而这一“中间小”的建筑施工过程却恰恰是撬动建筑业未来低碳绿色发展进程的核心支点——伴随绿色化、工业化、智能化的未来建筑浪潮的出现，整个建筑行业正经历着技术创新推动下的根本性变革。这些创新不仅提升了建造效率，改变了建造方式和组织模式，引发了建筑设备产品和运行的变革，还直接改变了建筑材料的制造方式和建筑运行的模式与效率，从而带动全产业链减碳进程。

---

① 资料来源：城市发展数据，世界银行数据库，2020年。

② 资料来源：《中国建筑能耗研究报告（2020）》，中国建筑节能协会能耗统计专业委员会，2020年。

（二）建筑业作为“碳排大户”的行业角色

在低碳绿色发展的大进程中，作为“碳排大户”的建筑行业究竟应该扮演怎样的角色呢？我们认为，建筑全产业链条中存在五大最为值得聚焦的核心领域。这五大领域相互影响、相互配合，成为低碳绿色发展进程中的“一个引擎、四轮驱动”。

1．一个引擎

“一个引擎”，即建筑设计、建造、运营核心环节的变革。这是建筑业低碳绿色发展进程的核心推动力。在建筑业发展早期，建筑企业往往更关注建造本身；之后，设计和运营环节逐步成为领先建筑企业拓展全产业链能力的方向。在当前绿色化的大趋势下，近零能耗建筑等绿色建筑理念不断涌现，覆盖从设计到建造再到运营的全链条绿色化转型，这也直接带动建筑材料、建筑运营的绿色化变革。同时，建筑工业化快速发展，传统现场施工模式向工业化制造模式快速转型，形成设计标准化、生产工厂化、施工装配化的全新建筑方式，“让未来建筑像搭积木一样”正在成为现实。这从根本上改变了建筑生产方式、资源消耗和碳排放水平。值得注意的是，当前低碳绿色城市和建筑运营越来越成为管理者的重要关注点。绿色建造向绿色运营进一步拓展升级，将推动运营这一碳排放占比较高的价值链环节迎来新的变革。

2．四轮驱动

“四轮驱动”，即建筑产业中的数字化平台、新型建材、新型建筑装备、循环经济四大驱动要素。建筑数字化平台的快速升级迭代将成为低碳绿色发展进程的关键技术驱动力。数字化技术正在渗透建筑设计、建造、运营的各个环节，这使得建筑全过程数据化可得性大大增加，设计建造、材料使用、设备运行等过程实现数据化支撑，也为未来的碳足迹追踪、碳排放核算建立了基础。而建筑材料的绿色化和工业化转型则是减少推动建筑全产业链碳排放的主要贡献环节。当前建材领域呈现“节流”和“开源”两大碳中和路径，推动制造过程、建造过程、运营过程三大环节的节能降耗。“节流”体现在降低资源和材料使用量、降低建材生产过程能源消耗量、依托建材推动建筑实现能耗降低；“开源”则着眼于通过光伏等新型建材获取可再生能源。建筑装备的绿色化和智能化转型为建筑过程的迭代提供了关键工具支持。为了满足新型建筑模式的需求，建筑装备产业也正经历巨大的变革。工业化建造机器人、建筑工地机器人、造楼机、建材3D打印机等新型建筑设备不断涌现；同时，传统的挖掘机、起重机等建筑设备也通过新能源化和智能化的升级，迎接低碳绿色发展趋势下的建筑业新前景。对建筑循环经济的探索将推动实现建筑资源最大化利用。旧建筑的拆除清运、垃圾分拣，到最后的资源回收利用，这些领域在以往常常被人们忽视。但在低碳绿色发展进程下，我们的目光应该不仅着眼于建筑的“前半生”，而应进一步探索建筑全生命周期的节碳可能。当前，高性能再生混凝土、再生砖瓦等新型回收建材产品的出现，证明了建筑即使在其老化废旧之后，仍有可能带来巨大的资源和价值，推动资源的节约和碳排放量的降低。

可以看到，建筑业的低碳绿色发展影响力具有极为宽广的外部边界。其上下游产业的互动和配合，将通过重塑产业本身而革新其碳排放模式。当我们居住的房屋、办公的楼宇、行驶的路桥都在以新的方式被建造和运营时，我们可以展望一个更为绿色的未来建筑产业，一轮更为低碳的城镇化进程。

二、中国建筑行业在低碳绿色发展中的挑战与机遇

作为历史悠久的传统产业，建筑业在低碳绿色发展进程中也面

临一系列的新挑战。过去一百年，建筑行业的生产方式未曾发生过根本性变革，即依靠传统的商业模式、大量的人力劳动、固有的机械技术进行运作。这使得建筑行业的劳动力生产率提升速度远远落后于其他制造业和高科技产业。根据国家统计局数据，2015—2019年建筑业劳动生产率的复合增长率为5%，同期全员生产率的复合增长率则为11%。

（一）挑战

如果我们着眼于中国建筑业在低碳绿色发展趋势下的发展前景，那么全球碳权竞争形成产业压力、碳基线与碳核算困难、建筑施工企业亟待转型、前端老龄化叠加后端年轻化将成为全产业在低碳绿色发展大背景下面临的四大关键挑战。

1．全球碳权竞争形成产业压力——中国建筑业准备好了吗

中国作为全球最大的建筑市场，同时也坐拥众多全球最大的工程建筑企业。在美国《工程新闻记录》（ENR）“2020年度全球最大250家国际承包商”榜单中，中国企业包揽前五名。然而，在低碳绿色发展趋势下，如何将这一规模优势转变为话语权优势，却是每一家企业必须面对的问题。这种话语权源于对标准的制定权，源于低碳绿色发展之下真正的产品优势和市场竞争力。

在全球范围内，碳权竞争已正式提上各国议程，且愈演愈烈。2021年3月，欧盟碳关税政策《碳边界调整机制》正式发布，预计从2023年开始推行。其主要内容包括：（1）欧盟碳排放交易体系下的所有商品均应纳入碳关税征收范围；（2）碳关税所得收入应支持欧盟气候能源产业政策。这一政策将直接导致广大发展中国家凭借低成本、高能耗模式建立的产品竞争力迅速丧失。以钢铁产业为例，根据

BCG测算，碳关税对中国钢铁行业出口利润侵蚀将达40%。[①]虽然在服务领域的碳关税政策尚未明确，但既有政策将导致中国建筑企业的海外供应链被迫调整，并对工程建筑企业的全球化布局带来挑战。

当前，中国建筑产业上下游企业并未完全准备好应对这一全球碳权竞争。尽管经过以往长时间的减碳努力，2019年中国碳排放强度已比2005年降低48.1%，然而根据英国石化巨头BP公司在2021年7月发布的《BP世界能源统计年鉴》，2020年中国单位GDP的碳排放强度约为世界平均水平的3倍，建筑所需的水泥、钢材、玻璃等关键原材料作为碳排放大户转型较为缓慢。在这一背景下，中国建筑企业如何引领全产业链进行碳标准制定，并遵循切实可行的路径进行碳强度削减，将成为中国建筑产业能否夺取未来全球建筑业话语权的关键。

2．碳基线与碳核算困难——建筑业的难解困局

在碳基线和碳核算层面，由于建筑产业横跨建材生产、施工建造、建筑运营等多个环节，其碳监测和核算体系高度复杂，且涉及多个不同类型的企业主体和政府监管部门。尽管中国住房和城乡建设部已于2019年发布了GB/T 51366—2019《建筑碳排放计算标准》，其中明确规定了碳排放计算包含建筑运营、建造及拆除、建材生产与运输三大环节，以及相应的计算方式。然而在实际操作过程中，一方面由于企业自身意识和技术原因而无法实现精确监测和计算；另一方面由于建材生产企业、建筑施工方、建筑运营方之间信息和数据并不共享，使得任何主体均难以沿着某一完整链条对特定建筑的全生命周期碳排放进行核算。从当前中国碳排放交易的实践也可看出，目前对于建筑碳交易仍仅限于建筑（尤其是公共建筑）的运营阶段，因其核

---

① 资料来源：BCG分析，根据平轧钢行业2018年数据测算。

算主体最为清晰、方法最为简便。而面向未来，若要真正在建筑全产业链推动低碳绿色发展进程，如何真正确定基线、落实核算主体和流程，将成为全行业和监管部门面对的重要课题。

3．建筑施工企业亟待转型——支点作用如何凸显

而在企业层面，作为建筑产业中处于核心地位的大型建筑施工企业，在低碳绿色发展趋势之下也面临着巨大的转型压力和能力挑战。中国建筑施工企业在业务结构和业务能力上普遍呈现“重工程建设、轻设计与运营”的特点。很长一段时间以来，中国建筑施工企业的主体业务集中于建造环节，而在建筑、基础设施、城市的运营和高质量设计环节较为薄弱。对标来看，房建、基建和房地产开发业务成为占据多数中国建筑施工企业营收90%以上的核心业务。而相较之下，万喜（Vinci）、法罗里奥（Ferrovial）、安迅能（Acciona）等国际领先的建筑企业则已形成了“设计—建造—运营”的一体化业务能力，其运营业务板块的营收占到总营收的20%～50%左右，且利润率远高于建造板块。①

相对单一的业务构成将大大限制中国建筑施工企业作为建筑业核心环节的角色。正如我们前面所提到的，建筑业的碳排放分布于产业链的各个环节，尤其是上游的建材生产和下游的建筑运营。如果要撬动更大的节碳可能，则需要建筑施工企业在建造前端的绿色设计和后端的绿色运营层面发挥更大的作用。尤其是随着中国城镇化进程在未来减缓，建筑业爆发式增长的增量市场时代即将过去。对标发达国家，在城镇化率达65%和75%的关口时，建筑业增速将明显放缓。而中国将在2024年迎来65%关口，“十四五”期间或成为中国建筑业最后的快速增长窗口。这一切都要求中国建筑企业在低碳绿色发展大

① 资料来源：万喜、法罗里奥、安迅能等企业2019年年报，BCG分析。

势下尽快转变发展模式和业务结构，补全能力短板，真正作为核心环节发挥产业链的引领整合、支点撬动作用。

4．前端老龄化叠加后端年轻化——谁来干活

最后不能忽视的一大挑战来自建筑行业的人力资源供给。工地端的老龄化和管理端的年轻化已成为中国建筑产业的典型人力特征。众所周知，农民工群体是中国建筑产业最重要的基础劳动力供应主体。然而国家统计局发布的《2020年农民工监测调查报告》显示，中国农民工平均年龄已达41.4岁；其中50岁以上农民工所占比重为26.4%，较2015年的17.9%上升8.5个百分点。建筑行业基础劳动力的快速老龄化使得未来建筑行业的长期劳动力供给成为挑战，也使得新建造方式的应用实施、新技术的部署存在更长的潜在适应磨合期，增加工人培训成本。然而当前，中国建筑行业职业工人的培训体系尚未健全，大量工人仅接受了简单的建造技能培训，难以胜任高复杂度、高技能的建造技术，更难面对低碳绿色发展要求下建筑过程提出的新要求。

与此同时，建筑企业的管理端与绝大多数其他行业企业一样，正涌入更多年轻职业经理人。这对企业中后台的知识支撑、体系保障，以及企业文化的建设要求大大提升。低碳绿色发展趋势意味着设计、建造、运营端大量新技术和知识的探索与应用，例如EPC（设计、采购、施工）一体化管理、BIM（建筑信息模型）全流程设计、绿色建筑设计和运营等。如何有效地构建企业创新与知识管理平台，真正激发年轻员工的潜力和动力，值得每一家建筑企业深思。

在建筑行业人力资源体系层面，无论是前端建造还是后端管理，中国建筑企业的根本人才战略应是尽快调整人力资源的技能与知识结构，与绿色化、工业化、智能化的建筑业大趋势进行匹配，尽快形成新一代的高素质人力资源储备。

（二）机遇

在低碳绿色发展带来的巨大挑战面前，中国建筑行业同样将迎来前所未有的重要历史机遇期。将规模优势转化为全球话语权的机遇、从资源驱动向创新驱动模式转变的机遇、建筑全链打造新业务和新模式的转型机遇，将共同推动建筑业的全面转型，并助力其低碳绿色发展进程。

1. 将规模优势转化为全球话语权的机遇

近十年来，随着中国建筑市场的快速发展，中国建筑企业已经成长为全球巨头。在美国《工程新闻记录》（ENR）“2021年全球最大250家国际承包商”榜单上，排名前10的企业中有7家是中国建筑企业。

一直以来，中国建筑业始终保持“大而不强”的局面。海外业务主要以建设项目为主，与当地政府企业的深度绑定、在全球不同地区拥有重要资产、参与全球行业标准制定等方面均有较长的路要走，在全球建筑行业中缺乏话语权。伴随中国建筑企业出海速度的不断加快，中国建筑业也迎来了全面提升自身全球话语权的机遇。同时，在全球应对气候变化的过程中，碳权正在成为企业的核心竞争力，尤其是在欧盟“碳关税”政策宣布之后，中国建筑企业作为行业龙头，有责任、有义务树立全球建筑行业低碳绿色发展标杆。

此外，中国的大规模新型城镇化经验也将为中国建筑业的全球影响力提升带来助力。未来围绕超大城市形成城市群将成为全球范围内城镇化的主旋律。BCG预测，从2015年到2030年，全球人口超过1 000万的超大城市将保持平均3%的人口年化增长率，高于普通大型城市和中小型城市。而在中国，围绕北京、上海、大湾区核心城市的大型城市群构建早已展开。毋庸置疑，城市群的构建将直接带动房建、基建等建造业务的发展，利好建筑企业的传统主业。但更为重要的是，中国城市群的发展始终以“高质量”为核心指引，低碳绿色发展的新阶段意味着大量城市新需求的出现，尤其是当前中国的大型城市已逐步进入城市更新全面铺开的阶段。2021年，中国老旧小区的改造规模将超过5万个，同比增长约40%。①政府和居民对于更绿色、更现代化的全新城市界面和内容的需求不断增加。这将为建筑企业的进一步发展二次点火。中国新型城镇化的发展经验也将为世界提供样板，提升中国建筑业整体话语权。

2. 从资源驱动向创新驱动模式转变的机遇

建筑业作为传统行业，过去一百年来，其生产方式未曾发生过根本性变革，生产率提升步伐缓慢。建筑业一直以来严重依赖劳动力资源和粗放的建材资源使用，受属地化资源限制，使其难以进行效率提升。然而当前，伴随多领域的建筑技术革命，创新越来越成为建筑行业发展的关键驱动力。创新为企业带来的价值极为可观。如图6-1所示，根据BCG的研究，如果在2005年同时投资BCG最具创新力公司的投资组合和摩根士丹利资本国际世界指数，前者在2020年的表现将高出后者42.8%，相当于股东的总回报率每年提升3.3%（见图6-1）。②

此外，伴随着中国经济的高速增长以及中国城镇化进程的不断加速，中国建筑行业经历了过去十年的高速增长，预期将在“十四五”期间进入成熟发展期。在这一过程中，市场竞争将越发激烈，行业集中度不断提高，过去的资源驱动模式已经不可持续，中国建筑企业正在走向创新驱动发展的模式，面临打造新的核心竞争力的机遇。这些

① 资料来源:《2021年新型城镇化和城乡融合发展重点任务》，国家发展改革委，2021年。

② 资料来源:《2021年最具创新力的50家公司》，BCG，2021年。

机遇包括数字化赋能的成本精益管控、AI辅助的专业管理决策、以用户为中心的一体化产品方案，以及持续不断地创新培育新业务，并且搭建跨界融合的生态圈平台。

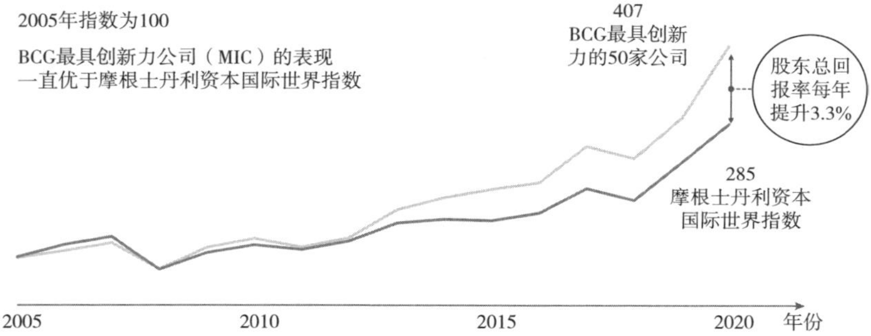

注：股东总回报为一种股票对投资者的总回报，等于上市公司在一定时期内（通常为1年或更长）的资本收益加股息。

图6-1　股东总回报

资料来源：BCG分析。

（1）数字化赋能的成本精益管控

在数字化渗透到建筑全产业链的大背景下，建筑企业可更多借助智慧数字化平台，实现EPC全流程的精益化管理，实现降本增效。从前端的投资决策、建筑设计，到建造过程的采购管理、数字化建造平台管理，再到后端的数字化运营，各个细分领域均已形成成熟的数字化解决方案。这将帮助企业实现更好的工期、物料、人员、成本管理。

（2）AI辅助的专业管理决策

在企业管理决策层面，基于AI和大数据的智慧决策平台也逐渐成熟。通过集成市场数据、项目进度数据、成本数据等，为管理层提供智慧商业看板，并利用人工智能技术提供决策分析辅助。

（3）以用户为中心的一体化产品方案

伴随建筑业的不断迭代发展，终端客户对于建筑产品的需求已不仅仅是单纯的施工建造，而是包含设计、施工、运营一体化的完整产品方案。以EPC模式为主导，最终实现“交钥匙工程”，将成为未来建筑业发展的重要趋势。

在建筑核心主业增速放缓的情况下，中国建筑企业正在不断探索和培育新业务，参考全球领先建筑企业的发展经验，能够带来持续现金流的运营业务将是重要方向。万喜、法罗里奥、安迅能等领先企业多年前已开始进行多元化运营业务的探索，打造“投资+建造+运营”一体化的业务板块，实现风险抵御和可持续发展。以法罗里奥为例，2019年其特许经营和市政业务运营收入约占营收比例58%，且特许经营利润率达32%，远高于建造业务的6.1%。[①]未来，中国建筑企业可进一步探索下游运营业务，从建造商转变为城市整体服务商。

更为重要的是，在全球建筑业进入变革期的窗口，新业务和新模式正在蓬勃兴起，我们将在下一部分进行阐述。

3. 建筑全链打造新业务和新模式的转型机遇

BCG与世界经济论坛联合20多个建筑企业发布的《重塑未来的建筑》系列报告中对未来建筑世界有三大构想：一是建筑与虚拟世界，在未来世界中，人类生活将全面实现浸入式虚拟现实社会，智能建筑系统和机器人将主宰建筑行业；二是工厂主导现实世界，人类社会将逐渐转型为企业主导型社会，在对成本效益的追逐下，工厂化预制和模块化建筑将得以普及；三是绿色建筑成为大势所趋，在越来越大的气候变化压力之下，环境友好型建筑方式和永续性材料将成为世界的不二之选。

---

① 资料来源：法罗里奥2020年年报。

在“三化”[①]趋势下，建筑行业正在出现许多新的业务和商业模式。例如，建筑工业化的出现使得标准化的设计、施工和模块化的构件代替了传统的建筑方式，这为建筑集成系统、工厂端的大型构件制造、工地端的装配式建筑设备带来了发展机遇。又例如，在建筑智能化趋势下，基于全产业链的智慧数据平台成为新的业务增长点，这包括前端的投资、设计，中端的采购、建造，以及后端的运营。基于数据和软件使用的付费将带动大量建筑软件领域的创新企业发展。再例如，在建筑绿色化趋势下，建筑垃圾回收、建筑检测和评估、绿色建筑设计和咨询等新业务蓬勃发展，为产业链上下游企业带来新的增长机会。

伴随规模扩张和技术创新，作为产业链核心环节的建筑企业也开始大量布局上下游业务，通过整合兼并及自建打造自身投资—建造—运营产业链，积极打造“全业务综合服务商”。这意味着建筑业从原来单纯的以工程建设为中心，逐步转型至覆盖全产业链的多元化服务。

在建筑业上游，建筑领域专业投资、绿色建筑设计咨询成为新业务增长点。尤其是在绿色建筑领域，根据中国住房和城乡建设部2021年4月8日召开的新闻发布会，到2022年，中国要实现城镇新建建筑中绿色建筑面积占比达到70%。绿色建筑不仅将为建筑建造带来新业务机会，还将持续带动绿色设计、节能运营等上下游业务。

而在运营端，尤其值得关注的是智慧城市体系正在全球范围内快速推进。在新冠肺炎疫情的客观推动下，数字化的城市管理、交通体系、医疗体系得到了更快的普及。根据国际数据公司（IDC）2020年发布的《全球智慧城市支出指南》，2020年中国智慧城市市场支出规模达到259亿美元，较2019年同比增长12.7%，高于全球平均水平，仅次于美国的支出，是世界第二大的国家。中国市场投资热点包括可

---

① 详见本章第二节中关于“三化”的详细说明。

持续基础设施、数据驱动治理以及数字化管理。在2020年至2024年的预测期间内，三者支出总额将持续超出整体智慧城市投资的一半。一方面，智慧城市的建设和运营本身将为众多建筑业的新技术、新产品提供应用场景；另一方面，智慧城市构筑的数字化基础设施网络，将成为建筑低碳绿色发展进程的基石性保障——以云技术、物联网、人工智能为代表的下一代信息技术使得基于数据采集、数据存储、数据分析的城市运行真正成为可能。这也将帮助建筑业真正实现数据驱动的绿色化——建筑排放的监测、核算，基于大数据的智能优化，整个城市不同产业部门间的碳足迹追踪。

在低碳绿色发展潮流之下，挑战与机遇并存。建筑产业链的企业只有清楚地了解自身优势与资源，明确最需把握的关键机遇点；同时积极应对行业挑战，制定清晰的业务转型、能力提升路线图，方能在全球建筑业的新一轮竞争中脱颖而出。

第二节 建筑行业低碳绿色发展趋势及领先实践

一、低碳绿色发展与建筑业“三化”变革趋势

当前在建筑行业低碳绿色发展进程中，最为显著的趋势即绿色化、工业化和智能化。这三者互相影响、互相推动，共同支撑着碳达

峰、碳中和目标的实现。在“三化”概念提出的早期，三大趋势更多呈现平行关系。而当前绿色化进程被提到更高位置，已成为国家战略引领下全产业的核心升级方向，工业化和智能化趋势也演变为对绿色化进程的两大重要支撑。

（一）绿色化

绿色化，即沿建筑业全产业链进行绿色低碳变革。这包括建筑核心设计—建造—运营环节的低碳，也包括上游的新型建材与设备、下游的建筑回收利用等。可以说，绿色化直接体现了建筑业低碳绿色发展的核心目标。

（二）工业化

工业化，是建筑建造模式的根本变革。1974年，联合国发布的《政府逐步实现建筑工业化的政策和措施指引》中定义了建筑工业化，即按照大工业生产方式改造建筑业，使之逐步从手工业生产转向社会化大生产的过程。它的基本途径是建筑标准化，构配件生产工厂化，施工机械化和组织管理科学化。建筑工业化可大大提高劳动生产率，加快建设速度，降低工程成本，提高工程质量。这也直接推动了绿色化和低碳绿色发展进程——在工业化的设计和建造方式下，通过资源的节约、工期的缩短，从而大大减少了碳排放。以装配式混凝土住宅为例，根据典型企业的行业实践，装配式混凝土建筑与传统现浇式建筑相比，平均可缩短工期20% ~ 45%，减少能源消耗20% ~ 25%。① 工业化也带来建筑设计标准化，即将建筑构件规格材料等统一标准，汇编形成建筑设计标准图集，设计师依据需求模块化设计，并利用BIM等软件实现体系化设计检查。同时在装配式建筑现场安装环节，

① 资料来源：《远大住工招股书》，远大住工，2020年。

将预制材料及内装设备运送至工地现场，通过BIM系统立体指导机械化安装完成建筑的装配，使工期大幅缩减，同时施工现场井然有序，现场安全性大幅提升。

在未来，建筑工业化趋势将向着构件大型化、一站式解决方案的方向进一步深入发展。以建筑工业化领域先驱Katerra为例，其在印度投资设立的KEF Infra One产业园①构建了七大独立工作单元，覆盖主体及内装的一站式建筑方案，包括预制混凝土、木工、铝材与玻璃、传输，以及最终的模块化拼装单元。在这一体系下，包括厨房、浴室、墙板等在内的九大模块全部于工厂预制，并最终在园区内拼装实现建筑大型模块成品。

工业化使得建筑可以借鉴制造业，从源头标准化开始，驱动整个流程的自动化、高效化，最终推动绿色低碳进程。

（三）智能化

建筑业的智能化趋势也正在成为推动全行业绿色化的重要动力源。智能化通过软硬件技术最终实现各类场景下的零碳数据化及智能减碳目标，形成建造智能化、城市智能化、企业智能化三大核心智能化方向。建筑各环节数字化系统的不断升级迭代为智能化提供了根本保障。

1. 建造智能化

在建造智能化层面，从前端的智能化设计到建造端的EPC工程管理和智慧工地管理，已形成基于数字化平台的整体解决方案。行业领先的建筑企业如法罗里奥、万喜等纷纷与外部技术合作方合作，打造全流程的智慧建造体系，实现了建造过程的精准规划和设计，工期

---

① 资料来源：KEF Infra and Katerra Join Hands，Katerra，2018-6-21。

大幅缩短，材料消耗量减少。

2. 城市智能化

在城市智能化层面，以智慧城市大脑为核心，涵盖智慧交通、建筑、社区等全方位的智慧城市体系已在越来越多的城市落地。城市智能化本质上是利用大数据、物联网和云技术对城市进行数字化管理，其中也包含了对所有建筑的数字化运营。城市智能化将帮助建筑实现更精准的能源消耗和碳排放监测，并实现节能降耗。

3. 企业智能化

在企业智能化层面，建筑企业已开展大规模的企业数字化转型。数字化的管理平台覆盖了市场投资、采购管理、财务法务、办公室运营等全领域，支撑企业在各个业务环节无缝衔接。展望未来，智慧碳排放管理平台将成为建筑企业新的重要智能化方向。建筑企业需借助智能化平台，实现对企业层面及各业务层面的碳足迹追踪、碳排放监测，推动企业实现碳达峰和碳中和。

可以说，建筑行业的三大智能化趋势大大推动了绿色化进程，为其提供了强有力的数字支撑。智能化也是工业化的重要保障，为工业化设计和建造标准化提供软硬件支撑。

二、建筑行业低碳绿色发展的全球最佳实践

在全球建筑业的低碳绿色发展进程中，大型建筑企业作为产业链核心环节扮演着至关重要的角色。我们欣喜地看到，头部企业在多年前已开始探索基于全产业链的低碳化方案，通过内部孵化和研发、外部项目合作、企业收并购、成立风险基金等多种模式，支撑各环节的绿色创新。而在最近几年，大型企业更加明确了自身的“碳达

峰”“碳中和”目标，将其作为企业整体战略的重要组成部分。

他山之石，可以攻玉。下面通过四个全球领先建筑企业的案例，可以为中国建筑行业绿色低碳发展提供有益的借鉴。

案例6-1 法国万喜集团——全产业链的绿色化探索

万喜集团于2020年对外公布集团将以自研自建为主要模式结合对外收购与合作，开展多领域的绿色建筑产业化探索和落地，同时万喜做出相应承诺，2030年将项目碳排放量较2018年降低40%。[①]万喜重点从产业、解决方案、支撑三大领域进行全产业链的绿色化尝试，其中聚焦最为关键的混凝土生产环节，通过其强大的创新和孵化能力进行研发和探索，提前抢占未来市场空间。

关键举措一：主动升级研发绿色建材、机械设备相关技术

万喜以主体建材混凝土作为突破口，通过内部孵化和外部合作进行新型低碳产品研发和应用。万喜Exegy低碳混凝土项目研发在2019年初启动，由万喜内部Leonard创新平台孵化，2020年正式上市。Exegy分为低碳、极低碳和超低碳三个系列产品线，主要技术方案是增加混凝土中可回收材料的使用率（如粉煤灰、炉渣），从而整体降低生产过程的碳排放。2021年，万喜低碳水泥产品在摩纳哥综合体项目Testimonio II中正式得到应用，预计使得全项目建造材料的碳排放减少6 000吨。万喜已设立内部目标，在2030年前确保集团项目的低碳混凝土使用率达90%。对于3D打印混凝土等未成熟技术，万喜在积极探索的同时保持谨慎和长远耐心。2017年，万喜即投资

① 资料来源：Vinci commits for the environment，Vinci，2020。

入股了欧洲3D打印混凝土领先的创业公司XtreeE。万喜与XtreeE通过合作研发的方式推动3D打印混凝土技术的发展，并与全球最大水泥厂商Lafarge Holcim合作创建了欧洲第一个3D打印混凝土承重结构单元。在机械设备方面，万喜正致力于研发低耗能智能铲土机，其Leonard平台目前正在研发代号为Linaster的机械项目，该项目旨在实时利用土方机械的数据，以优化燃料消耗、循环和生产力。在设计、运营方面，万喜充分开发BIM技术，并将其应用于绿色建筑项目的设计和运营过程。

关键举措二：推出“正向能源建筑”解决方案

在建筑新能源方面，万喜推出“正向能源建筑”解决方案，利用分布式太阳能等多种技术实现建筑的能源正向。目前万喜已为德国等多地的学校及其他公共项目提供解决方案。万喜推出的Power Road是一项可以捕获太阳能、将其储存在地下，并重复使用的创新技术，其储存的太阳能可为道路融冰或为附近的建筑物提供热量。

关键举措三：以绿色金融、技术孵化支撑绿色建筑产业

以绿色债券和绿色基金为应用点，万喜2020年已落地首单5亿欧元绿色债券，并制定顶层“4+4”万喜绿色债券框架体系，从四大核心关键环节规范万喜绿色债券的款项用途、项目筛选、收益管理及项目报告。其绿色债券的收益将用于对环境有积极影响的集团战略项目，目的是为气候变化采取保护行动，通过循环经济、优化资源，保护自然环境。[①]同时，集团成立孵化平台进行内、外相关创新技术孵化，Leonard创新孵化平台已成功孵化多个绿色项目。万喜也正在积

① 资料来源：Vinci successfully issues an inaugural €500 million Green Bond，Vinci，2020。

极筹建绿色风险投资。

关键举措四：积极与外部合作，形成项目全周期的智能化管理，实现降本增效、工期优化

万喜非常注重项目盈利能力，领导层定期检查项目利润，注重降本提效、风险把控，在这种文化和企业要求的指引下，通过各种信息化工具赋能工程项目管理。设计师与施工团队将在云平台上协同合作，实现施工现场与设计端联动。其智能化管理可实现15%净利润率提升，同时达到50%风险可控。

出众的数字化平台管理矩阵从根本上保障了万喜的高质量项目管理，这为建造过程的绿色低碳提供了数字化保障——通过工期的缩短、原材料的最大化节约，使得万喜的每一个项目都成为绿色低碳路径上的坚实足迹。

案例6-2　布依格公司——以建筑物和社区为关键着眼点

布依格公司多年来一直致力于创新和开发可持续发展的解决方案和项目，以鼓励能源转型。布依格决心在整条产业链上实现碳减排，其制定的气候战略已成为公司核心战略之一。公司致力于在2030年前减少温室气体排放量至少30%。为了实现这一愿景，布依格将其细分为两大具体目标，即将降低与能源消耗相关的直接和间接温室气体排放量40%，将降低与上游生产环节有关（货运、固定资产、采购建筑产品和材料、废弃物）的温室气体排放量30%。[①]而布依格首先着

① 资料来源：Climate strategy：Bouygues Construction’s CSR Commitments，Bouygues Company Website，2020。

眼的切入点，是作为碳排放主体的建筑物本身及其构成的社区。

关键举措一：建筑物热力改造[①]

热力改造是一个具有高增长潜力的市场。为了实现欧盟设定的节能目标，预计到2050年，欧洲将有近1.9亿个家庭需要进行热力改造。布依格集团很早就瞄准了这一市场，其子公司在建筑物（住房、办公室和便利设施）的能源改造方面已开发了各类解决方案。

布依格公司总部办公楼群位于巴黎西部，被称作“挑战者大楼”，是布依格对房屋进行热力改造的一个成功案例。“挑战者大楼”于2010年至2014年期间完成了热力改造，除了拥有高性能绝缘特性，还拥有可自然净化过滤水源的花园，并将太阳能、地热和空气能源相结合，因此被称为正能量建筑。“挑战者大楼”的高生态性能为员工办公环境提供了最佳的嗅觉、视觉、声学和热舒适性。

2009年，布依格发起了名为Rehagreen的商业建筑翻新计划，该计划旨在帮助业主和投资者长期提高其物业资产价值。2016—2020年，布依格的Rehagreen修复项目占集团正在建设或已交付的商业地产项目总面积的35%。

关键举措二：城市生态社区建设

自2016年以来，在政府支持的可持续城镇研究所（Eureka Lyon Confluence和Descartes 21 Marne-la-Vallée）的协同合作下，布依格集团参与了法国两个可持续社区示范项目。由于不受监管限制，这两个可持续社区项目努力实现城市生活所有领域的突破性创新，同时实现低碳足迹、能源自给自足、保护水资源、保护生物多样性以及保障社会经济发展等。

① 资料来源：Renovation，Bouygues Company Website，2020。

以Greencity可持续社区（苏黎世）为例，该社区的设计核心理念是考虑人们的幸福宜居生活和能源节约的平衡。①这是该市第一个所谓的“2 000瓦站点”地区，其目标是到2100年人均能源消耗量达到2 000瓦。Greencity可持续社区所有的能源需求都将通过购买可再生能源或当地自行生产来满足。

另一个项目Fort d'Issy，是一个位于巴黎郊区的数字生态社区，共拥有1 620套住房单元。该建筑物的生物气候设计、由地热能进行供暖和热水以及家庭自动化控制的能源消耗都确保了其高能源效率。除此以外，社区群的建筑也使用了法国有史以来第一个区域智能电网。

此外，布依格也积极探索建筑垃圾的回收利用。布依格承接了一项巴黎地区4 800平方米场地的翻新项目。该项目的目标是通过从源头识别建筑垃圾，对其进行分类并将它们运输到适当的回收渠道——用这种选择性解构的方法取代传统拆除，充分实现循环经济。该项目共涵盖了9个分拣流程，是法国第一个在有限空间内实现高效率分类和回收建筑垃圾的建筑项目。

案例6-3　瑞典斯堪斯卡碳减排计划——拓展绿色边界②

作为全球领先的建筑和项目开发公司，2019年，斯堪斯卡报告了210万吨二氧化碳排放当量，与基准年2012年相比，斯堪斯卡2019年在施工阶段的碳排放量降低28%。公司承诺到2045年在自身

① 资料来源：Eco-neighbourhoods，Bouygues Company Website，2020。

② 资料来源：《企业碳中和路径图——落实巴黎协定和联合国可持续发展目标之路》，BCG与联合国全球契约组织，2021年7月。

业务活动及整个价值链实现碳中和。

值得一提的是，斯堪斯卡在低碳绿色发展的进程中积极采用收并购的策略，拓展其绿色发展外延。早在2014年，斯堪斯卡就并购了捷克可再生水泥生产商GlossJean，打开了绿色建材的产业大门。我们可以归纳出斯堪斯卡在绿色低碳发展中的以下三大举措。

关键举措一：打造绿色建筑及基础设施

斯堪斯卡设计建造产能建筑，此类建筑的电力产出大于消耗。以世界最北端的产能办公楼Powerhouse Brattørkaia为例，该建筑的屋顶倾斜角为19.7度，为光伏太阳能电池板提供最优倾角，以达到最佳的太阳能收集效果，且设有一个大的圆形开口，使阳光能够直射办公室内部。该建筑日均生产的电力是其消耗量的两倍之多。

关键举措二：选用可持续材料

多年来，斯堪斯卡一直致力于寻求和使用可持续材料。例如，斯堪斯卡在瑞典开发了一种低碳混凝土混合物，利用钢厂产生的炉渣或发电厂生产的粉煤灰代替一部分水泥。这种混凝土最多可减少50%的碳排放量，同时，仍可保持高耐用性、强度和可加工性。在美国，斯堪斯卡正在主导一种合作伙伴关系，开发出一种创新工具，即建筑中的隐含碳计算器。这一免费、开放访问的工具可以在建筑项目的设计和采购过程中实时查看项目的整体隐含碳排放量和潜在节约量，并对材料制造商的隐含碳排放量进行分类和评估，从而确定最低碳的采购方案。在天然聚合物的供应日渐缩紧的捷克，斯堪斯卡推出一种混凝土循环利用方法，即使用100%可回收的混凝土。

关键举措三：推动施工流程碳减排

斯堪斯卡联合挪威科技工业研究所（SINTEF）、沃尔沃及软件公司Ditio，共同开发智能施工机械。这些机械设备通过共享位置和任务，能够利用机器学习、路线优化、人工智能等技术优化安排后续任务，提高运行效率，降低碳排放。

未来斯堪斯卡将以创新技术推动建筑和基础设施使用过程碳减排，为终端客户提供可持续解决方案。同时，斯堪斯卡将进一步推广其名为ACT的气候计划，即awareness（气候意识）、customer success（客户成功）和transformation（转型）。通过内部组织，倡导和交流如何衡量气候目标与财务模型，斯堪斯卡希望进一步提高公司整体对可持续发展的认识，并且将通过更多地使用数字工具、更智能的能源解决方案和低碳产品，与合作伙伴和客户一起实践低碳和零碳解决方案。斯堪斯卡也在参与制定建筑物和基础设施的可持续标准，其计划采取进一步行动，从整体规划、建设到拆除阶段，不断减少碳排放。

案例6-4 中建科技——探索碳中和建筑及城市综合解决方案

组建于1982年的中国建筑集团有限公司（以下简称中建集团），是我国专业化发展最久、市场化经营最早、一体化程度最高、全球规模最大的投资建筑集团之一，肩负着引领中国建筑行业绿色发展的光荣使命，并在环境管理、绿色建造及发展环保产业方面做了许多创新和探索，为行业绿色发展树立了标杆。[①]中建科技是中建集团的全资子公司，是中建集团开展科技创新与实践的“技术平台、投资平台、产业集团”，致力于发展建筑工业化、绿色装配建筑业务、节能建筑、新型建筑材料以及集投资、规划、设计、生产、施工、运营及维护一

① 资料来源：《中国建筑集团可持续发展报告》，中国建筑集团，2019年。

体的全生命周期的绿色产业链。自成立以来，中建科技汇聚了30多位博士、150多位绿色低碳领域的高端人才，大力发展智慧建筑、建筑清洁能源等业务，积极探索“光储直柔”等未来城市发展模式，致力于引领和推动中国建筑行业绿色发展。①

关键举措一：推动绿色建造、施工

中建科技正在实践新型建造方式，一方面推广节能环保的建材，另一方面试验装配式施工模式以实现超低能耗的建筑施工。同时，采用“REMPC五位一体”②工程总承包模式，将设计与施工一体化，避免重复施工，降低能耗及材料损耗，并明确总体碳排放的责任主体，从而达成建造所需完成的碳减排目标。

裕璟幸福家园是中建科技践行“REMPC五位一体”工程总承包模式的标杆项目。这一模式有效地解决了工程建造管理过程中的节点连接技术和外围护栏等各种技术难题：一体化设计从设计前期就充分考虑预制构件的加工和现场施工装配问题，避免了由于设计不合理造成的低效、重复施工；工厂制造通过不断优化自动化、智能化生产工艺，并对门窗及水、电、气等管线进行预留预埋，有效解决了窗框渗漏问题，避免了开凿墙体，保证了主体结构质量；物资采购从设计阶段就依据工程进度，精准确定不同阶段的采购内容、数量等，将传统分批、分次、临时性、无序性的采购转变为精准化、规模化的集中采购，降低了采购成本。

与采用传统模式相比，裕璟幸福家园项目的建筑垃圾减少了80%，用工数量节省30%，节水60%，节材20%，节能20%，所需脚手

---

① 康华. 备战碳中和 | 中国建筑国际：绿色建造是环境要求，也是市场方向[EB/OL].（2021-03-25）[2021-09-28]. https://www.infzm.com/wap/#/content/203577.

② REMPC是Research、Engineering、Manufacturing、Procurement和Construction Management的首字母缩写，即科研、设计、制造、采购及工程管理。

架、支撑架减少70%，安装控制误差均小于4毫米，工程进度全面满足合同工期要求。在该项目上创新研发的一系列新技术、新模式、新应用又在全国最大的公共装配式社区项目——深圳长圳项目、全国首个EPC装配式钢结构项目——深圳坪山综合服务中心项目上落地开花、广结硕果。①

关键举措二：深度拓展建筑清洁能源业务②

众所周知，能源为碳排放的源头，建筑用能是碳减排的重要抓手之一。在“十三五”期间，中建科技进一步拓展清洁能源业务。例如，中建科技在光伏建设领域成果显著：

- 投资并运营了中建集团首个光伏电站——廊坊5MW屋顶分布式光伏电站，并已稳定运行4年，效益超出可行性研究预期，每年减排二氧化碳5 000吨。
- 建设的湖南长沙PC工厂办公楼成为国内首个光伏与装配式建筑一体化设计施工的项目。
- 建设完成的首都机场塔台光伏屋顶项目和当代MOMA恐龙3号建筑光伏储能一体化项目成功应用了光伏储能系统集成技术。

关键举措三：加速“光储直柔”及建筑碳中和技术商业化

中建科技的碳中和视野不局限于建筑本身，而是拓展至建筑与城市发展有机结合的运营生态。因此，在“十三五”期间，中建科技就

---

① 中国建筑集团. 中建科技：改革创新开启装配式建筑新纪元[EB/OL].（2019-08-14）[2021-10-09]. https://www.cscec.com/whpc_new/shzr_new/lzxx/201908/2952087.html.

② 资料来源：《绿色低碳是中建科技发展的关键一招》，中建科技（微信公众号），2021年8月25日。

已经布局“光储直柔”建筑，探索低碳城市运营模式。

“光储直柔”建筑将四种技术（光伏发电、分布式储能、直流电建筑及柔性控制系统）结合。光伏发电使每栋建筑都成为绿色“发电厂”；分布式储能则利用电动车或者电池等技术弥补发电和用电的时间差异；直流电建筑与交流电建筑相比可节电10%以上；柔性控制系统调节光伏发电、电动汽车和建筑负荷等，使电力供给和需求相匹配，消除光伏等新能源波动对电网的冲击，实现城市新能源高比例消纳。“光储直柔”建筑不仅可以实现“自身”低碳甚至零碳运营，还对城市电网有着积极作用，比如削减夏季空调负荷峰值、缓解电网增容压力以及增强电网供电可靠性等。①

依托中建科技—清华大学“未来城市联合实验室”，中建科技已积累了相关的碳中和核心技术并启动商业化进程。2021年6月底，首个“光储直柔”示范项目——中建绿色产业园办公楼投入运营；搭载“光储直柔”技术的徐州园博园也将投入运营。另外，中建幸福城项目通过“光储直柔”等技术提升可再生能源供给，降低供给侧碳排放量35%～40%，并通过智能城市运营及生态碳汇，致力于2050年前实现碳中和。②

① 深圳建科院．“光储直柔”配电系统对城市电网的影响与作用[EB/OL].（2021-08-10）[2021-10-09]. https://solar.in-en.com/html/solar-2384902.shtml.

② 亚泰集团．中建科技为“中建幸福城”提供碳中和解决方案[EB/OL].（2021-06-28）[2021-10-09]. http://jtsn.yatai.com/xwzx/zxxx/202106/t20210628_138469.htm.

第三节
中国建筑行业低碳绿色发展路径“四部曲”

基于建筑行业全产业链在实现碳中和目标中的重要地位，结合建筑行业的发展机遇和挑战，以及在全球应对气候变化的大背景下建筑行业变革发展趋势，参考全球建筑企业绿色低碳发展的最佳实践，中国建筑行业要实现碳达峰、碳中和目标，需要谱写低碳绿色发展的四部曲。

一、明确全产业链的碳足迹和碳基线

中国建筑行业业务非常分散，截至2020年年底，全国有施工活动的建筑企业有11.6万家，[①]规模最大的中国建筑企业2020年营业收入在建筑行业总产值中占到6%；中国建筑行业普遍信息化程度较低，各领先建筑企业在近年来才开始开展全集团和企业级信息化建设。因此，中国建筑行业自身全面的碳足迹盘查和碳基线构建面临较大的挑战。同时，建筑全产业链上下游的不同环节受不同部委管辖，一定程度上也加大了碳排放信息在全产业链上共享和连接的难度。

---

① 资料来源：《2020年建筑业发展统计分析》，中国建筑业协会，2021年。

案例6-5　全球领先建筑企业碳足迹和碳基线实践

当前，不同非政府组织、机构和政府发布的温室气体核算和披露标准多达十多种，但各种温室气体核算标准的基本方法论较为一致，全球建筑企业普遍采用由世界资源研究所和世界可持续发展工商理事会主导的温室气体核算体系测量和披露企业的温室气体排放量。总体而言，建筑企业自身运营（范围1、范围2）造成的碳排放量放多在千万吨左右，而对于其经营活动造成的间接排放（范围3），各企业披露的水平不同。万喜的范围3披露得较为全面，包括了采购的商品服务、租赁数据中心、商务旅行、员工通勤、上游设备制造商等产生的碳排放，碳排放信息披露项目评分为A。斯堪斯卡的范围3披露得也较为全面，包括了采购的商品服务、租赁数据中心、商务旅行、员工通勤、废弃物处理、上游设备制造商、运输分销、售出商品使用和报废等活动产生的碳排放，碳排放信息披露项目评分为A。安迅能仅核算了少部分范围3内容，包括了商务旅行、员工通勤（仅含接驳车）等方面的碳排放，碳排放信息披露项目评分为C。布依格比安迅能核算了更少的范围3的内容，包括上游运输和分销、外协车辆能源消耗等产生的碳排放，碳排放信息披露项目评分为D。

全球领先建筑企业基于温室气体的2019年碳排放水平如图6-2所示。中国建筑企业基于温室气体核算体系开展碳足迹摸查和碳基线确定，需要针对产业链不同环节明确范围1、范围2和范围3的具体披露范围。在范围明确的基础上，建筑企业需要确定各项活动的排放源，并收集与能源使用直接相关的活动数据，包括用电度数（千瓦时）以及填埋废弃物的吨数等，这一过程对于业务分散、信息化程度较弱的建筑企业来说是一大挑战。然后，建筑企业要选择合适的排放因子（例如GB/T 32150《工业企业温室气体排放核算和报告通则》、GB/T 32151《温室气体排放核算与报告要求》、GB/T 51366-2019《建筑碳排放计算标准》、CECS 347-2014《建筑碳排放计量标准》等），并且根据国际公认的标准（例如联合国政府间气候变化专门委员会第二次评估报告），将不同温室气体的排放数据转化为统一的指标——二氧化碳当量，由此确认相应的碳基线。

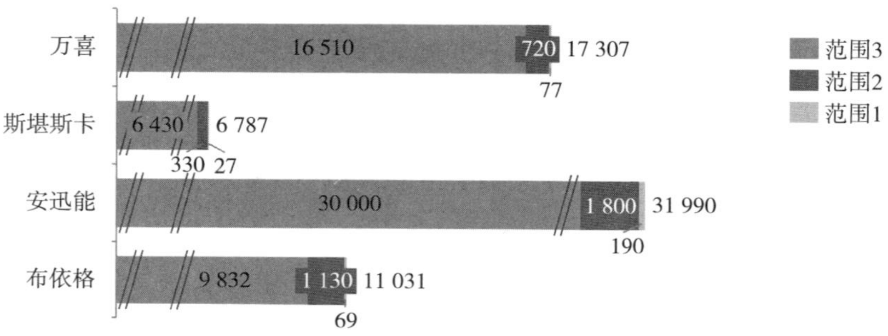

图6-2　全球领先建筑企业基于温室气体核算体系的2019年碳排放水平

资料来源：碳排放信息披露项目，BCG分析。

二、制定减碳目标、举措和路径

全球领先建筑企业早已制定了减碳目标，并且根据目标明确了具体的减碳举措。在中国提出“3060”双碳目标之后，中国建筑企业也纷纷开始研究企业的减碳目标、举措和实施路径，其中中国能源建设集团有限公司率先在2021年6月份发布了《践行碳达峰、碳中和“30·60”战略目标行动方案（白皮书）》。在“3060”双碳目标背景下，中国能源建设集团提出了“146”发展战略，即围绕这一目标，系统提出储能、氢能这“两个基本点”的解决方案，全面进军新能源及储能等相关产业，助力能源结构优化。

虽然中国建筑行业在“十四五”期间将逐渐进入成熟发展期，行业增速放缓，但在未来十年，中国仍然是全球增速最快的建筑市场之一。因此，中国建筑企业的减碳目标和举措必须促使碳减排增速超过6%，只有这样，中国建筑行业才有可能达成2030年前整体碳达峰的目标。在明确具体可实现的碳达峰、碳中和目标后，中国建筑企业可以对标全球领先企业实践，从绿色设计、绿色建造、绿色建材、绿色能源、绿色运营等方面制定减排举措。图6-3为全球领先建筑企业的碳排放目标。

案例6-6　万喜设立明确的减碳目标和路径分解，确保其2030年目标达成

万喜2020年承诺其在2030年前将项目碳排放量降低40%，这一明确的目标已成为万喜在集团层面的战略指引。为了达成这一目标，万喜在企业战略层面更具体地设立了四大板块的路径和细分目标，分为建造现场（44%，即贡献44%的减碳量，下同）、运输车辆（22%）、建材生产（22%）、楼宇运营（12%）。

其中，建造现场板块具体包括以下举措：混动、纯电动机械设备的使用及能耗传感器的安装；参与设备的升级研发，以用户角色提出优化方案；优化工期安排，减少设备的冗余和额外使用；优化使用者使用行为；探索新型替代能源等。

在运输车辆板块，重点关注：优化采购、运输和仓储计划，更好利用能源，实现就近、就快采购；鼓励供应商使用混和动力车辆或纯电动车辆。

在建材生产板块，具体措施包括：研发主材环保型生产方式，研发和优化可再生建材。

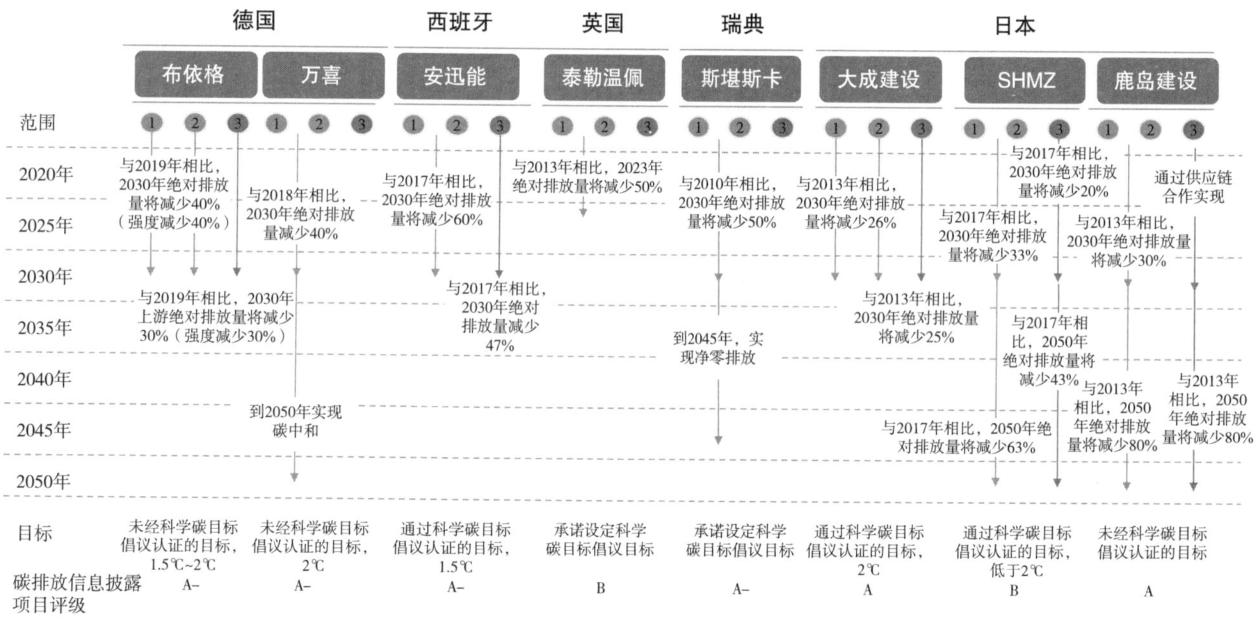

图6-3　全球领先建筑企业碳排放目标

资料来源：各公司报告，碳排放信息披露项目，BCG分析。

在楼宇运营板块，具体措施包括：大数据能耗监控与优化知识库建设、已建成楼宇的减排改造业务打造。

通过明确的目标制定和路径分解，万喜实现了更明确且可落地的碳中和策略，并可在企业内部调动资源、探索新业务方向。

三、探索新业务机会

除了满足政府要求、助力中国达成“3060”双碳目标，中国建筑企业在绿色低碳发展的大潮中，背靠全球最大的市场和丰富的应用场景，还面临巨大的新业务孵化和新商业模式打造的机遇。具体而言，包括“上延”“下伸”“融合”三个方面。

（一）上延——新型建材、建筑智能装备

新型建材包括装配式混凝土结构、装配式钢结构、BIPV模块、装配式安装、装配式装修、建筑过程材料等与建筑主业密切相关的领域。在“三化”发展趋势下，建筑装备产业已出现众多创新升级方向和产品，主要包括两大方面：传统机械升级、新型建筑装备使用。

（二）下伸——未来运营、建筑循环经济、智能建筑数字平台

运营板块包括从绿色、智慧建筑运营向绿色、智慧园区和城市运营延伸，打造包括节能服务、楼宇智能化、智慧家居等在内的多类型专业服务能力，形成运营服务业务板块。在建筑循环经济领域，未来发展重点在于围绕垃圾清运、垃圾处置、资源回收利用形成横向产业链。建筑企业近期可重点关注高新技术再生混凝土及砖瓦、化工及燃料废料的资源再生利用等相对较为成熟的循环利用模式，通过成立新业务部门开展相关业务。当前围绕建筑业务全产业链的不同环节，已形成多类型的数字化平台。从建筑核心领域相关性来看，数字化设

计、EPC全流程管理、采购系统和建筑云服务应成为数字化平台未来重点关注方向。建筑企业可通过引入技术合作方，积极构建相关数字化平台，并在未来形成可对外输出的服务产品。

（三）融合——未来建筑一站式解决方案

面向未来，绿色建筑将成为全球建筑行业的大势所趋。建筑企业应基于自身“设计—建造—运营”的能力，打造包含绿建咨询认证检测和设计、绿色建造和智慧工地管理、绿色和智慧运营在内的一站式解决方案，并积极参与到全球绿色建筑标准的构建中，形成中国建筑企业的“绿色品牌”。作为另一大重要趋势，建筑工业化也应成为建筑企业未来的战略重心。中国建筑企业应致力于打造“工业化构件+产品设计+工业化建造运营”全流程解决方案，尤其是大型构件的制造、工业化的建造安装环节。

在探索新业务机会的过程中，中国建筑企业也要转换思想，从过去闭环式内涵发展走向开放式生态发展，通过收并购、合资、合作、联盟等多种方式，打造绿色发展的创新生态系统。其中，除了建筑产业链的传统玩家，尤其要关注与全球建筑领域创新创业型企业的对接与合作。

案例6-7　布依格可持续建筑解决方案成为其重要业务模块

布依格及其业务合作伙伴，从设计阶段开始一直到建筑物建成和运营，都坚持推广低碳或可持续产品。这些产品均采用可回收再利用的传统或生物来源材料、可优化建筑管理的智能系统以及能与存储系统相配套的可再生能源。

为了设计建造更多的可持续建筑，布依格在十年前推出了绿色办公的正能量商业地产概念。截至2018年7月，布依格已交付了约20个绿色办公项目。Prism'是布伊格作为主要承包商建造的第一个绿色办公室，在能源性能方面堪称典范。它已获得三项环境认证：Bepos-Effinergie 2013、HQETM Exceptionnel millésime 2015和BREEAM® International 2013。得益于其540平方米的光伏屋顶板和以菜籽油为燃料的热电联产厂，Prism'实现了建筑可再生能源产出量大于其消耗量的目标。

作为低碳建筑协会（BBCA）的一员，布依格还致力于推广减少建筑物整个生命周期碳足迹的解决方案。其Green Office Enjoy正能量写字楼项目位于克利希—巴蒂尼奥勒混合开发区的核心地带，是法国目前最大的拥有低碳建筑协会低碳建筑标签的正能量商业地产。

布依格同时也是专注于研发 ELSA项目的欧洲研究联盟的成员。ELSA项目旨在从电动汽车中回收用过的电池，并在建筑物中重新利用它们创建建筑能量存储系统。目前该项目已在欧洲各地建立了六个试点站点，分别用于测试六种不同的情景。

四、联合政府监管部门制定行业标准

在中国绿色发展的大潮中，政府各个部门以及各行各业的企业都在抓紧行动，为中国实现“3060”双碳目标添砖加瓦。在这一过程中，中国领先建筑企业要迎头赶上，联合政府监管部门，核算碳足迹、打造碳基线、制定减碳目标和举措：将自身探索新业务的经验和成果转化为行业标准，并且以白皮书的方式向全球发声，让全世界都看到中国建筑行业的碳排放现状、碳减排行动取得的成绩，以及中国建筑企业在气候问题上的愿景——碳中和短、中、长期目标及行动计划和预期成效，从而进一步加强话语权。

例如，瑞典斯堪斯卡积极打造行业标准，并推动认证咨询新业务发展，值得我国建筑行业借鉴。斯堪斯卡在低碳绿色发展过程中，不局限于自身的建造过程，积极参与全行业的标准制定，并逐步将其作为自身的重要业务板块。2015年，斯堪斯卡主导欧盟环保净零商业建筑设计建造标准；同年，其主导欧盟环保建筑及全球绿色建筑LEED标准更新。

第七章
消费品行业：
引领可持续发展趋势，
助力产业链碳中和

消费品行业与人们的生活息息相关，几乎全方位地影响着每个人的衣食住行。随着居民消费水平的提高，消费者对消费品质有了更高要求，也更加关注自身消费行为产生的影响。在中国消费者环境意识快速觉醒的背景下，对消费品企业来说，碳中和不是锦上添花的公益项目，而是践行社会责任、满足消费者对可持续性产品的需求、优化企业运营模式以及迎合投资者需求的必行之举。

放眼全球，国际领先的消费品企业在碳中和领域发展得“如火如荼”，已经获得消费者、投资者等社会各界人士的广泛认可。而国内企业大多起步较晚，目前还处于投石问路的阶段。通过对领先消费品巨头的发展经验进行总结，我们提出了战略目标、行动方案、数智赋能、组织保障和变革管理五大转型要素，为消费品企业的碳中和之旅提供路径指引。

第一节
碳中和对国内消费品企业的战略意义

碳中和于国于民意义重大，国内消费品企业正面临重大转型契机。

一、践行社会责任

为了推动碳减排，各级政府已经制定或将要出台相关政策，一方面，限制某些产业（如高能耗产业）或企业行为（如高排放）；另一方面，对企业碳减排进行扶持，例如，对节能减排的企业给予现金资助或者税收优惠，对入选示范性项目的企业给予奖励等。从合规经营、充分利用政策性红利，以及承担社会责任等多个角度来看，企业要对碳减排给予足够的重视。

此外，政府、非政府组织和媒体也积极表彰了“净零”先锋企业，帮助企业树立良好形象。例如，联想等13家中国企业的案例入选联合国《企业碳中和路径图》；加拿大媒体和《企业爵士》杂志发布了“2021年全球最佳可持续发展企业百强榜”，国际领先消费品巨头味好美、依云集团、联合利华等位列其中，但中国仅有4家企业入选且都不是消费品公司。社会各界的赞誉可谓不花钱的广告，是企业的无形资产，可以帮助企业在政府、业界、潜在雇员和消费者中赢得品牌美誉度，这是市场公关和营销的新亮点。

二、满足消费者对可持续性产品的需求

消费者逐渐将可持续性作为购买的考量因素，且70%的消费者甚至愿意为可持续性产品支付更高的价格，市场对可持续性产品的需求正在高速增长。因此，消费品企业更应该积极主动地抓住行业变革机遇，通过产品和业务模式转型来驱动效益持续增长。

全球消费者调研①表明，消费者偏好可持续性产品且愿意为此支付溢价（与传统的、非可持续性产品的定价相比）。

欧睿信息咨询公司（Euromonitor）在2020年1月开展的调研表明，61%的受访者正在担忧气候变化，36.3%的受访者希望减少碳排放，消费者正在不断重视消费行为对环境的影响，并持续关注消费品的碳排放情况；58.8%的受访者表示会选择可循环产品，57.2%的受访者更信赖可循环品牌，消费者对环保品牌的偏好也印证了“可持续性”正成为消费品行业的发展趋势。②

图7–1为全球消费者对可持续性产品的偏好。

三、优化企业运营模式

碳减排驱动企业审视现有商业模式和全价值链环节，并优化运营模式，最终实现降低能耗、提升运营效率的目标。对于任何企业来说，运营都是自控性最高的一个环节，因此很多企业将其作为碳减排

① 资料来源：BCG全球1 000位消费者支付意愿调研。

② Euromonitor. Top 10 Global Consumer Trends 2021[R]. London: Euromonitor，2021.

的起点，但位于价值链核心的消费品企业不应该只关注自身减排，还要从价值链的视角来思考碳中和战略。

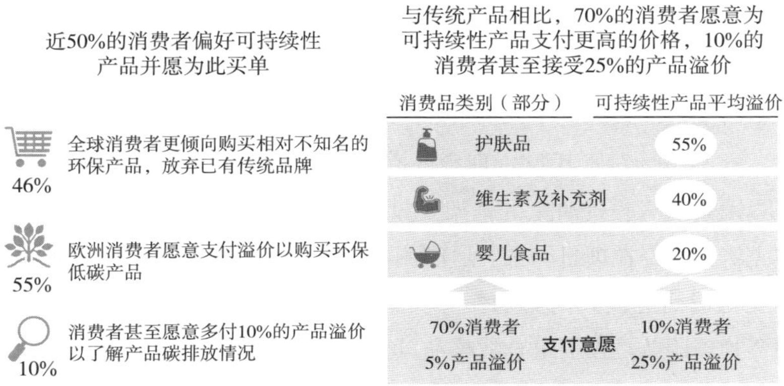

注：可持续性产品包括使用有机原材料、社会责任采购、环保包装、公平交易等产品。

图7-1　全球消费者对可持续性产品的偏好

资料来源：世界经济论坛，*Biz Journals*，MDPI（多学科数字出版机构），BCG分析。

由此可见，碳中和不是应对政策要求、增加成本的一时之风，而是企业获得资本市场认可、满足可持续性产品市场需求和优化自身运营模式的变革机遇。为了避免碳中和成为徒增成本的点状举措，企业应清楚地意识到，碳中和是一次整体变革之旅，而不是某一职能课题。

四、迎合投资者需求

除了赢得社会声誉和规避政策性风险，企业还可能获得ESG[①]资本的认可和青睐。近年来，资本市场对ESG领域表现出浓厚的兴趣。ESG资产规模逐年增加，ESG基金（专注投资ESG领域的基金）在资本市场上的表现也十分抢眼。

资本市场对责任投资理念的兴趣还体现在越来越多的投资者将ESG因素引入投资决策的框架及投后管理实践上。以私募基金为例，领先机构已经在项目筛选、尽职调查以及投后管理方面将碳排放和气候变化对商业模式的影响作为决策因素。例如，淡马锡公司的ESG投资管理团队是投资组合战略和风险小组不可或缺的一部分。[②]

此外，对ESG领域的浓厚兴趣使得领先机构投资者（如黑石、贝莱德等）设立了专注ESG领域的投资团队。[③]在机构投资者的追逐下，ESG资产增长迅猛，全球可持续资产投资[④]的规模在过去五年已经翻倍，从8 950亿美元激增至18 330亿美元，并且在未来五年，投资者会将可持续资产的配置翻倍，从目前的18%提升至37%。[⑤]

---

① ESG是社会责任投资的产物，E代表Environment（环境），主要考察气候变化、碳排放量等指标，通过这些指标考察企业在经营活动中对环境的影响；S代表Social（社会），主要考察员工健康和产品安全等关键指标，通过这些指标考察企业与员工、消费者、社会的互动关系；G代表Governance（公司治理），主要考察董事会与高管、公司廉政腐败情况、薪酬等指标，反映公司的激励与约束机制。20世纪90年代后，可持续发展和绿色金融的理念进一步推广，同时，各大行业的大公司垄断初步成型，人们开始意识到，公司不应只是为了股东的利益，而应该承担相应的社会责任。全球最早的ESG指数发布于1990年，是多米尼400社会指数（后更名为MSCI KLD 400社会指数）。

② 资料来源：Temasek Review 2021：Bounce Forward，Temasek，2021。

③ 资料来源：2020 Annual Report-Our purpose，BlackRock，2021。

④ 可持续资产投资是指在投资决策中考虑环境、社会和公司治理因素的投资。

⑤ 资料来源：2020 Global Sustainable Investing Survey，BlackRock，2021。

资本市场对ESG领域的追捧也许与其市场表现有关。基于标普公司的全球市场情报分析，在26只ESG交易所交易基金和共同基金中，有19只（70%）在过去一年的表现优于标准普尔500指数。在此期间，标准普尔500指数上涨了27.1%，而这些表现优异的ESG基金上涨了27.3%～55%；[①]另外，BCG对全球消费品企业的分析研究表明，ESG表现突出的消费品公司的平均利润率比行业平均水平高11%。[②]这也许与碳减排会增加企业经营成本的固有观念不符。虽然从表面上看，ESG需要投入资源，但是它也促进了公司整体运营能力的提升。企业专注ESG可以使自身获得更有潜力的、更多样化的收入，拥有更高的运营效率和更低的法规风险，也更易获得融资。例如，ESG可以吸引高净值人群，提升消费者黏性，提高品牌美誉度和营销有效性，同时也有利于吸引和留存人才，使平均人效更高。通过发力环保领域，企业的运营效率得到提高，能耗开始降低。ESG领先的企业也更容易规避政策性风险，如碳交易机制执行。正如美国最大的纯ESG共同基金公司Parnassus Investments的基金经理多德森所说，关注ESG可能越来越成为一种竞争优势。[③]

---

① 资料来源：ESG funds beat out S&P 500 in 1st year of COVID-19，how I fund shot to the top，S&P Global，2021。

② 资料来源：MSCI ESG Research LLC，OEKOM research AG数据，BCG分析。

③ 资料来源：Here's More Evidence That ESG Funds Outperformed During the Pandemic，*Institutional Investor*，2021。

第二节
国际消费品龙头企业的碳中和发展进程

国际消费品龙头企业已经走在碳中和前列，而国内企业大多处于投石问路阶段。

放眼全球，国际消费品龙头企业（如雀巢、联合利华）已成为碳中和先锋，不但得到广泛赞誉，而且自身业务迅速增长，在资本市场的表现亦是抢眼。

案例7-1 雀巢以碳中和为变革契机，从产品和企业运营发力，实现声誉、业务“双丰收”

雀巢在ESG领域表现优异，广受社会赞誉，提升了品牌力。雀巢（中国）的“推动可持续包装进程，携手共创无废未来”案例也成功入选第二届联合国可持续发展优秀实践[①]。这表明雀巢在可持续发展方面做出的努力得到了联合国的认可。它的典型表现为：

- 可持续产品业务增长。以植物肉为例，雀巢抓住低碳产品的需求机遇，在全球主要市场（如美国、中国）推出植物肉新产品，推动植物性产品业务的高速增长。2020年上半年，雀巢的植物性食

① 资料来源：联合国经济和社会事务部官网，2021年6月22日。

品的营业收入增长了40%。[①]

- 企业运营持续降本提效。雀巢水业在全球范围内采用西得乐节能方案，降低了各工厂能耗，年均节约成本100多万欧元。[②]
- 因在ESG领域表现出色，雀巢受到ESG资本青睐，股价持续上升。截至2021年4月，雀巢股票在欧洲基金持仓前十的频率最高，其出色的表现使雀巢受到了大多数ESG基金的青睐（如景顺可持续泛欧基金）。机构投资者的加持使其股价持续上扬，且表现优于行业平均水平。从2018年到2021年的四年中，雀巢纳斯达克的股价从77美元上涨至124美元，年均增长17%，而同期的标准普尔全球消费企业指数从1 751增至2 692，年均增长15%，并且该指数在2020年因新冠肺炎疫情影响而同比下跌，但雀巢当年的平均股价并未同比下跌。[③]

国际领先的消费品企业在碳中和领域发展得“如火如荼”，而国内消费品企业的碳中和之旅大多处于起步阶段，企业还面临着“定什么目标”“做什么”“怎么做”等基础性问题及认知痛点。

很多企业不知道“定什么目标”，对碳中和的定义和战略定位缺乏清晰的理解，不懂碳中和覆盖的领域、在企业战略中的地位以及碳排放现状。这些都导致企业难以设定科学的目标和时间线。

对于“做什么”“怎么做”的问题，一方面，一些企业虽然对碳减排和环保节能有直观认知，并且有一些思路，但缺乏对碳减排措施的全局性思考，往往采取点状式措施，而不是整体布局；另一方面，企业缺乏对碳中和变革所需的支持保障体系的深度理解，比如专职团

① 资料来源：Nestlé 2020 Half-Year Reports，Nestlé，2020。

② 张文轩. 西得乐节能方案助雀巢大幅降低能耗[J]. 中国食品工业，2016（5）：56。

③ 资料来源：纳斯达克证券交易所和标准普尔指数。

队、项目管理、考核激励机制、专业人才等，这使得企业对能力缺口束手无策，开启变革之路不顺畅。

第三节 国内消费品企业的碳中和转型之路

国内消费品企业需要聚焦五大转型要素，实现碳中和转型落地。

当思考和设立碳中和目标时，企业面临“定什么目标”“做什么”“怎么做”的问题。消费品企业应该聚焦五大转型要素，即战略目标、行动方案、数智赋能、组织保障和变革管理。

首先，企业需要制定清晰全面的战略目标和地图，以指引整个组织的前进方向；其次，在战略目标和地图的指引下，企业应结合业务属性，确定具体的落地路径和行动方案；最后，企业应该思考如何分配资源以支撑变革之旅（见图7-2）。

一、战略目标

（一）目标始于碳排放盘查，以明确碳基线

一个企业的战略始于自身使命和愿景，而使命和愿景要与国家及社会的发展相结合。到2060年达成碳中和是国家的战略目标，那么企业的碳中和目标应在满足国家宏观要求的前提下科学地设定，而设

立目标的前提是了解碳减排现状，所以企业首先需要进行碳基线盘查（详细方法请参见第二章第二节）。

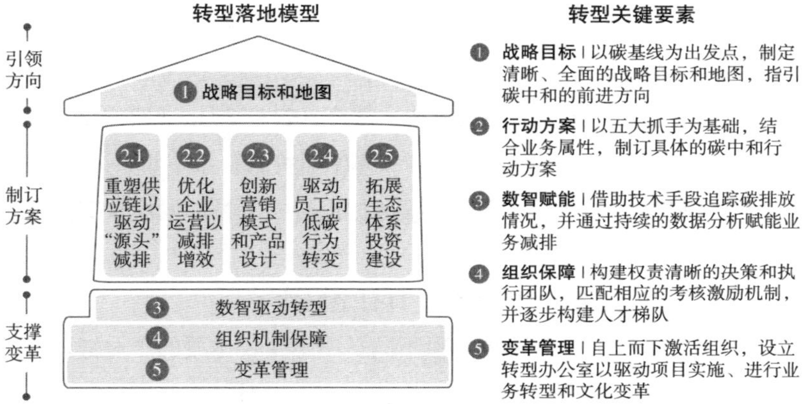

图7-2　消费品企业碳中和转型落地模型

资料来源：BCG分析。

（二）企业需要从四大维度制定战略目标

在碳基线的基础上，企业的碳中和目标取决于投入决定与力度、目标类型、目标范围及目标时间线。

- 投入决定与力度。企业可以根据当前的碳排放水平、投资意愿、所处行业对企业的期望或者要求来确定自身碳减排的雄心。
- 目标类型。设立与全球“升温情景”挂钩的碳减排绝对目标或强度目标。
- 目标范围。确定碳减排涵盖的范围（范围1、范围2、范围3），以及需纳入的地区和业务部门。
- 目标时间线。为保证目标切实可行，企业需要设立短、中、长期目标，并匹配关键里程碑，将举措或项目和里程碑相关联。

从这四大维度设定基于气候和科学的碳中和目标时，可以有多种标准选择，其中四种标准已在全球被广泛采用。科学碳目标倡议凭借良好的适用性和广泛的行业覆盖，已迅速成为最受认可的、将企业减排目标与《巴黎协定》对齐的方法。截至2021年3月，已有1 300多家企业采纳了科学碳目标倡议。国际领先的消费品企业（如雀巢、达能）均采纳了科学碳目标倡议，并且其目标由科学碳目标倡议核实批准。

（三）战略目标需覆盖全产业链，具有全局性

虽然每个行业的碳排放总量不同，产生主要排放的产业链环节不同，对上述四大维度的考量亦不尽相同，但面对目标范围，各行业均有同样的困惑：碳减排是否应该考虑上下游？对消费品行业来说，这一点尤为重要。因为从碳排放的来源来看，消费品企业的碳排放主要来自上游供应商，其次为企业的生产运营，最后为下游消费端。

《自然》杂志在2020年对全球28个国家、30个行业、145家企业的866种产品的碳排放情况进行调研，发现从产品全生命周期来衡量碳排放时，上游碳排放量占总量的44.5%左右，其次是下游，占比为32.3%左右，最后才是企业的生产运营，占比为23%左右。①

其中，消费品行业的碳排放主要来自重能耗的上游供应商，其次为企业的生产运营，最后为下游消费端（见图7–3）。以雀巢和联合利华为例，雀巢上游的碳排放量占比为75%左右②，联合利华为50%左右③。

---

① Meinrenken C. Carbon Emissions Embodied in Product Value Chains and the Role of Life Cycle Assessment in Curbing Them[J]. *Nature*, 2020（10）: 1–12.

② 资料来源：Nestlé’s Net Zero Roadmap, Nestlé, 2021。

③ 资料来源：Climate Transition Action Plan, Unilever, 2021。

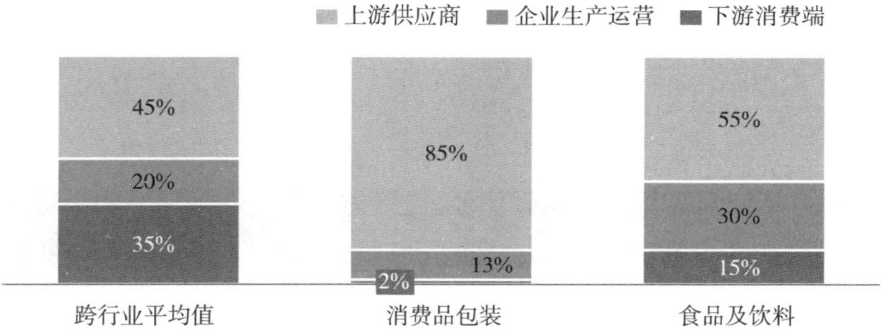

注：这里对上下游的定义与温室气体核算体系一致。

图7-3　上游供应商、企业生产运营及下游消费端碳排放量占比

资料来源：《自然》杂志，BCG分析。

因为上游的碳排放量占比最高，所以很多企业认为碳中和就是自身减排。这种误区虽然可以理解，但应避免。消费品企业在价值链上处于“上承供应链，下连消费者”的中枢环节，扮演着整合资源和满足市场需求的中心角色，因此也承担着产业链减排的责任，承载着政府、市场及消费者对实现碳中和的期望。消费品企业的碳中和不应只是对企业运营的优化，更应该推动上游生态和下游消费链业务重塑，以实现整个价值链的碳中和转型。

国际领先的消费品企业（如雀巢、达能）均制定了涵盖全产业链的碳中和战略地图，并以碳中和为目标，将其可持续发展战略全面“升级”，拉动全产业链向碳中和转型。这些公司的战略目标和地图虽然风格迥异，但均有以下特点。

- 目标清晰。在碳基线盘查的基础上，明确前进方向及未来资源聚焦的领域。
- 方案具体。实施路径和抓手都非常具体，并与业务部门打通。
- 时间明确。设定可衡量的、阶段性的里程碑目标。

■ 视角全面。不仅聚焦企业经营本身，还覆盖全产业链的碳排放（范围1、范围2、范围3）。

案例7-2　雀巢碳基线盘查

雀巢按照科学碳目标倡议标准推动碳基线盘查（见图7–4），并于2020年核实批准了雀巢碳中和目标。雀巢有95%的碳排放来自范围3，未来将从资源方面协助上下游减排，并制定了到2050年达到价值链碳中和的战略目标及细化的实施路径。其实施路径分为两大阶段：阶段一，完成十大里程碑，以保障2025年减排20%；阶段二，完成三大里程碑以保障2030年减排50%。[①]

以此为鉴，中国消费品企业的碳中和之旅应始于碳基线盘查，进而制定清晰全面的战略目标和地图。

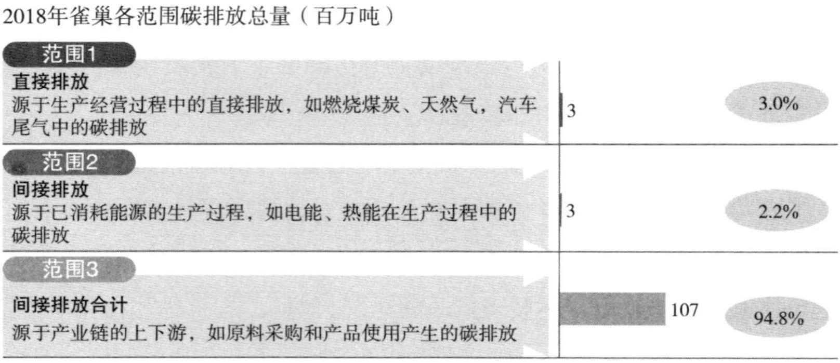

图7–4　雀巢碳基线盘查

资料来源：雀巢官网，BCG分析。

① 资料来源：Nestlé’s Net Zero Roadmap，Nestlé，2021。

二、行动方案

消费品企业在制定战略目标和地图的同时，还要以五大抓手为基础，结合业务属性制订具体的碳中和行动方案，保障碳中和战略的实施落地。这五大抓手涵盖企业研供产销全价值链环节，包括重塑供应链以驱动“源头”减排、优化企业运营以减排增效、创新产品设计及营销模式、驱动员工向低碳行为转变、拓展生态系统投资建设。其中，优化企业运营以减排增效和驱动员工向低碳行为转变较容易理解，这里不详细展开介绍。

（一）重塑供应链以驱动“源头”减排

处于价值链核心位置的消费品企业可以设定可持续的、低碳的采购标准并付诸实施，同时赋能合作伙伴以补齐能力短板，优化仓配物流以驱动整体供应链的碳减排。五大关键行动具体包括：

- 设定采购标准。企业应设定可持续的、具体的采购标准，调整采购策略和供应体系。例如，采取使用可再生能源、本地化采购、选择低碳环保材料等措施，从而调整供应系统；通过培训等方式，确保采购团队贯彻落实采购标准。
- 体系化追踪、评估供应商绩效。基于采购标准，收集、分析供应商的绩效数据，制订提高供应链水平的行动计划，并系统性、公开地将供应商绩效（包括可持续标准执行情况）纳入采购合同以及续签的核心考量中。
- 建立问责激励机制。基于绩效评估，建立奖惩分明的问责和奖励机制。奖惩可采用财务和非财务手段，例如，更短的付款到期日、长期合同，以及其他非财务方面的措施。
- 多方面赋能长期互利的合作伙伴，提升“合作生态”。对于长期合作意愿强、发展潜力高的供应商，可考虑建立长期合作关系，为其提供各项支持，比如培训、技术、融资和长期合同等，以提升绩效。

- 改造仓储物流运营模式以节能减排。与供应商、合作机构协作优化仓储中心、物流路径、配送模式、能源等领域的运营，以推动运输仓储环节的整体减排。例如，采用可持续能源和环保运输工具，缩减配送路径等。

案例7-3 达能的供应链减排措施

达能在供应链减排方面为同业做出了很好的示范（见表7-1）。

表7-1 达能的供应链减排措施

重塑供应链抓手	达能的措施[①]
将减排和环保作为采购标准	到2025年年底，将100%采用产自本国再生农业的原材料；达能在采购棕榈油时，要求供应商开拓的种植园不能危害有高保护价值的森林和热带泥炭林
追踪并评估供应商绩效	达能（中国）饮料在2009年引入供应商道德数据交换平台SEDEX对供应商进行管理，要求绝大部分含生产制造环节的供应商以及物流承包商在第三方平台上对自身的环境和社会风险进行评估，并要求高风险供应商限时改善
技术赋能	达能与康奈尔大学和俄亥俄州立大学的专家合作启动了土壤健康项目，旨在寻找能够促进土壤再生和增加土壤碳固存的方法

① 资料来源：达能官网。

（续表）

重塑供应链抓手	达能的措施[①]
优化物流能耗	在物流运输环节，通过SAP（Systems Applications and Products）系统优化下单和拼单，合并产品物流，减少运输层级，或者尽量选择低碳交通和新能源车辆（如铁路运输、电车），这些措施明显降低了物流环节的碳排放量

资料来源：BCG分析。

案例7-4　强生公司在供应链减排方面颇受赞誉

在碳中和的道路上，强生公司不仅专注优化自身运营模式，还带领生态伙伴推动价值链减排，计划到2025年将所有供应商囊括到强生供应商可持续发展计划中。该计划满足环境和社会发展的双重要求。截至2020年，在气候治理行动领域，强生公司连续三年获得CDP的A级评级，并且第四次被命名为“CDP Supplier Engagement Leader”（CDP供应商合作领袖）。[②]

（二）创新产品设计

企业运营的核心是产品，用户体验和需求是产品设计的原动力。在碳减排的驱动下，针对现有产品，企业可以从使用材料、工艺设计、外形包装及弃置回收等产品全生命周期来重塑产品力，甚至可以进一步创新研发新产品，以满足消费者对功能性和可持续性产品的诉求。全球领先的零售巨头星巴克已经对产品创新进行了卓有成效的尝试。

---

① 资料来源：达能官网。

② 资料来源：强生官网。

案例7-5 星巴克持续进行产品创新

星巴克持续进行产品创新，其措施如表7-2所示。

表7-2 星巴克产品创新措施

产品创新的抓手	星巴克的措施
材料创新	采用植物性原材料。星巴克推出无奶咖啡，用植物性原材料Oatly燕麦奶替代牛奶制作新产品，降低碳排放①
低碳包装	使用环保杯具。通过优惠鼓励顾客使用自带杯，同时门店内免费提供陶瓷马克杯，纸质热饮杯采用10%的回收材料制作②
改进生产工艺	采用节水工艺。星巴克将采取更先进的生产工艺，优化制作过程，实现到2030年咖啡加工过程用水量减少50%的目标③
产品回收利用	回收咖啡渣，推出可生物降解的吸管。对萃取后的咖啡渣进行资源再利用；结合食品接触级聚乳酸材料加工出新吸管，这种吸管在4个月内就可以降解90%④

资料来源：桌面研究，BCG分析。

案例7-6 AllBirds用舒适与可持续性产品赢得市场

此外，一些消费品公司，尤其是初创型企业充分抓住消费者对低碳环保产品的需求，用兼具功能性与可持续性（如可生物制造、可生物降解、环保低碳可回收、绿色生产等）的新产品赢得消费者。

成立仅有五年、强调健康与环保的鞋履品牌Allbirds，其总融资

① 资料来源：Global Environmental & Social Impact Report，Starbuck，2021。

② 同上。

③ 同上。

④ 资料来源：《星巴克“GOODGOOD星善食TM主义”行动再升级创新推出环保吸管、杯子和餐具 拓展更多植物膳食餐饮选择》，星巴克，2020年。

额超2亿美元，2019年的销量就已经达到2.2亿美元。其成功的秘诀就是利用新材料对产品进行功能性创新，比如使用美利奴羊毛材料使产品具有透气、调节温度、吸湿排汗的特性。同时，Allbirds主打产品的可持续性，从而构筑其品牌核心价值观。Allbirds的官网显示，一双普通球鞋的碳足迹是12.5千克二氧化碳当量，而Allbirds平均每双鞋的碳足迹是7.6千克二氧化碳当量。

Allbirds的目标是制作世界上最舒服的鞋，并且该公司已开始将产业线拓展到袜子、服装等领域。①

（三）创新营销模式

对消费品企业而言，除了卓越的产品力，营销能力也尤为重要。在碳中和浪潮中，领先消费品企业应充分利用此次机遇，将碳中和与“营”相结合，重塑品牌力；将碳中和与“销”相融合，进而对经销网络、门店布局、消费者配送等方面进行优化。总体来说，企业营销应该聚焦低碳产品认证、低碳价值阐述、推广低碳理念主题营销活动以及低碳渠道转型，即“4P”。

- 低碳产品认证（product label）。企业应核算产品碳足迹，实现低碳产品认证，并向公众展示碳标签，包括用碳中和标记传达低碳价值，以此提升公众认知。
- 低碳价值阐述（proposition）。通过进行低碳价值宣传、阐述低碳产品价值，企业可以与公众间接沟通产品价格逻辑（溢价）。例如，通过碳排放量披露、发布ESG报告、加入环保倡议等方式展示可持续发展成果。
- 推广低碳理念主题营销活动（promotion）。将碳中和等环保理念

① 资料来源：Allbirds官网。

与营销活动结合，并通过碳排放量、可持续发展及社会责任报告的披露提升公众的低碳理念认知。

- 低碳渠道转型（place）。优化分销系统（如门店、物流等），使企业向低碳运营模式转型。例如，门店设计更环保、使用清洁能源、物流路径更短、使用环保车辆等措施。

将碳中和与营销策略结合可以帮助企业吸引高净值消费群体、提升消费者黏性、吸引并留存员工。

- 吸引高净值消费群体和提升消费者黏性。那些关注低碳且环保意识强的消费者通常是受过良好教育、收入较高的高净值消费群体。通过将低碳环保理念与营销活动结合，企业可以有效甄别这类消费者并加强与目标消费群体的互动。
- 吸引并留存员工。迎合社会发展趋势、具有超强意识、倡导低碳环保的企业通常容易培育年轻员工的认同感和归属感，能够吸引并留存人才。

案例7-7　知名消费品企业的4P措施

1.低碳产品认证

2020年，在世界地球日前夕，来自旧金山的创新环保时尚品牌Allbirds宣布为旗下产品贴上“碳足迹”标签，计算每件产品从材料使用到设计、制作、养护甚至回收过程中所产生的碳排放量，这是世界首个公开碳排放量的时尚品牌。[①]

① Brandstar. Allbirds公开碳排放，为产品贴上碳足迹的标签[EB/OL].（2020-04-23）[2021-09-30]. https://www.brandstar.com.cn/news/1448.

2. 低碳价值阐述

达能、雀巢、联合利华等领先消费品企业都在官网中向公众展示了公司可持续发展目标和计划，并打算每年发布可持续发展报告，披露碳排放量，及时跟进取得的进展，总结成功案例和实践经验。

3. 推广低碳理念主题营销活动

星巴克在地球日推出免费咖啡活动。从2014年起，星巴克连续7年积极响应地球日，在地球日当天为自带杯具的顾客提供免费咖啡，鼓励顾客养成自带杯子喝咖啡的习惯。

达能推出“脉动环进大学生绿色行动”。2021年的地球日当天，达能中国饮料在上海启动“脉动环进大学生绿色行动”，聚焦节水和包装物、闲置物品回收再利用等大学校园绿色生活方式。通过“绿色工作坊”“绿色行动”等举措，为青年人的绿色创造力和绿色推动力赋能。[①]

4. 低碳渠道转型

星巴克打造环保门店。各门店使用无氟空调系统，以减少对地球大气的破坏；采用低挥发性有机化合物的涂料并鼓励在工厂加工，以减少对门店空气质量的影响；照明系统全部采用LED灯和节能灯，实现15%的电耗节能。[②]

宜家打造绿色物流。2018年，宜家牵手苏宁物流，在仓配运输以及最后一公里配送过程中采用新能源物流车，打造家居物流绿色配送。同时，快递员在顾客家中带回纸箱并到快递站点进行回收再

---

① 资料来源：《达能中国饮料启动“脉动环进大学生绿色行动》，新京报，2021年。

② 资料来源：《星巴克发起”酷爱绿”行动号召，邀请万千星粉共筑绿色地球》，中国经营网，2019年。

利用。[①]

（四）拓展生态系统投资建设

对大多数消费品企业来说，碳中和是一个全新的领域，企业实现碳中和所需的能力可能存在一定的缺口。消费品企业可以利用战略投资补齐自身能力短板、赋能上下游以驱动生态链转型，同时还可以进行商业布局投资、建立环保创新的品牌和业务以拓展其生态系统。

至此，企业对制订行动方案的五大关键要素已有一定了解。在确定碳中和战略目标和行动方案的同时，企业需要思考的是如何保障战略及计划的落地实施，这就需要从技术、组织及变革管理三大领域开启变革之旅。

三、数智赋能

在碳基线和目标确定之后，碳排放追踪和数据分析则是持续推动碳中和目标必须采取的方式，可以帮助企业监控目标执行情况，并有针对性地调整策略。而数字化手段可以极大地提高这些工作的效率。

（一）持续追踪碳排放量，更新并汇报减排进度

碳排放涉及企业运营的全部活动及产业链上下游，而手工追踪并计算碳排放量的效率低、精准度差。因此“传感器收集+数字化工具追踪汇总+可视化展示分析”相结合的解决方案正在逐步被采纳。例如，达能在遵循国际通用的温室气体核算体系碳排放量计算标准的同时，采用行业领先的碳排放平台（如Pure Platform、Cool Farm）追踪

---

① 资料来源：《苏宁物流牵手宜家，打造家居物流绿色配送》，运输人网，2018年。

并计算企业运营（范围1、范围2）和上下游（范围3）的碳排放量。[①]

（二）汇总分析碳排放数据，以指导业务发展和减排调优

在数字化工具的支持下，碳排放数据可以细化至价值链各环节（如供应商、包装材料商等）、各工厂、各运营区域，企业还可以通过高阶算法实现碳排放量预测，为各业务部门（如采购、市场、研发等）提供决策依据和参考。例如，BCG开发的CO_2AI工具，全面升级了某国际酒业集团的可持续管理工作。

四、组织保障

碳中和的战略重要性应体现在组织架构上，企业应建立与业务结合的碳中和转型组织架构，构建权责清晰的决策和执行团队，匹配相应的考核激励机制，并逐步构建专业人才梯队。

（一）组织团队

构建碳中和管理及执行组织体系，需涵盖以下三个层级：

- 战略决策：碳中和变革管理委员会。
- 运营落地：业务领域运营团队及负责人。
- 日常管理：碳中和转型办公室及团队。

（二）考核激励

设置相应的考核激励机制，将碳中和目标植入业务运营及日常管理。

---

① 资料来源：Universal Registration Document 2020，Danone，2021。

基于碳中和战略目标及关键里程碑，企业需设计相关绩效指标来追踪方案执行情况，并将相关绩效指标植入业务运营及日常管理，将碳中和与企业运营绑定，驱动管理层及执行层像日常运营一样持续推动碳减排。例如，达能已将1 500位高管的浮动收入与社会、环境指标（如碳排放）和员工安全挂钩，以推动集团战略目标的实现，其2020年的气候目标占当年浮动奖金考评因素的10%。

（三）专业人才

构建专业人才梯队，弥补能力缺口。

对很多消费品企业来说，碳中和领域的知识较为陌生。因此企业应该按需培养、招募碳中和相关领域人才，逐步构建企业内部的碳中和知识、应用经验人才梯队，包括碳中和盘查、追踪、大数据分析及应用等知识。在启动这项工作的初期，企业可以借助外部资源逐步完善自身的能力。例如，雀巢为了推动碳排放盘查以确定碳基线，雇用了专业领域的咨询公司以补齐其能力缺口。[①]

五、变革管理

高层自上而下激活组织，设立转型办公室以推动项目实施、业务转型及文化变革。

碳中和是企业整体端到端的一次变革之旅，所以高层管理者需要统筹思考、整体规划、分阶段实施目标，以及持续调优（见图7-5）。企业可以从四个方面采取行动。

---

① 资料来源：Nestlé’s Net Zero Roadmap，Nestlé，2021。

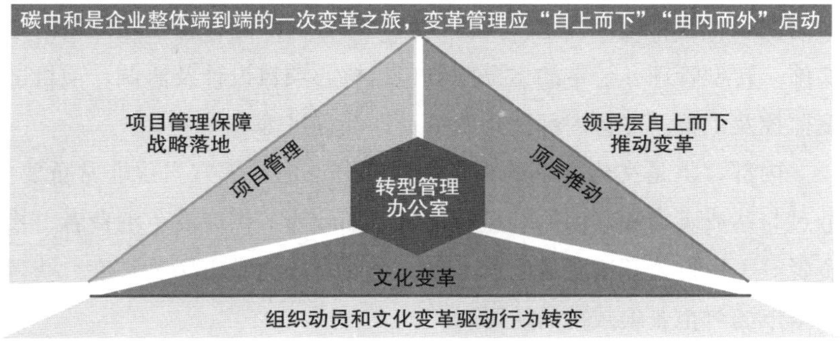

图7-5 BCG变革三角型

资料来源：BCG分析。

（一）高层应对碳中和的战略重要性及目标达成一致

高层应深刻意识到，企业必须全范围转型，并打造可持续业务模式以实现碳中和，进而驱动组织变革。

（二）执行严格的项目管理，以保障战略落地

依托总体战略，监督管理关键项目的全生命周期流程，比如设计、实施进度、结项汇报等。建议借助项目管理办公室（PMO）及时跟进各项任务的进度，确保目标、进度及结果的透明度和及时性。

（三）推动企业文化变革，驱动员工行为转变

任何企业转型最终都需要通过员工行为进行“固化”，实现文化的最终变革。通过高层引导、员工培训、内部宣贯和正向激励等举措，企业可以统一并加强员工关于碳中和变革的认知和理解，以驱动员工向低碳行为转变。

（四）设立企业转型管理办公室及团队

碳中和是企业整体端到端的变革，是CEO议题的重中之重。企

业需设立转型管理办公室，以协助规划碳中和战略，并推动战略落地实施。转型管理办公室的主要职责包括核心项目设计及协调、项目进度监控及汇报、支持内部文化变革及外部宣贯等。

内部宣贯是文化变革的重要组成部分，但外部宣贯也非常重要。通过与达成碳中和共识的利益相关者（如政府、供应商、消费者、投资者等）进行公开透明的沟通互动，企业可以提升市场美誉度，获得资本市场对企业碳减排的认可。

一个专职的转型团队对企业转型至关重要，企业在构思碳中和转型之初就应谨慎思考该团队在组织中的位置、人才配置、核心职责、协作授权机制等。

千里之行始于足下，碳中和之旅任重而道远。中国的碳中和目标已定，各项政策也在逐步按计划落实和实施，各行各业均在探索、推进碳减排之路。在众多行业中，消费品行业因其直面消费者的属性，向来是接受能力强、引领前沿的行业。在碳中和浪潮中，消费品企业更应敢为人先。

国内消费品领军企业在经历了多年的发展后，已经具备了比肩国际巨头的综合能力，但在碳中和的道路上，其与国际巨头相比，仍存在一定的差距。国内消费品企业应抓住机遇、奋起直追。这些企业首先需要诊断现状，做到“知己知彼”，进而推动碳中和的变革之旅。企业应以“为天地立心，为生民立命”为己任，为中国的碳中和目标、为应对气候变化、为构建人类命运共同体而贡献力量。

第八章
互联网高科技行业：
推动运营减排，科技赋能生态碳中和

相较于传统行业，互联网高科技行业似乎自带“绿色基因”。特别受新冠肺炎疫情的影响，数字化转型已经成为全球共识，互联网技术成为帮助传统行业加速摆脱线下物理局限，节省更多办公场地和自然资源的“救星”。

但是，科技行业的运行需要消耗电力，而电能的来源，又可以追溯到化石燃料燃烧。因此，在彻底摆脱对火电的依赖前，互联网高科技行业的绿色提升空间始终广阔。国际环保组织绿色和平的《迈向碳中和》报告显示，随着全球ICT（Internet，Communication & Technology ，信息和通信技术）产业的迅速发展，温室气体排放占比将会从2007年的1%～1.6%，增长到2040年的14%以上——碳中和的使命不容回避。

相比汽车、消费品等行业，科技行业的碳排放量绝大部分来自价值链，其减排需要协同产业链。国内外的领先企业均已踏上了碳中和的征程，并积累了一些经验。科技企业可以通过“三步走”来探索适合自身的碳中和之路，同时赋能其他行业加速绿色改造。

第一节
“危”“机”四伏：碳中和时代，互联网高科技行业面临的新挑战和新机遇

在碳中和约束下，互联网高科技行业减碳虽然不像工业、交通和建筑业那样迫在眉睫，但同样遭遇一系列新发展挑战，面临一系列新发展机遇。只有在“危”“机”四伏的环境里精准把脉、对症下药，才可能化“危”为“机”，转“危”为“安”。

一、把脉互联网高科技行业之“危”：内部能耗加剧与价值链放大效应[①]

（一）挑战一：15年内，科技企业的能源消耗占比将快速上升，碳中和压力巨大

数字经济的蓬勃发展，5G、物联网、人工智能等新技术的加速应用，带来了数据流量的井喷式增长。为此，互联网高科技企业建起一个个大型数据中心，内含数以万计的服务器，日夜不断地计算、传

---

① 资料来源：《实现“小我”、追求“大我”：中国互联网与高科技企业的碳中和之路》，BCG，2021年7月16日。

输和存储海量数据，并持续消耗大量能源。如图8–1所示，自1987年至2017年近30年间，互联网行业流量从2TB涨到1.1TB，流量的背后是能耗的加剧。

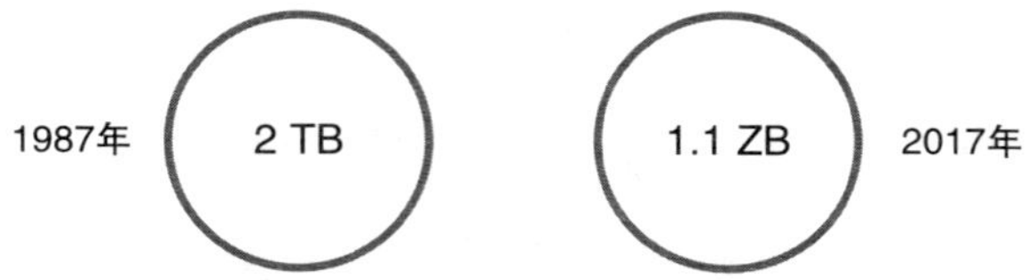

注：《自然》杂志在一篇论文中计算，互联网流量从1987年全年的2 TB增长到2017年的1.1 ZB（TB和ZB都是计算机储存容量单位，TB是万亿字节，ZB是10万亿亿字节，1ZB约为10亿TB），平均传输1 GB的数据需要消耗13千瓦时电量。2017年，全球互联网能耗为2000太瓦时（1太瓦时等于10亿千瓦时，2000太瓦时等于2万亿千瓦时，占到全球能耗7%，需要200个三峡大坝的发电量才能满足。

图8–1　30年间，互联网行业流量增长变化图

资料来源：《自然》杂志，BCG分析。

早在2014年，专家就对数据中心碳排放情况做了测算。一个高端数据中心的用电量相当于30～40栋高密度住宅楼房的用电量，其能耗主要源自数据中心的运行以及冷却散热。因此，每年的高额电费支出成为数据中心的主要开销。为了节省成本，一些大型互联网公司还会建立自有发电站来维持数据中心的运营，不过，这些发电站不像科技公司本身一样充满技术智慧，反而仍旧依赖最传统的火电发电模式。

除数据中心的运行外，日常办公、员工出行及部分科技企业涉及的制造、物流等经营活动（比如由ICT生产的各类满足消费者日常生活、娱乐所需的消费电子类产品及服务——如大数据、云计算、人工智能、物联网、机器人、数字安全设备，还有网络运行等），也在不

断推高行业整体用电量。特别是随着移动网络的全面普及，未来10年内，网络耗电量将突飞猛进，几乎能占到科技行业用电量的一半。通俗地讲，每个爱玩网游、爱追热剧、爱刷微博的人，都参与了温室效应的建设工程。一个典型的日常现象是，当你将“标清”视频切换为“高清”，这一细微动作背后所带来的碳排放量就增加了。

据统计，2015年全球科技企业自身用电量约为2 370太瓦时，约占各行业总用电量11%，相当于每10千瓦时电里，就有超过1千瓦时的电被科技行业占用。这一数值目前仍在上涨，到2030年，科技企业用电量预计攀升至8 000亿太瓦时，占比超过20%，接近翻番。面对日益增长的能源消耗，科技企业面临的将是同步增多的减排义务。

（二）挑战二：科技行业价值链碳排放量远超过自身碳排放量，难以在碳中和里独善其身

与科技企业组成一整条生产价值链的上下游企业才是碳排放的“大头”，这些企业为科技企业生产配套产品，碳排放总量远高于科技企业自身。这就是碳中和背景下科技行业的价值链放大效应。

我们在前文提过企业碳排放的三个范围，在此基础上，定义“价值链碳排放量倍数=范围3碳排放量/（范围1碳排放量+范围2碳排放量）”，即外部总排放量相对内部总排放量的倍数，通过这一倍数可以更直观地看出科技企业背后那些“看不见的碳轨迹”。如图8-2所示，通过获取美国上市公司数据样本，我们惊讶地发现，科技行业的价值链碳排放量倍数达到2.64倍，与必须消费（1.12倍）、金融（0.48倍）等行业的倍数相比，更加惹人注目。

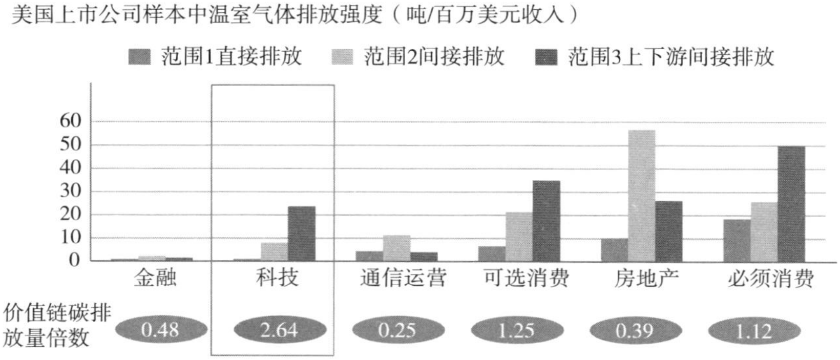

图8-2　科技行业价值链碳排放量远超过自身碳排放量

资料来源：《自然》杂志，温室气体核算体系，BCG分析

以谷歌、微软这两个全球领先的互联网科技公司为例，2019年，谷歌全年直接碳排放量（范围1）为7万吨二氧化碳，间接碳排放量（范围2）为79万吨二氧化碳，而导致的上下游企业碳排放量（范围3）达1 167万吨二氧化碳，范围3占比达93%；在2020财年，微软的直接碳排放量（范围1）为11万吨二氧化碳，碳间接排放量（范围2）为433万吨二氧化碳，上下游企业碳排放量（范围3）为1 159万吨二氧化碳，范围3占比为72%。从两家巨头的官方披露信息看，其上下游企业排放来源主要包括采购商品服务、租赁数据中心、员工商务出行、通勤、上游制造商生产设备以及运输、销售等环节。

综上所述，高科技企业的碳中和挑战主要来自两方面："内"在数据中心和运营办公，"外"在价值链企业。值得庆幸的是，发现这些问题并非"无一益处"，优化数据中心和日常办公能耗情况，可以帮助企业"省电省钱"；助力价值链企业减排，不仅可以巩固上下游企业关系，带动产能和效率，还可以凸显对社会责任的坚守，甚至带来潜在的商业收益。这些，正是属于科技行业的"新机遇"。

二、把握互联网高科技行业之“机”：天然的科技优势与广阔的效益增长空间

有“危”必然有“机”。至少目前来看，上述挑战背后不仅隐含着“有形”的机遇，甚至还附带着“无形”的财富。关键就在于，能否把这些机遇的潜在价值进行有效的激活。

（一）机遇一：提升价值链排放表现，科技对其他行业的赋能意义将进一步凸显

“哪里臃肿减哪里”——价值链企业的碳排放量虽然大，但也意味着可供改进的减排空间十分广阔。科技企业可以充分运用自身的技术优势，通过推动价值链各环节的技术创新，来实现行业整体深度减排。

比如，针对价值链中碳排放源头的火电厂，科技企业可以运用AI技术赋能传统火电厂进行智慧改造。由人工智能全面梳理火电厂历史数据，总结火电厂高效运行规律，得到更科学的火电运行策略，并通过监测各仪表实时状态，不断给出动态优化调整的的运作方案，有效节约人力、物力，使能源利用率不断提高、污染持续降低。

又如，针对油气等能源的勘探开采、储集运输以及终端分销等生产运营环节，科技企业可通过输出有效的节能技术方案，持续推动生产运营过程的能效提高，加强燃料替代等新型低碳技术应用。此外，保持对甲烷排放的减排技术的跟踪以及投入，包括甲烷的监测量化技术、泄漏检查维修技术、回收利用技术等，也可以提升天然气作为清洁能源的排放优势。

再如，针对终端消费环节，一方面，可以推动能源利用效率提高，以及化工产品回收利用乃至替代相关技术的发展，降低能源产品消费以及处置环节的碳排放。另一方面，还可以通过技术手段创造新

型能源设备，为其他新型低碳能源使用提供可落地的方案，如使氢能等非化石能源替代化石能源在交通、化工生产等领域的应用，快速、高效制取氢元素，实现氢能向热能、电能的持续稳定转化，这些都离不开高科技手段的加持。

此外，在碳中和目标导向下，油气等化石燃料的未来生存、增长空间在一定程度上取决于碳减排、碳捕获和储存技术的发展进程，相关领域将迎来新一轮的技术创新高潮。

（二）机遇二：借力碳中和倒逼，科技企业将形成更强的发展适应性，产生更可观的经济效益

从运营的经济效益来看，取缔互联网大型数据中心的自有发电站是不太现实的，而关闭数据中心更是不可能的事情。所以，在碳中和目标约束下，科技企业必将加快寻求实现数据中心节能减排的绿色升级方案，倒逼形成更加健康可持续的运营模式。一个令人欣喜的事实是，目前中国国内数据中心的发展已经迎来了“政策红利期”。2020年3月4日，中央政治局常务委员会会议提出：要加大公共卫生服务、应急物资保障领域投入，加快5G网络、数据中心等新型基础设施建设速度。显然，“东风已至”，科技企业要做的就是借风起航。BCG通过参与全球各类绿色咨询项目，为数据中心绿色减排提供了一系列举措和方案，不仅提升了数据中心的绿色运营内涵，更帮助其获得了经济效益的巨大反哺。这些做法包括以下内容。

做法1：采购绿色节能的交换设备。作为数据中心的网络核心部分，交换设备在整个体系中扮演着非常重要的角色。科技企业一般通过优选在电源、芯片、端口、风扇等方面表现更好的中高端交换机来实现节能减排，以实现更高的效率和更少的能耗，反过来为企业带来0～5%的成本收窄。

做法2：将数据中心服务器虚拟化。有了虚拟化技术，用户可以动态启用虚拟机（又叫虚拟服务器），每个服务器可以让操作系统误以为虚拟机就是实际硬件。通过这种做法，不仅可以同时运行多个虚拟机，还可以充分发挥物理服务器的计算潜能，迅速应对数据中心不断变化的需求。许多公司通过使用虚拟技术来提高硬件资源的利用率，进行灾难恢复，提高办公自动化，通过效率提升所带来的成本下降幅度可达5%～15%。

做法3：升级冷却技术。数据中心对空调设备控制环境的温度、湿度要求非常高，为使数据中心能高效散热，科技企业采取的降温减排手段包括：检查空气流量并减少漏气，最大限度地采用水冷方式等，而这些做法可最终压缩20%～30%的成本。通过上述努力，科技企业的生产经营活动不仅能更有效地适应低碳社会发展需求，还通过减排措施创造了约50%的降本空间，成功实现了生产效率和经济效益的双赢。

除“降本”之外，对生产和运营过程的绿色改造，同步打开了“增收”的新局面，如图8-3所示。一方面，针对个人客户，科技企业通过绿色生产流程所设计制造的产品，借由“环保”“健康”“可持续”的定位，在环保意识显著增强的年轻一代消费群体里，很可能创造出一种新的“社交文化”或“价值标签”，形成新一轮消费卖点。另一方面，针对企业客户，科技企业的一系列绿色探索和改造，可以提炼总结为一套行之有效的产品和服务解决方案，为其他企业进行绿色赋能，这些都将为科技企业带来新的盈利增长点。

（三）机遇三：通过履行低碳社会责任，科技企业将塑造出更积极的品牌形象、获得更广泛的社会声誉

金杯银杯，不如群众的口碑。除了实打实的经济效益，科技企业通过实施碳中和，还可以获得名为社会效益的无形资产。履行低碳社会责任将成为评判一个企业好坏的价值标尺，对一个企业能否获得消

费者和投资者的青睐产生重要影响。近年来，全球越来越多的企业都在积极响应和落实碳中和行动，实现碳中和成为企业承担社会责任的重要一部分。

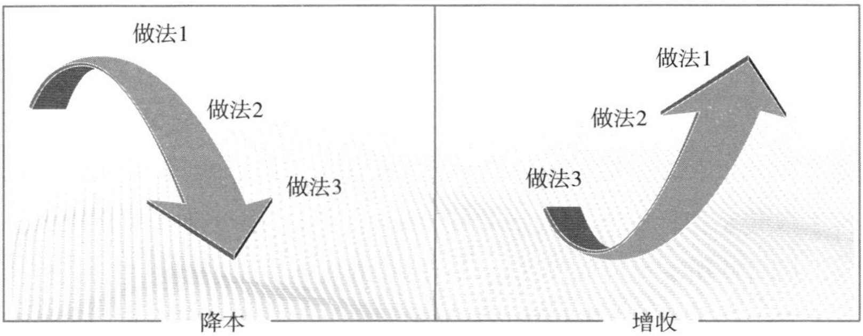

图8-3 绿色生产运营下的"降本"及"增收"

资料来源：BCG分析。

2020年1月，微软宣布要在2030年实现碳负排放。同年，包括微软、耐克、星巴克在内的9家大型企业组建了一个名为Transform to Net Zero的全球碳中和组织，旨在分享减少碳排放的资源和策略。

苹果公司在过去十多年对每一款产品都进行供应链碳排放的调查，并发布产品碳足迹结果。而谷歌已在碳智能领域形成了经验，如利用风能和太阳能为数据中心供电，应用人工智能来预测电力需求。

华为每年都在节能减排、循环经济、可再生能源等可持续发展项目上设立短期和中长期目标，并发布相应的可持续发展报告。[①]

一方面碳责任的履行与否，将重新定义新时代的好公司。从人才

① Polaris Xing. 当"碳中和"势在必行，好公司如何践行"碳责任"[EB/OL].（2021-03-22）[2021-09-30]. https://www.michaelpage.com.cn/advice/management-advice/diversity-and-inclusion/1631421.

的角度来看，越来越多的人才也将企业是否履行社会责任作为选择雇主的考量因素。从消费者角度来看，未来的消费者也更愿意为能够扛起社会责任的、有担当的、有作为的企业买单。从投资者角度来看，能做到良好的可持续发展，同时还有着社会责任心的企业，毫无疑问也更容易获得资本的青睐。这些无形资产，难以用金额来直接衡量，却是必然产生价值的社会效益。

另外，社会效益自带放大功能。在践行碳中和过程中，科技企业可以积极借力媒介平台资源，在履行自身义务的同时，注重带动社会大众投身到碳中和事业里来。这样做，无异于同步开展了一次次高质量的正向品牌宣传，对丰满企业形象、强化绿色人设起到很好效果。

比如，对公众开展与碳中和相关的环保科普教育，发起类似健康出行打卡等喜闻乐见的公益环保行动，发起一项自带热搜光环的环保话题。对高科技企业，特别是互联网企业而言，不仅能充分发挥既有的流量和渠道优势，还能进一步强化曝光自身品牌，借自身强大的社会和网络影响力，推动形成人人参与、人人尽责的健康社会生态。

第二节
国内外领先的互联网高科技企业碳中和发展实践

从世界范围来看，自2020年以来，各国地区纷纷提出本国地区的碳中和目标：美国和欧盟提出2050年实现碳中和，日本则提出在

2050年前实现碳中和。以碳中和为代表的气候政治已经成为各国地区塑造国际形象、提升国际影响力的最新舞台，任何一个大国都不希望在这一轮围绕碳排放议题的承诺与行动中落后。

在美国，居于行业前列的几大科技巨头都先后做出了零碳排放的承诺，已经成为碳中和进程中的重要参与者。亚马逊、微软、谷歌、脸书、苹果等科技巨头均提出了本公司雄心勃勃的碳中和计划，部分企业甚至已经实现了100%使用可再生能源。最具雄心的脸书甚至承诺到2030年实现全价值链碳中和目标。

早在2007年，谷歌就已经承诺逐步实现碳中和，并由此成为了第一家承诺碳中和的科技巨头。为了履行承诺，谷歌付出了很多努力。例如，谷歌很早就自行开发了高能效的制冷系统，把其数据中心的耗能量降到了行业平均值的一半。2016年，谷歌又联合DeepMind，用人工智能技术对数据中心的耗能进行了优化，由此降低了30%的耗能。与此同时，谷歌还积极通过购买与自身能源消耗量等量的可再生能源，推进可循环战略等方式辅助降低碳排放。到2020年，谷歌已经基本实现了本公司层面的碳中和。

面对谷歌在碳中和领域取得的成绩，由“环保教父”比尔·盖茨缔造的微软也不甘落后。2020年，微软宣布将在2030年之前实现碳负排放，并在2050年，消除该公司自1975年成立起所排放的碳总量。为了实现这个目标，微软不仅通过购买可再生能源电力，以满足数据中心100%的日常电力需求，还预计在2030年前，用低碳燃料（如氢气）取代柴油发电机作为数据中心的备用电源。除此之外，微软还积极应用CCUS，开始对其历史碳排放量进行逐步抵消。根据微软2021年2月公布的信息，微软在宣布2030年碳负排放承诺的第一年里，碳排放量减少了6%，约73万吨，并通过全球的26个项目，采购了可消除130万吨碳排放量的解决方案。同时，微软还首度发布了《环境可持续发展报告》。这份年度报告不仅回顾了微软对于碳负排放的承诺，也涵盖了微软在保护水资源、推进零废弃以及打造用于收集有助于提升全球生物多样性数据的“行星计算机”等方面的努力。

与美国科技巨头相比，我国的互联网巨头提出碳中和目标的时间稍晚，但为此付出的相关努力却并不落后。例如，在2021年3月12日植树节当天，蚂蚁集团也提出了碳中和承诺，并预期在2030年达成这个目标。此外，在2021年2月末的世界移动通信大会（MWC）上，华为副总裁周桃园提出了华为数字能源零碳网络解决方案，具体包括极简站点、极简机房、数据中心、绿电四个方面。①未来，华为将融合智慧能源云，助力运营商应对内外挑战，推动运营商向低碳、绿色、可持续发展方向努力。

一、国内互联网高科技领军企业的“富春山居图”

国内互联网高科技领军企业的低碳路径有着较高的一致性，主要聚焦三个方面来实现节能减排。一是减少数据中心能耗。数据中心是互联网企业产生直接排放的最主要源头，优化数据中心的能耗水平，目标就达成了一半。二是改良企业内部运营模式，主要是针对员工，通过倡导、实施低碳环保的办公行为，使企业由内而外地闪烁出“绿光”。三是加强用户绿色行为引导。主要是针对外部，通过发挥互联

---

① 极简站点：从室内刀片发展到室外刀片，全面实现杆站化，以降低能耗、省电费、省租金。

极简机房：对于新建场景，以机柜替代机房；对于扩容场景，免改线缆、免增空调，以节省能耗、空间及工程。

数据中心：通过全预制化、模块化建设重构架构，缩减建设周期；通过融合高密、高效节能的方案重构供电，提升效率，并实现预测性维护；通过间接蒸发冷却和iCooling等解决方案，重构温控；通过智能运维解决方案重构运维，提升效率。

绿电：将绿电引入站点、机房、数据中心等，实现全场景叠光，打造绿色联接和绿色计算。

网企业多样化的产品、渠道和流量优势，引导广大用户积极参与绿色低碳活动，树立生态保护意识，养成绿色行为习惯。此外，能力强大的公司，还可以积极赋能外部行业，带动全社会一起减碳降排。

目前，国内互联网高科技领军企业已纷纷跟进，联想、百度、阿里、腾讯、京东、字节跳动等企业都已汇入碳中和大潮。联想、百度、京东等的低碳实践，甚至作为案例被纳入了BCG与联合国全球契约组织共同发布的全球首份《企业碳中和路径图——落实巴黎协定和联合国可持续发展目标之路》报告。值得一提的是，联想在2020年12月15日由彭博（Bloomberg）发布的中国内地上市公司“环境、社会与公司治理（ESG）披露表现排行榜”上，位列第一。纵观排名前20的公司，MSCI评级①A级以上的才5家，而联想是唯一一家获AA级的企业，为全球同业最高等级。②能力越大、责任越大，像联想这样的行业头部企业，有义务也需要有觉悟，把绿色低碳当作一项功在当代、利在千秋的事业，为同行建标立杆。

案例8-1　联想——人类失去联想，绿色将会怎样

作为国民认知度和接受度超高的科技制造企业，联想曾以一句著名的广告语——“人类失去联想，世界将会怎样”风靡全国。近年来，

---

① MSCI是一家提供全球指数及相关衍生金融产品的国际公司。MSCI指数作为全球投资组合经理采用最多的基准指数，其ESG评级结果为全球各大投资机构决策的重要依据。目前MSCI ESG评级覆盖MSCI ACWI指数的2 800多成分股，主要参考企业的ESG报告、官方网站、新闻报道等公开信息，从ESG的角度评估公司的可持续发展绩效，评估企业面对的ESG风险、核心业务的潜在机遇以及行业普遍关注的ESG议题。

② 资料来源：《每天一个新发现，联想在碳中和大趋势下价值空间》，雪球，2021年.

无论是产品本身还是品牌影响力，联想的“热搜度”都稍显平淡，这次回归视野，竟是作为全球行业领先的一员来“助绿江南岸”，老牌企业的魅力在碳中和时代再次得到了印证。

举措一：降低生产环节碳排放

联想属于高科技制造企业，其工艺制造、产品生产环节是内部排碳的核心。联想在其制造业务中，创新采用了新型低温锡膏工艺（LTS）。所谓新型低温锡膏就是熔点为138℃的锡膏，正是由于熔点低，用这种膏体来连接电脑元器件时，一旦温度过高，膏体就会熔断，因此可以使能耗也保持在一定范围内，有效解决了困扰电子产品制造流程十几年的三“高”难题：高热量、高能耗、高碳排。据测算，新型低温锡膏工艺可实现降温70℃焊接，使印刷电路板组装工艺的能耗和碳排放量减少35%。截至2021年4月，联想已售出超过3 700万台使用低温锡膏生产线生产的笔记本电脑，并且将超过90%的ThinkPad笔记本电脑和超过20%的IdeaPad笔记本电脑切换为使用该工艺[①]，累计减少二氧化碳排放量7 500吨，相当于37平方千米森林一年可吸收的温室气体量。

举措二：提升能源利用率

说到底，只要绕不开“电”，也就绕不开在生产过程中对能源使用的优化。事实上，早在2020年年初，联想就登上了由美国非营利组织As You Sow和加拿大市场调查公司Corporate Knight发布的Carbon Clean 200名单，成为中国内地企业中使用清洁能源最多的公司。为了进一步减少能耗，提高能源利用率，联想合肥工厂在2020

---

① 资料来源：《企业碳中和路径图——落实巴黎协定和联合国可持续发展目标之路》，BCG与联合国全球契约组织，2021年7月27日。

年实施了空调系统水蓄冷和直供电等重大的节能项目。2020年，这些项目共节省了412.5万千瓦时电量。联想武汉工厂的深冷制氮项目在2020年8月投入使用，完全取代了变压吸附制氮技术。对于氮气需求量大的制造工厂，深冷制氮技术比变压吸附制氮技术每单位气量节约0.05千瓦时电量。这一项目的实施对联想武汉工厂实施能源优化和绿色制造发挥了重要作用。①

举措三：高度重视供应链减排

根据《企业碳中和路径图——落实巴黎协定和联合国可持续发展目标之路》发布的结论，通常来说，互联网企业产生的范围2碳排放量较高，而科技公司产生的范围3排放量较高。对联想而言，其产生的范围3排放量显然不容忽视。为了切实降低供应链排放，联想要求一级供应商依据全球标准汇报碳排放情况。在联想的影响下，约90%的直接供应商（按支出计算）制定了公开的温室气体减排目标。此外，联想还组建了专门的全球供应链可持续发展团队，帮助供应商实现可持续发展。从2021年开始，联想面向供应商发出了有关科学减排的问卷调查，了解并分析了供应商在设立科学减排目标方面面临的挑战和困难，并根据供应商的需求举办了培训课程。截至2021年4月，这一系列相关举措取得了很好的成效，成功鼓励了采购支出高达3.6亿美元的几家关键供应商已经或准备做出科学减排的承诺。②

举措四：技术赋能各行各业

从联想展现的技术溢出来看，人类不能失去联想，绿色也不能失

---

① 资料来源：《企业碳中和路径图——落实巴黎协定和联合国可持续发展目标之路》，BCG与联合国全球契约组织，2021年7月27日。

② 同上。

去联想。联想积极扛起自己的社会责任，通过运用新IT工具（新一代信息技术），让更多产品、企业和行业的二氧化碳排放量肉眼可见地降低，在助力实体经济各行各业碳中和方面，发挥了巨大作用。一个典型的做法是，联想通过工业互联网，远程感知能源企业的设备运行状态；通过监测数据、分析运营状态，打造了一套预测性维护方案，这一做法可有效提高风机利用率和发电效率，使运维成本降幅达5%。截至2021年7月，联想已累计为中石化、国电、东风等近200个大型企业提供了智能化转型服务。

联想的实践兼具了科技行业和制造行业的共性，相关做法，值得一句“碳”为观止。接下来，通过国内互联网龙头企业的丰富案例，我们将更加鲜明地感受到高科技行业在碳中和实践上的共振与个性。

案例8-2　华为——让科技与自然共生[①]

华为作为全球领先的ICT基础设施和智能终端提供商，其愿景和使命是把数字世界带入每个人、每个家庭、每个组织，构建万物互联的智能世界，这个智能世界同时也应是绿色的。为此，过去30年，华为秉持着“让科技与自然共生”的理念，始终坚持围绕客户需求进行创新，为客户提供创新领先的绿色产品与解决方案，助力构建可持续发展的绿色世界。具体来讲，华为主要从减少碳排放、加大可再生能源、促进循环经济三个方面，为构建一个绿色、可持续的数字世界贡献力量。

① 资料来源：《华为2020年可持续发展报告》，华为，2021年。

举措一：将可持续发展设计理念融入产品全生命周期

通过创新的技术和产品促进各行业的节能减排和循环经济发展，共建低碳社会。以华为PowerStar方案为例，通过构建分层分级的节能方案，在保障网络性能和质量稳定的前提下，采取“软硬结合”方式为无线网络智能节能。目前，这一方案已在中国、南非、摩洛哥等全球多个国家进行了验证和交付。在中国已商用40万站，每站每天节省1.5千瓦时电量，每年可累计节省2亿千瓦时电量。

举措二：推动可再生能源应用

截至2020年，华为数字能源已应用于170多个国家和地区，为全球1/3的人口服务，累计绿色发电3 250亿千瓦时，节约用电100亿千瓦时，绿电生产和节约量相当于约减少二氧化碳排放量1.6亿吨。以中国宁夏为例，自2016年起，华为助力宝丰集团在生态治理的枸杞园区上方建设了大型光伏园区。在实现绿色发电的同时，光伏板的铺设可有效减少约30%～40%的土地水分蒸发量。短短几载，当地荒漠的植被覆盖率已提升约86%，区域气候显著改善。

举措三：持续践行绿色运营

在企业自身运营上，华为也秉持“绿色、低碳、可持续”的发展理念，致力于减少生产、运营等过程以及产品和服务全生命周期对环境的影响。2020年，华为推动前100名供应商中的93家完成碳减排目标设定；华为园区光伏电站全年发电量达1 260万千瓦时。同时，在产品研发、制作和生产过程中，坚持用更环保的材料，更耐用的产品，更绿色的包装，更少的废弃物，促进循环经济发展。

举措四：科技赋能环保组织和生态伙伴

在保证自身绿色低碳发展的同时，华为还积极与环保组织和伙伴合作，通过创新的ICT数字技术，更好地监测、保护和维系良好的生态环境，让自然受益于科技。从2019年开始，华为与雨林保护组织RFCx合作，利用华为云AI和手机，在雨林中布置太阳能声音监测系统“自然守卫者”——一旦出现盗伐异响，该系统便会第一时间报警，有效监测和防止雨林盗伐。截至2020年年底，“自然守卫者”已部署在全球5大洲的18个国家，帮助当地环保人员和生态学家们用科技守护自然和生物多样性。此外，华为还和世界自然保护联盟（IUCN）启动了为期三年的“科技守护自然”项目，致力于为全球300多个自然保护地提供数字技术创新和数字技能支持。

案例8-3　百度——珍视绿水青山，践行永续发展

2021年第一季度，百度在其官网上先后发布《绿水青山 永续发展——百度2020年低碳发展专项报告》和《百度2020年环境、社会及公司治理（ESG）报告》。这两份报告既是对百度公司2020年全年环境绩效的总结回顾，也是国内科技巨头为行业碳中和提供的生动实践方案。2021年6月22日，百度正式公布在2030年实现集团运营层面的碳中和目标，并且承诺将通过技术赋能助力其生态伙伴碳中和的实现。下面我们重点介绍百度的三大举措。

举措一：针对数据中心——寻求清洁方案，打造绿色心脏

数据中心是支持百度集团业务的基础设施底座，全年不间断地为百度的产品输送动力，为超过10亿用户提供服务，可承载万亿级搜索数据、百亿级定位数据、百亿级图像和视频数据。对火电的依赖导致了数据中心碳排放的居高不下。因此，一次卓有成效的尝试是，通过使用清洁低碳能源、提高能效来降低数据中心的碳排放，助力

实现碳减排和碳中和目标。2020年，百度签约的风电数量较上年增长50%，达到4 500万千瓦时，绿色风电为基础设施底座提供源源不断的动力。除风电外，太阳能也是一种优质可再生能源。早在2015年，百度云计算（阳泉）中心的太阳能光伏发电项目就已经开始充分利用屋顶空间，成功运行并完成并网发电，年发电量约为120 000千瓦时，成为中国首个应用太阳能光伏直接并网发电技术的数据中心。2020年，百度全部自建数据中心年均PUE①达到1.14，基础设施能耗相较行业平均水平PUE1.59降低了76%，能效最高单体数据中心年均PUE低至1.08，节能减排能力在行业内处于领军地位。

举措二：针对内部员工——推行绿色办公，迈入绿色旅程

建立健全企业内部绿色制度体系。百度制定了《百度科技园能源管理制度》等管理办法及《百度各大厦设备设施节能运行方案》等节能方案，始终坚持绿色可持续理念，并将其积极融入日常运营管理的每个环节。

强化办公运营过程中的资源使用管理。百度坚持对水、电、天然气、汽油等各项资源的使用情况进行科学化管理，建立专项统计台账进行记录；于每月进行《能源消耗分析报告》编制工作，展开差值原因分析并确定下一步拟采取的节能措施。2020年，百度在百度科技园办公区建起了3组雨水收集池，共计1 400立方米，收集的雨水用于园区绿化灌溉，这有效提升了对水资源的循环利用效率。

通过上述行动，百度2020年度节能减排项目总体取得了十分可观的环境收益，详见表8–1。

---

① PUE（Power Usage Effectiveness，电源使用效率）值是衡量数据中心能效的国际通用指标，为数据中心消耗的所有能源与IT负载消耗的能源之比。PUE值越接近于1，表示一个数据中心绿色化程度越高，用于非IT负载的基础设施能源和损耗越少。

表8–1 百度2020年度节能减排项目汇总

项目类别	项目名称	环境收益
能效提升	新风系统热回收	节电180万千瓦时，节约天然气15万立方米 减少碳排放量1 426吨
	车库照明智能改造	节电30万千瓦时 减少碳排放量183吨
	其他能效项目	节电32.6万千瓦时 减少碳排放量199吨
清洁交通	新能源电动班车	减少碳排放量357.9吨
	新能源汽车充电桩	
可再生能源	太阳能集热板安装	节约天然气18立平方米 减少碳排放量380吨
资源循环利用	雨水收集系统	雨水再利用5 000立方米 减少碳排放量200千克
	冷却塔节水改造	节水1万吨 减少碳排放量400千克
污染物管理	降氮减排	锅炉二氧化碳排放量小于3毫克每立方米 氮氧化物排放量从120毫克每立方米降至25毫克每立方米

资料来源：百度官网，BCG分析。

举措三：针对外部用户——借助百度产品，倡导绿色生活

（1）百度地图绿动计划鼓励全民低碳出行，全年碳减排超2 000吨

2020年9月8日，北京市交通委员会、北京市生态环境局携手百度地图等，共同发起“MaaS出行 绿动全城”主题行动，这是中国首次以碳普惠方式鼓励市民全方式参与绿色出行的行动。如图8–4所示，用户使用百度地图App（手机软件）为公交、地铁、自行车、步行等绿色出行方式进行路径规划及导航，结束后即可获得对应的碳减排量，而积累的碳减排量可以在百度地图上兑换多种权益或礼品。

图8-4　百度绿动计划移动端展示效果

资料来源：百度地图。

截至2020年12月，百度地图“绿动计划”覆盖地图全量北京用户，累计活动访问量超过195万次，累计产生碳减排量超过2 000吨。其中，单个用户最高已累计产生超过4吨碳减排量，绿色出行公里数超过10 000公里。同时，百度地图通过提供实时路况预测与智能推荐出行方案，减少车辆在拥堵过程中因频繁起步停车而消耗的大量燃油。根据计算，在拥堵路况下，车辆怠速3分钟与正常行驶1公里所消耗的燃油量是相当的。

（2）智能交通赋能低碳出行方式的推广，推动产业链碳中和

作为人工智能的领军企业之一，百度输出智能交通的全链条减碳技术，推动生态链的碳中和实现。通过智能交通、智能交运、智能网联、智能停车等落地场景解决方案，结合百度智能电动汽车量产、MaaS出行服务、自动驾驶无人车服务等方式，百度构建全链条减碳技术路径，助力全国道路交通碳排放量减少。

- 百度智能驾驶：智能货运车辆可节约10%的油耗，可使得全国所有货运车辆每年节省约3 000万吨的油耗。
- 百度自动驾驶：百度计划于2023年年底，将萝卜快跑软件（Apollo Go）从目前的北京、长沙、沧州拓展至30个城市，3 000辆无人车，服务300万用户。

（3）百度知识类平台助力无纸化教育传递，进一步减少非必需的纸张使用

百度推出的百度百科、百度知道、百度文库等知识类产品平台，构成了庞大的知识内容体系和无纸化教育资源。百度百科词条数超过2 200万；百度知道通过问答互动，累计为用户解决5.9亿个问题，日服务人次5.2亿；百度文库分享在线式互动文档，汇集8.8亿高价值文档、课程等教育资源。

百度通过电子化的知识共享和文档存储，提高了信息传输的效率，让教育更加简单，同时减少了非必需的纸张使用，节约了自然资源。此外，百度云也通过百度网盘为个人用户提供便利的云端存储和传输服务，减少了实体硬盘的使用，降低了实体产品从生产到报废过程中的一系列资源和能源消耗，为产品低碳赋能，减少个人碳足迹。

案例8-4　阿里巴巴——迈向零碳时代[①]

针对“3060”双碳目标，阿里巴巴加快低碳前沿技术研究，全面引领绿色低碳生活方式，创新发行绿色债券，以实际行动迈向碳中和时代。

① 资料来源：《奔向零碳时代》. 阿里云基础设施（微信公众号），2021年。

举措一：重视应用碳中和技术优化数据中心

过去几年，阿里云致力于打造数字经济时代基础设施，不断向低碳生产迈进。2020年，阿里云自建基地型数据中心交易清洁能源电量4.1亿千瓦时，同比上升266%。阿里云杭州数据中心是全球最大的浸没式液冷服务器集群，其服务器浸泡在特殊冷却液中，PUE逼近理论极限值1.0，每年可节电7 000万千瓦时，节约的电力可以供西湖周边所有路灯连续亮8年；而广东河源数据中心，采用深层湖水制冷，2022年将实现100%使用绿色清洁能源。

举措二：重视对客户的绿色行为引领

（1）数字化赋能

2020年新冠肺炎疫情暴发后，阿里巴巴发力数字基建，向全社会开放即插即用的数字化产品，一方面帮助中小企业降本提效，另一方面也提升了不少企业的绿色值。比如，阿里云协助开发的攀钢“钢铁大脑”，目前每生产1吨钢节省1.28千克铁，每年可节省1 700万元炼钢成本；阿里云协助垃圾焚烧发电企业瀚蓝环境提升了23%的燃烧稳定性。此外，2020年闲鱼用户上架10亿件闲置用品，闲置流通促成更多浪费变消费。而如果从2017年算起，闲鱼回收旧衣5万多件、旧书2 370万本、手机366万台、大家电145万台。银泰喵街全年累计回收空瓶20 000多个，通过收银无纸化、发票小票电子化，节省1 600吨纸。

（2）低碳“618”

2021年被称为碳中和元年，阿里巴巴在“618”活动筹备过程中，将这次“618”活动定义为更绿色低碳的消费节日。其成立的菜鸟物流也宣布打造全链路绿色解决方案。也是在“618”期间，饿了么平台累计送出无餐具订单2 000多万单。在“告别最后一张小票”后，银泰喵街在“618”联手十多个化妆品大牌发起绿色联盟，空瓶回收量较去年翻了一番。这些巨头们以身作则的一系列举措在生活中影响着消费者，在宣传“低碳”概念的同时也带动了用户们节能减排的积极性。

（3）绿色“天猫双十一”

2020年，阿里巴巴积极践行绿色发展理念，联合内外部多方力量，在数据中心、物流、平台、商家和消费者共同参与下，合力打造了一场绿色“天猫双十一”活动。

- 绿色数据：2020年“天猫双十一”活动的电商交易支付、物流等环节，由张北、乌兰察布、河源、南通、杭州五大超级数据中心合力支撑。在新一代绿色“黑科技”的加持下，每一万笔电商交易的耗电量已经控制在2千瓦时电以内。仅“天猫双十一”一天，就能为社会节省超过20万千瓦时的能耗量。
- 绿色包装：菜鸟供应链利用智能装箱算法，“天猫双十一”期间为1 200万个包裹瘦身；天猫超市、零售通与菜鸟一起推广品牌原箱发货和旧箱回收利用，可实现70%的包裹发货不再用新纸箱；菜鸟联动海内外500多个商家，“天猫双十一”期间实现减塑重量达7.9万公斤。
- 绿色面单：阿里巴巴联动快递公司使用“一联单”电子面单，“天猫双十一”期间节省纸张超过22亿张。

举措三：创新发行绿色债券

阿里巴巴发行绿色债券是国内互联网巨头中最独特的一项做法。2021年2月，阿里巴巴发行10亿美元的20年期绿色债券，募集资金专门用于绿色建筑、能源效率、新冠肺炎疫情应对、可再生能源、循环经济以及设计等领域，它也成为亚洲互联网行业中首家发行绿色债券的企业。

案例8-5　腾讯——全景式俯瞰碳中和未来[①]

2021年1月12日，腾讯宣布启动碳中和，并表示已经在欧洲与部分火电厂合作打造智能火电厂。根据其规划书，腾讯将在数据中心提效、智慧能源、智慧农业、智慧出行等方面减少碳排放。3月下旬，腾讯碳中和全景图首度公开。如图8-5所示，目前，腾讯公司正在从数据中心、公司运营、产业助力、公益教育四大方向发力，积极推进碳中和相关举措。

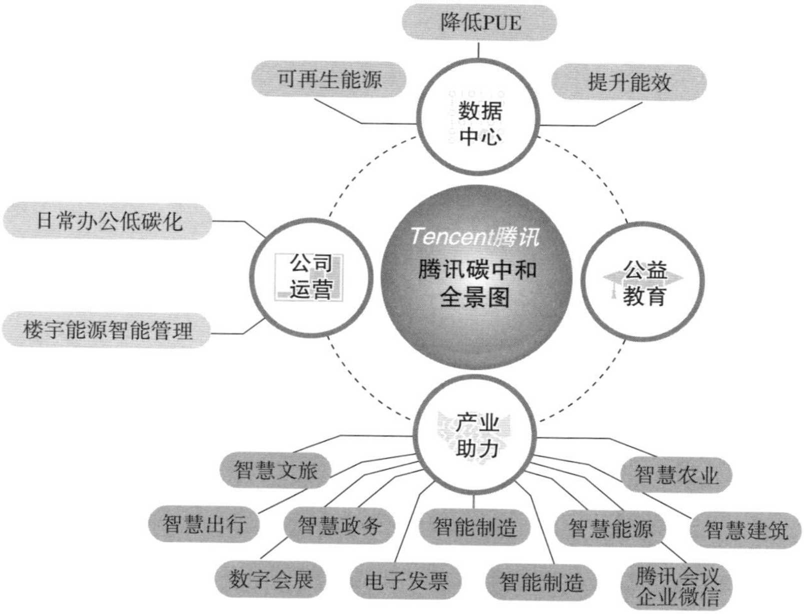

图8-5　腾讯碳中和全景图

资料来源：腾讯官网，BCG分析。

① 腾讯云. 腾讯云：一图揭秘腾讯碳中和[EB/OL].（2021-03-25）[2021-09-30]. https://www.ideacarbon.org/news_free/54453/?pc=pc.

举措一：绿化数据中心

首要的依然是绿化数据中心。腾讯积极探索光伏、水电、风电等可再生能源应用，不断通过架构及技术革新降低数据中心PUE，同时，不断加强软硬件技术研发，提升服务器能效。比如腾讯的天津数据中心，根据余热回收原理，正在研究节能应用的方案。按照这套方案，如果回收天津数据中心冬季全部的余热，将热量用于采暖，可覆盖的面积达到46万平方米。这些热量如果被用于家庭采暖，可满足5 100多户居民的用热需求。这套方案能减排二氧化碳量达5.24万吨，相当于种植286.4万棵大树产生的碳排放当量。2018年建成的腾讯贵安七星数据中心，经工业和信息化部实测，其极限PUE小于1.1，相比之下，同期国内数据中心的平均PUE约为1.73。此外，即将交付的腾讯清远数据中心液冷实验室，更将实现极限PUE低于1.06的高节能效果。

举措二：绿化公司运营

以位于深圳的腾讯滨海大厦为例，滨海大厦的屋顶就像一座“海绵城市”。8 000平方米的广场上铺装的生态陶瓷透水砖，可以大量吸存和净化雨水。南北塔楼屋顶上的陶粒层可以达到净化雨水和减缓雨水流速、削减洪峰的效果。除了这些，大厦也通过技术能力，全方位推进办公节能。办公区采用的智能照明系统，每年可节电约132.61万千瓦时。大楼的墙体按照深圳日照规律设计，自带遮阳系统，也能节约不少电。仅腾讯滨海大厦一地，每年可节省总电量超过598万千瓦时。腾讯滨海大厦也因此于2017年获得国际性绿色建筑认证系统LEED NC金级认证。

举措三：产业助力

产业助力即技术赋能。通过助力智慧出行，腾讯从建设、管理、运营、服务四个维度提出智慧化解决方案，助力城市交通网络的智慧化升级，在提高交通效率的同时降低碳排放量。通过助力智慧政务，腾讯积极推动政务协同办公平台推广落地，实现无纸化办公，降低政务服务领域的碳排放量。在2020年新冠肺炎疫情期间，通过提供绿色“云办公”场景，腾讯会议支撑超过1亿人远程沟通，5个月节约社会成本714亿元，有效减少出行能源消耗。根据生态环境部与中华环保联合会旗下组织测算的报告，腾讯会议平均每次在线会议减少的碳排放量，相当于约20棵树每年产生的碳汇量。基于该结论，扣除占用数据中心所产生的碳排放量，自腾讯会议上线以来，用户使用这款产品减少了超过1 500万吨的碳排放量。另外，通过赋能智能建筑，腾讯云微瓴智慧能效产品利用AI能力以及微瓴平台，在建筑、园区场景中帮助客户降低碳排放量、提升运营效率。目前上述各类项目帮助客户每年节约电能750万千瓦时，减少碳排放量7 477.5吨。

举措四：树立绿色品牌

通过公益教育进一步树立腾讯的绿色品牌。比如，微信运动，倡导的就是一种绿色社交方式；腾讯志愿者协会发动志愿者参与腾格里沙漠植树公益活动；腾讯天美工作室加入“玩游戏，救地球”联盟，带动玩家更好地应对气候挑战等。目前，腾讯也正在加速制订更加具体、科学的碳中和实践规划，以期推动上下游合作伙伴进一步节能减排，同时助力社会各行各业提升能效，并借助自身平台能力增强用户碳中和意识，为碳中和目标贡献力量。

案例8-6　字节跳动——将绿色储存到未来[①]

字节跳动的相关低碳实践，对行业绿色引领也有着举足轻重的作用，主要包括以下几方面。

举措一：打造绿色数据中心

字节跳动深度参与了所有为其提供服务的大规模数据中心的节能减排工作，在数据中心选址、设计和施工过程中均会优先考虑环保因素。其中，数据中心选址多在风能和太阳能等清洁能源富集地区；同时，数据中心建设采用工厂预制化设计和钢结构框架，减少了施工污染。2020年，字节跳动绿色数据中心采用领先的间接蒸发自然冷却技术，已将传统数据中心PUE从2019年的1.16进一步降至1.14。相较2020年全国数据中心PUE均值为1.8～2.0，字节跳动绿色数据中心的建设成效已经远超行业水平，也明显优于1.4的国家标准线。

举措二：持续推行绿色办公

字节跳动在办公区设计、施工和日常使用等方面严格遵循环保原则，尽可能降低环境污染和资源、能源浪费。公司办公楼宇均采用智慧照明系统，使用LED低功耗灯具，通过人员感应自动实现照明开关，避免下班忘记关灯造成能源损耗。公司工区的班车已有60%采用新能源动力，2020年仅此一项就减少了65.08吨的二氧化碳排放。公司实行无纸化办公，2020年全年在飞书（字节跳动旗下企业协作平台）上共创建超过2 000万篇文档。这些文档如果用A4纸打印堆叠起来，接近于珠穆朗玛峰的海拔高度。

① 资料来源：《字节跳动2020年企业社会责任报告》，字节跳动，2021年。

举措三：积极践行绿色公益

2020年，字节跳动联合国家林业和草原局、自然资源部等组织发起多项环境保护活动，包括“无条件写作日·爱地球专场”“有生命的宝藏”“我为大自然代言”等，号召大家关爱自然生态环境，保护野生动植物，一起做地球的守护者。活动期间，全网总曝光量6.88亿，累计15 300位头条创作者发布相关内容32 032篇，共同为自然发声、为家园呼吁。在公司内部，字节跳动也积极组织闲置物品捐赠活动，将闲置的电脑、小垃圾桶和毛毯送给社会中更需要的人。2020年，公司累计捐赠115台闲置电脑，帮助有需要的贫困大学生、失学女童；累计捐赠小垃圾桶1.6万个，足以排满一个7 140平方米的国际标准足球场。

诚然，以上这些头部公司为绿色低碳做出了诸多成功示范，但对整个互联网高科技行业而言依然存在很大的提升空间。比如，在碳中和规划方面，有的企业还未设立起明确的工作时间线和工作路线图，包括何时实现、如何实现，以及实现什么程度的碳中和；此外，大多数企业的相关举措也主要聚焦内部减排，作为科技赋能者，其对政府、社会、行业的影响力还有待进一步提升。

事实上，这些问题依然存在于行业内大多企业中。因此，我们有理由把目光转向国外领先的互联网科技企业，在已经迈过快速工业化阶段，甚至早已实现碳中和目标的宏观背景下，它们可供借鉴的长板与经验，也许能为中国科技行业加速碳中和带来新的灵感。

二、国外互联网科技巨头的碳中和布局

信息技术产业是美国重要的支柱产业之一，这也意味着它是各个产业中的碳排放量大户。近几年，随着全球变暖危机的加重，不少互

联网科技巨头开始加入节能减排的行列，并在2020年纷纷提出了自己实现碳中和的目标。如表8-2所示，截至目前，美国互联网科技巨头均已推出了明确的碳中和目标日程计划。如谷歌已经在2017年通过购买可再生能源，抵消所使用的非可再生能源以实现100%的可再生能源使用，并计划在2030年，通过零碳发电及存储技术完全实现100%可再生能源使用；微软承诺在2030年成为一家碳负排放公司；同样在2030年，苹果计划实现供应链与产品碳中和；亚马逊定下的目标是在2040年实现碳中和。

美国互联网科技巨头争相提出企业的碳中和目标和路线图也说明，碳中和不仅事关国家的国际竞争力与影响力，也是企业关注全球气候变化，具有强烈的社会责任感的重要表现。企业的碳中和雄心也侧面说明了企业有着较高的技术与管理水平，有能力改变传统的对高碳排放发展模式的路径依赖，适应第三次能源革命对其提出的新要求。

表8-2　美国互联网科技巨头碳中和目标日程计划表

时间节点	亚马逊	微软	谷歌	脸书	苹果
实现碳中和时间节点	2040年	2030年碳负排放	2007年（公开承诺逐步实现碳中和）	2030年（全价值链）	2020年（公司运营层面）2030年（供应链与产品）
实现100%可再生能源使用时间节点	2025年	2025年	2017年	2020年	2018年
消除历史碳足迹时间节点	尚无该目标	2050年	2020年	尚无该目标	尚无该目标

资料来源：BCG分析。

案例8-7　微软的“大理想”

我们将微软作为国外科技企业碳中和的经典案例来分析，其相关实践与国内互联网企业有着较高的相似性。在此基础上，微软关于价值链上下游企业的减排赋能、设立低碳基金等做法，有着明显区别于国内企业的优秀经验，有助于我们取长补短。

微软的“中和史”——不仅面向未来，还要改变过去。回溯历史，微软的“碳中和”实施路线大致如下。

2009年，微软设立了首个碳减排目标。2012年，微软确立了碳中和的大方向，并在同年对内实施碳排放计价，使得各业务单元承担其相应的排放成本。2012年至今，微软公司的碳中和重点放在了提升其数据中心用电构成上，也就是不断提升可再生能源发电的比例。无论是国内还是国外，数据中心都是科技企业耗电的重头，是减排的着力点。

按照规划，微软要在2025年之前，实现全公司数据中心的用电100%来自可再生能源；并在2030年，首度实现碳负排放。所谓碳负排放，就是生产运营排放的碳将低于其通过植树造林或碳捕捉技术所消除的碳。当别人还在忙着排碳的时候，微软已经成为人类社会中的“绿色植物”。但微软的目标仍未停步，再往后推20年，到2050年，微软描绘了自己的“大理想”——消除自公司1975年成立以来所有累计的碳排放足迹。

减碳利器1：不断提升数据中心的可再生能源占比，实现源头控碳

在提升数据中心绿色属性的做法上，国内外的做法并无根本性不同，主要做法是逐步将数据中心的电能来源，由非可再生能源替换为可再生能源。

2016年，微软数据中心的用电有44%来自可再生能源；2017年，

这个占比达到了50%；2019年末达到60%；预计到2023年年末，将达到70%。目前，瑞典已经有了100%应用可再生能源的成功案例，这为微软在2025年实现目标提供了更大信心。

目前，微软寻求可再生能源主要通过两个渠道："求人"或"求己"。

"求人"是指借助外部力量，与欧美风场、太阳能厂商等合作，直接签订直购电协议，即直接从这些清洁能源发电厂商处买电，从而绕开依靠火电的电网系统。2013年，微软在得克萨斯州签订了第一份直购电协议，协议期限长达20年，主要依靠风能来获取电能；2017年，签了一份直购电协议，为期10年，也是依靠风能，该风场位于阿姆斯特丹；2018年，又签了一份协议，从2022年开始生效，靠的是弗吉尼亚的太阳能发电。

"求己"是指由微软直接发起投资，建造清洁能源发电设备，从而实现清洁电能的自给自足。2020年9月27日，微软宣布与SSE Airtricity公司合作，成立一家发展可再生能源的新企业。SSE Airtricity是爱尔兰领先的可持续能源公司，为当地无数居民提供环保资源。微软和SSE Airtricity合作的具体做法是，利用爱尔兰现有的能源网连接新的太阳能电池板，并把这些电池板布放到各个学校的屋顶上。在为人们带来更多电力的同时，学校也可以减少碳足迹和能源支出。

减碳利器2：建立内部碳税机制，强化员工行为养成，实现内部控碳

为了让碳减排融入员工日常工作，微软早在2012年就开始执行内部碳税政策。每个部门会根据自己的碳排放情况，支付内部碳税，碳税覆盖碳排放的所有类型。通俗地讲，如果你下班不关电脑、打印只印单面，这些行为都会导致更多的碳税；因差旅产生的碳排放，都将被归入碳税进行支付。与此同时，针对大量员工长途差旅的情况，微软联合外部旅行社一起为员工设计更低碳环保的出行方案，通过提

升交通效率来减少碳排放。这样做既保护了环境，还帮员工省下一笔碳税支出。

2019年，微软又宣布了新的内部碳税率，将加倍征收公司各运营部门的碳排放费用，上调税率至每吨碳排放15美元。这项碳税并非是只计算而不收取的影子税。微软的每个部门都会根据自己的碳排放量来支付这项费用，而这些费用将用于可持续发展方面的改进措施。在2021财年第一季度，微软又公布了最新的相关进展，称其已将内部碳税扩大到其所有业务部门，并且"越管越宽"，更新了针对供应商的行为准则，目的是让供应商也必须具体说明其碳排放状况。

除了上述直接体现在金钱上的碳中和约束，微软每年还会积极寻求来自员工对碳中和的智力支持。微软每年内部会举办为期一周的编程马拉松，组织者提出一个特定的碳中和相关话题，大家针对话题，群策群力、共同探讨、设计一套有效的减排方案。这样做可以使员工的意识和行为得到进一步巩固和深化，公司内的低碳工作氛围也会越来越浓厚。

减碳利器3：强化供应链赋能和外部伙伴合作，推动外部减碳

如前所述，在科技行业的碳排放组成里，碳排放量最高的环节不在自身，而在价值链。帮助价值链中的上下游企业节能减碳，才是科技行业加速实现中和的关键，这也是目前我国国内科技巨头相对薄弱点所在。

为帮助上下游企业，微软背靠自身的Microsoft Azure云业务，开发了一系列针对下游用户的碳排放及能耗管理工具。这些工具可以协助客户加深对自身碳排放的理解，推动客户从主观上加强碳管理，为进一步推动减排奠定扎实的基础。如表8-3所示，介绍了微软开发的加强下游用户碳管理的两款工具。

表8-3　微软开发的加强下游用户碳管理的两款工具

工具名称	基于Microsoft Azure的碳排放量化数字分析工具：可持续发展计算器（Microsoft Sustainability Calculator）	基于Microsoft Azure的能源管理解决方案：建筑隐含碳计算器（Embodied Carbon in Construction Calculator）
功能价值	可持续发展计算器是一个帮助用户计算其云服务碳排放量的工具。利用Power BI仪表盘分析其使用的与Dynamics和Microsoft Azure相关的云服务产生的温室气体排放量，并通过一段时间的跟踪，分析碳排放量变化的根本原因。 此外还可以通过碳核算测量微软云服务对用户碳足迹的影响，并计算如何通过将其他应用程序和服务转移到云中来进一步减少碳排放。可持续发展计算器通过云数据导出可持续信息报告，在提高碳排放透明度的同时实现数据量化分析，帮助客户更好地了解并减少基于云服务产生的碳排放①	建筑隐含碳计算器是一个用于揭示建筑材料中隐含碳的免费开放式平台，于2019年11月推出并托管在Microsoft Azure上。建筑隐含碳计算器从经过第三方验证的环境产品声明（EPD）中提取数据，对可用材料的碳含量进行比较，从而使用户能快速做出采购决定，选择对气候影响最小的材料。 现在有超过10 000个用户使用建筑隐含碳计算器。该平台还拥有一个全球近5 000种建筑产品的主要材料类别的碳含量数据库。Google Cloud和DeepMind开发了一个工业自适应控制平台，通过自动控制商业建筑、数据中心和工业设施的供暖、通风和空调系统，在全球范围内实现机器学习，从而实现节能，并将这些解决方案提供给工业企业和建筑管理软件商

注：Microsoft Azure是微软基于云计算的操作系统，主要目标是为开发者提供一个平台，帮助其开发可运行在云服务器、数据中心、Web（全球广域网）和PC个人计算机上的应用程序。

资料来源：微软官网，BCG分析。

为进一步扩大科技赋能的溢出效应，2017年6月，微软正式启动了地球人工智能计划（AI for Earth），将自身的AI及云计算能力

① 腾讯研究院. 数字工具箱如何助力碳中和？看国外科技企业如何做[EB/OL].（2021-06-15）[2021-09-30]. https://www.36kr.com/p/1269451881240457.

提供给寻求环境问题解决方案的组织，并形成平台级服务，进一步协助其他组织开展研究。地球人工智能计划是微软第一个主要的“AI for”系列项目，微软在2017年承诺，将在未来4年内投资5 000万美元资助农业、生物多样性、资源保护、气候变化和水资源等五个关键领域的人工智能开发。

2017年，7月12日，微软正式对外宣布推出全新AI项目，意味着地球人工智能计划的全面实施落地。微软的赋能逻辑是这样的：地球的环境保护离不开相关领域的专业知识，要获取那些极为专业的知识，往往成本很高、代价很大。微软的工作就是创造工具，使环保知识的获取成本大大降低，为众多的研究人员和非营利组织创造良好的信息传播环境，实现对这些重要群体的工具赋能和信息赋能，从而推动环保事业的长效发展。

微软设计了一个基于三个支柱的程序：接入和访问、教育和创新。在接入和访问方面，微软将通过拨款资助，来帮助研究人员和组织获取云计算资源和人机交互资源，包括访问Microsoft Azure计算时间和Microsoft Azure上的数据科学虚拟机产品等。在教育方面，微软将提供新的培训和教育机会，以确保科研人员和相关组织知道可用的AI工具、如何使用这些工具以及工具如何帮助满足他们的具体需求。在创新方面：微软也希望鼓励他人根据AI的力量和潜力进行创新。微软将与其他人合作，展示AI如何快速、准确、高效地交付结果，比如运用AI技术实现精确地保护资源或实现智能农业。

通过加入这一计划，最终提出卓有成效的环境保护方案的个人或组织，都能获得微软的奖项和资金激励。在2018年，该项计划实施的第一年，微软和《美国国家地理》杂志就共同公布了11位人工智能地球创新奖的获奖者。获奖者来自五大洲的6个国家和8个地区，他们通过微软的Microsoft Azure做了一些利于环保的有趣探索，比如来自英国的极地科学家Joseph Cook希望开发出利用AI、无人机和卫星技术来探索冰冻圈变化的工具等。他们除了获得45 000美元到200 000美元不等的奖金外，还将获得免费使用微软 Microsoft Azure上的机器学习工具的权利，还可以与美国国家地理实验室相关项目合作。[①]微软支持最有前途的项目，组建一个多学科团队来帮助其制定市场策略，以进一步放大这个项目的环保实效。截至2021年9月，全球已有来自120个国家的862个项目获得资助。

减碳利器4：为降碳减排设立专项创新基金，强化减碳保障

为了实现碳中和，微软成立了专项基金，用于鼓励碳减排领域的新技术发展。2013年，微软设立了内部基金会，支持碳中和项目的推进。2020年年初，微软又启动了10亿美元气候创新基金，以鼓励开发新的碳减排和清除技术。

如表8-4所示，气候创新基金根据四大原则，通过投资项目、债券、股权等方式加速技术开发和创新。

表8-4 气候创新基金四大原则

原则一：气候影响	原则二：共同目标	原则三：资金不足的市场	原则四：气候公平
投资具有直接气候影响的解决方案，如在碳排放、水、废物处理和生态系统建设领域有可衡量意义的方案	投资与微软及微软客户核心业务相关的技术	投资尚未拥有足够资金去实施气候解决方案的市场或领域	确保发展中经济体和服务欠缺的地区也能受益于气候解决方案

资料来源：微软官网，BCG分析。

此外，微软还积极参与社会绿色领域的公共议题，利用自身企业

① 威锋网.微软宣布人工智能地球AI for Earth创新奖获得者[EB/OL].（2018-12-14）[2021-09-30]. https://www.sohu.com/a/281833426_161062.

的品牌影响力和话语权，推动支持碳减排研究、监管透明化、市场价格机制的建立健全，努力消除碳交易的信息不对称等。

案例8-8 苹果的碳减排实践[①]

苹果公司2020年的碳排放当量为2 260万吨（范围1+范围2+范围3），并已经实现公司运营层面碳中和，大部分碳排放源于产品的生产和流通以及使用环节。根据其《2020年环境进展报告》，苹果全球各地的零售店、数据中心和办公室目前都采用100%可再生能源；iPhone 12和Apple Watch Series 6中的再生钨用量达99%；Macbook电脑中，有40%的材料为可再生材料；自2015年碳排放量达到峰值以来，苹果的整体碳足迹已有40%的降幅。

苹果计划在2030年前减少75%碳排放量，同时为剩余的25%碳排放量开发创新性碳清除解决方案，并且承诺将在2030年实现供应链与产品100%碳中和。图8-7为苹果历年范围1与范围2碳排放量示意图。

苹果公司的碳中和实践与微软的实践框架基本一致，主要包括以下几方面。

1.能源优化

利用可再生能源。2011年，苹果被绿色和平基金会评为“最不绿”的科技公司，自此，苹果开始意识到自己必须做出改变。2012年，Tim cook公布2013年将实现数据中心100%可再生能源，通过直购电和直接投资等手段，于2013年如期实现目标。自2015年起，苹果开始推动实施供应商可再生能源计划，因苹果发现其超过75%的碳

① 资料来源：《碳中和行业专题研究：全球科技巨头在行动》，天风证券，2021年。

排放都来自制造供应链，故通过设计推出新产品项目，使超过110家公司供应商承诺，将会使用百分百的可再生能源进行日常生产。这承诺一旦实现，每年将会减少1 430万吨的碳排放量，相当于每年300万辆汽车的碳排放量。

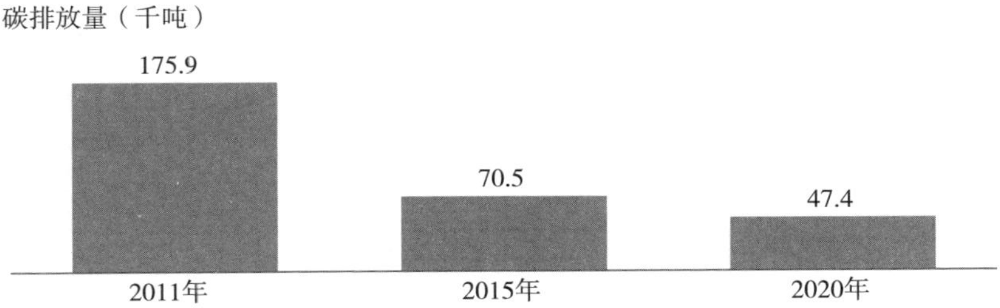

注：2020年数据包括碳补偿。

图8-7 苹果历年范围1与范围2碳排放量

资料来源：苹果《2020年环境进展报告》。

2. 内部控碳

一是设计低碳产品。2020年，苹果为Mac设备的需求度身定制了一款更加高效的芯片，Mac mini改用Apple M1芯片后，降低了设备使用的能耗，并使其整体碳足迹有了34%的减幅。二是创新工艺与材料，成功改用再生的及以低碳工艺制成的材料，包括新款 MacBook Air、Mac mini和新款iPad等设备在内，已有多款产品的机身用上了100%再生铝金属。而2020年发布的其他产品机身上使用的原生铝金属，则均以水电而非化石燃料冶炼成材，产生的碳影响更小。得益于这些改变，自2015年以来，苹果与铝金属相关的碳排放量已降低了72%之多。

3. 赋能价值链企业

自2019年起，苹果要求供应商不但报告各自的碳排放量，也要上报他们的减排目标。公司会在适当情况下协助供应商开展评估并解决技术问题，常见项目包括更换陈旧落伍或效率低下的加热、制冷和照明系统，修复压缩空气泄漏，回收生产过程中的余热等。同时，公司还通过研讨会和培训来提供支持，例如以数天的课堂培训让员工完成一个结业项目。苹果与供应商携手采取联合行动来加快碳中和进程，已避免了逾90万吨的供应链年化碳排放量，相比2019年又有44%的进步。

4. 运用绿色基金①

2018年7月，苹果宣布在中国推出首个全新的投资基金，以实现供应商与可再生能源的紧密联系。自此之后的4年间，苹果和10家率先加入的供应商将共同向中国清洁能源基金投资近3亿美元。该基金在中国投资和开发总计超过1千兆瓦的可再生能源，这相当于近100万个家庭的用电量。同时，苹果还积极投资林业项目，通过自然的解决方案实现节能减排。

5. 理念输出

输出环保理念，传授自身成功经验。苹果为其供应商提供实施能效改进的成本收益分析，并为供应商提供面对面培训。

源头减排、内部碳税、买直购电、AI赋能价值链、外部合作、设立基金等种种努力，使微软的碳中和实践为全球碳减排树立了一面不容忽视的旗帜。特别是在科技赋能价值链、强化方案和服务创新以及专项基金设立上，都为中国科技企业碳中和提供了新的借鉴和思路。

---

① Apple. Apple在中国推出全新清洁能源基金[EB/OL].（2018-07-13）[2021-09-30]. https://www.apple.com.cn/newsroom/2018/07/apple-launches-new-clean-energy-fund-in-china/.

纵观美国其他几家龙头科技企业，谷歌、脸书的具体减碳实践，也一直在上述措施框架内，只是因其投入规模、推进时间、对接的上下游产业特性不同而有所差异。比如，相比于微软和谷歌，亚马逊的业务价值链和实体经济关联更大，其碳排放量也相对较多。为了扭转高碳排放的局面，亚马逊也付出了很多努力。从2015年起，亚马逊就启动了名为Shipment Zero的“绿色包裹”计划，致力于将其涉足的所有运输流程净零碳。为了实现这个目标，亚马逊首先调整了自己的能源使用结构，目前在其使用的能源中，已经有一半来自可再生能源。预期到2025年，它将实现100%的可再生能源使用。与此同时，亚马逊还积极用更为环保的电动车替代燃油车。预计到2030年，其使用的所有车辆都会被替换为电动车。此外，亚马逊还积极对物流中的包装进行调整，使用了100%的可回收包装，这样就进一步降低了物流环节的碳排放量。

第三节
“小我”与“大我”的和谐统一：中国科技企业可用“三步走”战略引领零碳发展

在碳中和背景下，中国的互联网高科技企业要实现绿色可持续发展，需要思考如何实现“小我”与“大我”的和谐、有机统一。

实现“小我”，是微观意义上的碳中和，事关企业自身——具体如何实现碳中和目标？需要有效利用哪些资源？这些都事关企业层面的目标实现。通俗地讲，就是要“办好自己的事”。

实现“大我”，是宏观意义上的碳中和，这是科技本身赋予行业的特殊使命——在碳中和目标实现的过程中，如何发挥科技对各行各业的赋能优势？如何充分运用技术手段激活碳中和的示范与扩散效应？超越自我，成就“大我”，这是每一个科技企业在新时代无比光荣的使命与职责。

一、迈出第一步：科学设定碳中和目标，是开好局、起好步的关键

虽然国内外领军企业提供了先进行业模板，但碳中和不是顺着前人走过的路，按部就班就能实现的。特别是对于尚未具备相应能力的国内互联网企业，在系统性推进碳中和计划前，必须结合自身实际，设定科学合理的碳中和目标，制订切实可行的碳中和规划。若非如此，碳中和工作就很容易成为企业发展的负担、流于片面的形式，对企业、员工和社会都将带来不利影响。

（一）定量与定性

那么，该如何科学设定碳中和目标，迈出关键的第一步？我们认为，要包含定量、定性两大方面内容。

定量部分，需明确何时实现何种标准的碳减排目标，既要有方向，又要能落地。定性部分，需结合企业所处行业生态特点，与国家整体绿色低碳规划相结合——既要有一定高度，体现行业减碳的贡献力，又要具备一定的包容性；不要一味求快求多，搞“大跃进”；要能体现较强的号召力，在推进目标过程中，能带动全社会一同参与到碳减排的事业中。

（二）遵循三大原则

在细化确定上述两方面目标内容时，企业要遵循以下三大原则。

1. 合理可行

碳中和目标设定需从企业现实情况出发。长期愿景的确立需基于企业减排潜力与能力进行综合分析、判断。一方面，可在碳核算基础上，估算企业整体减排空间；另一方面，通过对企业技术、资金实力的评估，判断自身碳减排实力。因碳中和是一项长周期、系统性工程，在设立长期愿景后，企业还需分解、明确阶段性任务，稳扎稳打、循序渐进，不断牵引最终目标的达成。

2. 战略契合

碳中和目标设定需顺应整体战略。碳中和作为企业关键战略举措之一，应与企业愿景、整体战略保持一致，避免冲突。同时，碳中和作为企业社会责任的重要组成部分，应从整体性出发，理顺两者之间的关系。

3. 顶层共识

碳中和目标设定需获得核心高管的认同与支持。企业实现碳中和是一项长期、复杂的事业，核心高管需就碳中和远景目标、实施路径、实施方案达成充分一致，并为目标实现提供强力支持。

（三）国内互联网科技公司在四方面大有可为

总结前文所列示的国内外先进企业案例，我们认为，国内互联网科技公司在四方面均大有可为。

- 能源结构优化。为数据中心提供替代性清洁能源，将大幅改善互联网科技公司的碳排放现状。

- 能源效率提升。针对暂时未能形成清洁替代的传统能耗场景，应寻求更加节省、高效的能源利用方案，使碳排放“慢一点，再慢一点；少一点，再少一点”。
- 科技赋能实现。通过技术手段、提供服务方案，为供应链的上下游企业实施绿色赋能，不断降低价值链碳排放量倍数。
- 社会责任投资。通过单列环保类专项资金额度，为碳中和工作提供全面的资金保障。

二、迈好第二步：建立企业减排“三大聚焦”工作框架，实现“小我”目标

根据企业能耗与碳排特点，我们能比较清晰地建立起关于互联网科技企业的减排“三大聚焦”工作框架——聚焦结构、聚焦效率、聚焦技术。

（一）优化结构

科技公司90%的碳排放源于数据中心和建筑楼宇，因此，当务之急是着力提升清洁能源占比。从实践来看，互联网与高科技企业可灵活运用自建、交易、投资等手段，提升企业无碳、低碳能源使用比例。

- 自建：通过在数据中心、办公园区部署太阳能光伏装置，搭建水力发电设备等方式，直接产生并使用低碳能源。比如：亚马逊在全球累计搭建68个太阳能屋顶；微软在园区探索水力发电，同时其数据中心备用氢燃料也已测试使用成功，目标是摆脱柴油备用燃料。

- 交易：进行电力交易，包括与风场、太阳能厂商签署电力购买合约与购买绿证。比如谷歌与欧洲、美洲、亚洲各地的风场和太阳能厂商签署直购电合约，巩固未来其10～20年的可再生能源来源。
- 投资：投资持有或建设风能、太阳能发电厂。以苹果为例，其2019年在全球使用的电力中，有83%来自其自设项目提供的清洁电力。

（二）提升效率

提升能源使用效率，既要聚焦暂未获得清洁能源替代的传统能耗场景，也要聚焦日常办公、商旅出行等存在节能减排空间的场景。企业可利用硬件、软件技术优势，如高效系统集成、高效制冷、高效水处理等硬件技术及人工智能算法进行照明、温度调节等软件技术，降低自身业务发展与日常运营整体能源需求。比如谷歌通过开发和使用高能效的制冷系统，大幅降低数据中心所需能耗（仅为行业平均耗能的一半）。

1. 加强对传统能耗场景的数据监测

一来，升级数据中心的能源结构并非一朝一夕，在尚未完全摆脱对火电发电的依赖前，持续做好对数据中心能源使用活动数据的监测也十分必要。通过测算可以实时掌握数据中心能耗与碳排放情况，从而根据实际做好动态优化调整。测算内容包括直接电力使用量（数据中心耗电、自发电抵消）、直接热力使用量（数据中心温控耗能）、制冷剂使用量、电子设备和配件使用量（设备、配件的生产能耗）等。要通过员工日常监测维护，并通过引入第三方专业供应商来获得上述数据。此外，数据中心的电池系统也存在较大优化空间，目前数据中心备用电池普遍选用浮充备用型电池，该种电池容量与体积大、功率低、成本高、一致性差、寿命短，有时因运转过热还会导致站点停机。企业可以采取高倍率铅酸蓄电池、高压直流锂电池、“储能+备电应用模式”等相对更优的储能方案，来进一步提升能源效率、降低减排强度。二来，要加强对日常办公能耗数据的监测，包括员工日常通勤能耗、企业用车能耗、员工差旅能耗、办公耗材或宣传物料产生的能耗等。这一做法有利于互联网企业借鉴微软的碳税举措，通过有效监测、计量各部门、员工日常办公的排碳情况，以较为精确、量化的方式对相应行为征收碳税。这样做既能加强对日常办公能耗的情况掌握，还能因此建立起有效的碳约束和碳激励机制。

2. 加强日常绿色办公理念推广和行为养成

第一，倡导低碳差旅。特别是员工有着大量商务出行任务的企业，应积极创造条件或鼓励员工在不影响工作成效的前提下，采取远程线上会议或跨办公室会议，出行时采用公共交通或新能源交通工具，并尽量选择离目的地近的酒店入住，减少重复、无效的旅途能耗。第二，打造节能型办公室：加快内部办公全流程的线上替代，实施无纸化办公；倡导使用非瓶装饮用水，减少塑料制品的使用；除非必须，会议材料尽量减少纸质呈现，降低各类耗材使用；在结束会议或办公后，坚持随手关闭各类电器电源，养成良好节能习惯。第三，有条件的企业，应积极探索开发推广碳足迹App，通过App与个人绑定，实现对个人碳足迹的全面追踪和测算。可以通过组织内部竞赛来进一步强化激励相关分值高的员工，最终给予其相应的奖品和表彰等。事实上，上述尝试，均是BCG在公司内部已经成功实践并被证明行之有效的方案。目前，BCG通过上述举措已经让员工对日常低碳办公建立起了强大的信念感和执行力。

（三）更新技术

互联网企业是技术创新高地，在碳减排过程中，充分运用好自己的优势才是最“经济”的。例如，企业借助AI技术直接减少能耗，推动碳减排，享受“近水楼台先得月”的技术便利。在契合自身优势的同时，也要积极借助外部力量。特别是非头部的互联网企业，在技术条件尚不成熟的前提下，可积极探索与外部机构联合开发技术以解决碳减排中的难题，或者通过直接投资相关科创企业，实现碳减排技术的开发和应用，这些都有助于企业碳中和目标的加速实现。

当然，技术为我所用还只是“小我”的实现，技术更令人期待的所在，是赋能行业升级，带动全社会共享技术溢出的红利，加速实现绿色转型。

三、迈向第三步：积极推动科技溢出效应不断放大，追求“大我”境界

（一）维度一：科技赋能——赋能B端

目前，传统工业与能源行业仍是碳排放的主要来源，其中，钢铁行业碳排放量占整体能源结构比重达21.6%，化学品与塑料行业占比达20.7%，水泥行业占比达15.8%……传统工业与能源总体占比超过80%，作为技术和创新发源地的科技企业，有能力也有义务帮助各行各业通过技术革新、模式创新来加快全社会碳中和目标的实现。具体来看，互联网与高科技企业可通过技术输出、资源输出、理念输出赋能B端生态伙伴，引导其碳中和目标的实现。

- 技术输出：搭建技术平台，赋能企业节能减排。比如谷歌联合Deep Mind通过机器学习，对数据中心冷却系统进行优化（可节省30%的能源），进一步将该技术开发为工业调控平台，帮助其

他企业进行建筑节能；如微软开发可持续性发展计算器进行碳足迹的分析计算与碳排放情况的实时可视化，帮助Microsoft Azure使用者理解其工作产生的碳排放，并计算潜在减排举措带来的减排量，以鼓励采取相应的减排措施。

- 资源输出：设立绿色基金，支持减排事业发展。比如亚马逊在2019年成立现在气候基金（Right Now Climate），投入1亿美元用于造林绿化项目；在2020年成立气候宣言基金（Climate Pledge Fund），计划投资20亿美元支持其他企业创造可持续发展的产品、技术与服务。
- 理念输出：输出环保理念，传授自身成功经验。比如：微软使用Power BI构建审计管理系统，更新供应商行为准则，并要求其披露碳排放数据；苹果为其供应商提供实施能效改进的成本收益分析，并为供应商提供面对面培训；亚马逊启动环保包装计划，鼓励厂商采用更加简单且100%可回收的商品包装。

案例8-9　BCG中国团队通过为领先企业开展气候战略咨询，将相关成功经验、低碳理念灌输给上下游合作伙伴

1. 项目背景

客户是一家全球领先科技企业，在亚洲拥有众多的供应商；客户在亚洲地区启动了低碳和绿色增长计划，以减少生产商合作伙伴的碳足迹。

2. 项目方法

（1）阶段一

- 为每个区域进行市场预测，分析平准化电力成本、技术和经济潜

力以及当地的政策和激励措施。

- 基于管理、经济和工厂具体因素为各个工厂建立决策制定框架（包括各地区的融资方案和潜在合作伙伴）。
- 建立成效评估模型，参考现场发电、直接采购和对第三方项目的投资，为每个工厂对客户企业整体用电情况的影响进行评估。

（2）阶段二和阶段三

- 项目管理办公室（PMO）支持：项目管理办公室继续运营，以确保阶段二交付成果成功执行，与买方、卖方和政策制定者建立良好关系，并促进协议签署。
- 课程开发：为供应商开发在线培训、编写培训材料。
- 供应商门户：创建数据库，用来分享经验、采购文件和分析工具并跟踪采购进度。

3. 项目成效

2016—2018年，实现了200瓦+可再生能源部署，目前来自4个国家、超过50个供应商正在使用BCG编写的培训教材。

（二）维度二：科技赋能——赋能C端

相较于其他行业，科技企业具备天然流量与传播优势，应通过理念宣导、活动倡议、平台搭建，持续培养其C端用户减排理念与行动。具体包括以下四个方面内容。

1. 践行“碳中和”举措，提高用户认知

如企业可以发挥其他销售渠道优势，在企业旗下主要产品（App、网站、小程序等）中，突出显示减排意愿和规划，并定期公布减排进

度。另外，可以采取丰富有趣又多样的形式，如短视频、微电影、长图文、H5等各类形式，加强减排历年的推送和传播。

2. 推广碳中和理念，打造认知与认同

科技企业可以通过信息流方式对碳中和相关的概念、政策、新闻等进行推送，吸引用户对碳中和领域的持续关注。2020年，百度与中国野生动物保护协会、国际爱护动物基金会、世界自然保护联盟等权威机构达成合作，持续引入野生动植物保护优质内容，优化搜索结果，向用户普及科学的野生动植物保护知识。此外，百度与国家林业和草原局、中国野生动物保护协会以及国际爱护动物基金会共同发起倡议，号召企业、用户采取新方式、新工具保护野生动植物，重塑人与自然的关系。

3. 组织碳中和活动，吸引学习与互动

科技企业可以制作碳中和相关趣味课程、游戏、工具，引导碳中和相关专题讨论，提升用户对碳中和领域的专业水准。国内有百度的“绿动计划”和阿里的“蚂蚁森林”等成功实践，国外有像谷歌开发的Your Planet（你的星球）交互式工具，可以帮助人们了解其在食物、能源、水等方面对环境所产生的影响。通过游戏化的体验与教学（如洗碗机要比手洗盘子使用更少的能源和水），提升用户对节能的正确认知。

4. 搭建碳中和平台，鼓励实践与行动

科技企业可以开发碳足迹、碳减排分析工具，鼓励用户积极参与节能减排活动。2017年6月，百度利用百度智能云天工平台，结合物联网、机器学习等技术，打造百度科技园K2智能建筑项目，推动智能控制系统成功实现上线运行。百度通过百度智能云天工设备画像

技术、集成设备功能，根据峰谷电价、区域人员分布、天气温度及其他环境数据实现对建筑设备的整体模式控制，从而提前进行模式切换以降低建筑能耗。与原始运行方式相比，新系统上线后能耗降低20%以上，2017年节电超过150万千瓦时。再如，Microsoft Concur除将用户差旅相关信息集成到Microsoft Outlook 365中，还可预估航班的碳排放量，帮助用户比较不同差旅选择的碳成本和财务成本，以鼓励用户环保出行。

（三）维度三：社会责任投资①

加大对环境和气候方面的投资，加快社会碳中和基础设施、产品创新和制度体系构建，也是互联网科技企业承担社会责任的一大途径。社会责任投资可通过三种渠道实现：气候专项投资、低碳投资原则和绿色金融探索。

---

① 社会责任投资（Socially Responsible Investing，缩写为SRI）是一种特别的投资理念，即在选择投资的企业时不仅关注其财务、业绩方面的表现，同时关注企业社会责任的履行，在传统的选股模式上增加了企业环境保护、社会道德以及公共利益等方面的考量，是一种更全面的考察企业的投资方式。社会责任投资者同时还可以用他们的企业股东身份，通过积极的股东行动，促使企业优化社会责任的履行。

国内首只社会责任公募基金是兴全社会责任基金，成立于2008年。除了追求当期投资收益实现与长期资本增值，该基金同时强调上市公司在持续发展、法律、道德责任等方面的履行。之后，其他一些基金公司也纷纷跟进，推出了相关主题的产品。

比如，成立于2011年3月的汇添富社会责任基金的投资目标是积极履行社会责任，并具有良好的公司治理结构、诚信的管理层，是具有独特核心竞争优势的优质上市公司。建信上证社会责任ETF跟踪的是上证社会责任指数，该指数是以上证公司治理板块中在社会责任履行方面表现良好的公司股票作为样本股编制而成。兴全绿色投资基金致力于挖掘绿色科技产业或公司，以及其他产业中积极履行环境责任公司的投资机会。此外，还有16只公募基金以低碳环保为投资主题。

1. 气候专项投资

气候专项投资是指投资对气候环境有直接影响的公益项目，或具有创新技术的项目、企业或基金。目前，比尔·盖茨（微软联合创始人）、杰夫·贝佐斯（亚马逊创始人）、埃隆·马斯克（特斯拉CEO）等全球商业领袖，均通过投资方式支持包括碳捕获、清洁能源在内的碳中和技术发展，以应对全球气候问题。其中，比尔·盖茨在2015年牵头成立突破能源风投基金（Breakthrough Energy Ventures fund），并已投资20亿美元用于碳捕获等清洁技术，比如2019年投资加拿大碳捕获公司Carbon Engineering。杰夫·贝佐斯于2020年2月成立贝佐斯地球基金（Bezos Earth Fund），基金规模为100亿美元，并于2020年7月启动，专注于投资碳中和技术相关公司；埃隆·马斯克则在2021年提出，将拿出1亿美元奖励开发出最佳碳捕获技术的个人或公司，竞赛具体内容安排还特地选在2021年的世界地球日公布。

专题研究：

部分新型减排技术概览

目前，以重力储能、碳捕获、氢还原及Power-to-X为代表的新型减排技术，已经获得有社会责任感的资本背书。这些新型减排技术有望从不同环节助力碳中和。当然，这些技术仍在研究、推进阶段，尚未具备成熟的应用推广条件。

- 混凝土重力储能：利用起重机将混凝土重块进行吊起、吊落，以近似于抽水蓄能的原理进行电能与势能转化，实现储能。该技术比化学储能成本更低，相较于抽水蓄能地理条件要求小。
- 碳捕获：从工业生产或化石燃料燃烧的排放中分离出二氧化碳，

完成捕获后将其注入一定深度的地下岩层封存或再次利用。碳捕获可有效实现对已排放温室气体进行回收及再利用。

- 氢还原：使用氢气作为还原剂替代焦炭与铁矿石中的氧反应，氢气与铁矿石中氧气反应生成水，实现炼铁过程零排放。
- Power-to-X：意为电力多元化转换，指的是用可再生能源电力生产低碳气体或液体燃料。该技术可以将多余电能通过电解和进一步的合成过程转换成液态或气态甲烷、甲醇、柴油等化学能源进行存储。电转合成燃料可应用在交通运输、供冷、供热等多个场景。目前，在全球范围内，电力多元化转换总装机容量目前仅略超10万千瓦，但根据目前拟在建项目，预计到2030年电力多元化转换总装机将超过1 100万千瓦。

2. 低碳投资原则

著名的KKR集团（Kohlberg Kravis Roberts & Co. L.P.，简称KKR）一直致力于解决ESG问题，并因此设置了专业团队及相关业务流程，保障在投前、投后管理中的每个阶段都融入对相关环境问题的思考，从而实现负责任投资。2008年，KKR与环境保护基金（EDF）合作，启动了第一个前瞻性ESG项目——绿色投资组合项目（GPP）。绿色投资组合项目是一项运营改善项目，透过“环保视角”评估KKR参与的私募股权被投企业的主要业务活动。该项目运作6年后，分布在亚洲、欧洲和北美的25家公司已经实现12亿美元的财务影响（节省的成本与获得的额外收入的累加估值），避免了230万吨的温室气体排放、630万吨的废弃物和2700万立方米的用水量。

2020年，KKR对230多家企业进行ESG尽职调查，并制定了77个行业尽调报告模板以反映可持续会计准则委员会（SASB）认定的财务上有影响性且关键的ESG议题。自2008年1月1日至2021年3月

21日，KKR私募基金向为社会提供关键环境解决方案及社会问题解决方案的企业投资共约72亿美元。[①]

◎ 专题研究：

ESG投资业务流程[②]——来自KKR的启示

KKR为ESG投资设计的高效业务流程，帮助企业在绿色低碳领域取得了积极成效。

1. 投前涉及的三项内容

第一，ESG筛查。确定目标公司及其管理方、发行方、相关赞助商是否在ESG方面存在潜在问题。

第二，尽职调查。评估目标公司所在行业/资产类型的主要ESG风险及机遇，包括气候变化风险。咨询可持续会计准则委员会提出的行业重大议题。

第三，投委会决议。思考在ESG方面如何与目标公司合作创造价值，讨论潜在的ESG风险及价值创造机会，并对相关指标进行跟踪。

2. 投后涉及的三项内容

第一，持续追踪。在内部报告系统中记录投前发现的ESG相关问题，并持续跟踪相关数据和信息，并按期出具投资者报告。

第二，投后管理委员会。在投后管理委员会的会议中，提出目标公司的主要ESG风险与机遇。

① 资料来源：《KKR2020年ESG报告》，KKR，2020年。

② 资料来源：《KKR负责任投资政策》，KKR，2020年。

第三，管理与监控。记录ESG、声誉、跨投资组合相关的问题与进度，用于持续跟踪及投资者报告的撰写。深度参与部分被投企业的ESG价值创造工作。

3. 绿色金融探索

社会责任投资理念本身自带绿色基因。随着政策明确将有效利用绿色信贷、绿色债券、绿色股票指数和相关产品、绿色发展基金、绿色保险等金融工具为绿色发展服务，社会责任投资在绿色金融方面的探索也将驶入发展快车道。比如新加坡的淡马锡控股（Temasek Holding）就打造了包括绿色融资、绿色投资与资管、跨境绿色资产交易以及创新绿色金融业务（绿色保险、基于区块链的绿色债券等）四大业务在内的绿色金融业务体系。绿色金融相关内容将会在本书第九章作全面详述。

中国作为全球碳排放量最大的国家，实现碳中和任重道远。无论是实现自身碳中和，还是赋能碳中和，中国互联网高科技企业都注定躬身入局。在碳中和背景下，新的挑战无法避免，新的机遇也蓄势待发。国内有百度、阿里巴巴、腾讯、京东（BATJ）等老牌互联网巨头企业以及字节跳动等后起之秀，为行业碳中和树立标杆；国外有大名鼎鼎的亚马逊、微软、谷歌、脸书、苹果等巨头为全球科技碳中和先行开路。中国科技企业低碳转型有前车之鉴，有政策红利，一切都大有可为！在推进碳中和事业的过程中，我们认为可以采取三步走战略。

迈出第一步，充分考虑现实情况、宏观战略与高层支持，科学设定碳中和目标，是开好局、起好步的关键。

迈好第二步：结合自身技术、资金优势，控能耗总量、调能源结构、除历史排放，建立企业减排“三大聚焦”工作框架，实现“小我”目标。

迈向第三步：通过技术、资源、理念输出赋能，推动社会整体碳中和，推动科技溢出效应不断放大，追求“大我”境界。

通过上述努力，相信中国科技企业能在“小我”与“大我”的有机统一下，成功实现零碳的可持续发展目标，为全球碳中和推进提供一份来自中国的高分答卷和清洁方案。

第九章
金融行业：
完善绿色金融能力，驱动全产业的碳中和转型

在联合国的推动下，全球已有110多个国家和地区宣布2050年之前实现碳中和的目标。2020年中国提出“3060”双碳目标，2021年全球第二大碳排放国美国宣布重返《巴黎协定》，这意味着全球将迈入低碳转型的快车道。

中国实现碳中和目标的时间紧、任务重。这就要求政府及产业界协力采取行动，加速整个社会向低碳模式发展。能源结构转型、运营模式升级、能效提升及碳捕获和储存毫无疑问将产生巨大投融资需求，给金融行业带来崭新的机遇和挑战。

尽管中国的绿色金融发展已经取得了斐然的成绩，但是整体的金融生态及金融机构的能力尚待进一步完善，以满足中国碳中和转型过程中的巨大投融资需求。这不仅需要金融监管机构和决策者进一步完善金融体系的搭建，而且需要金融机构迅速提升其绿色金融运营能力，从而推动自身运营的碳中和以及投资组合的节能减碳，驱动全价值链的碳中和转型。

第一节
绿色金融的战略意义及发展现状

一、绿色金融是实现碳中和战略的关键能力支撑

气候变暖已成为我们这一时代最重要的全球性挑战，各个国家逐渐认识到，如果在10年内不大力制止碳排放和气候变暖的趋势，气候变化将成为21世纪人类面临的最大危机。绿色金融是减缓气候变暖的重要抓手，随着环境问题日益获得广泛关注。绿色金融已经成为金融行业发展的必然趋势。

2016年可谓是我国的绿色金融元年，中国人民银行等七部委发布的《关于构建绿色金融体系的指导意见》给出了绿色金融的定义——绿色金融是指为支持环境改善、应对气候变化、节约和高效利用资源而展开的经济活动，即对环保、节能、清洁能源、绿色交通、绿色建筑等领域的项目投融资、项目运营、风险管理等提供的金融服务。

由此可知，绿色金融要做的是引导资金流向开发资源、节约技术和保护生态环境的产业，引导企业注重绿色环保生产，引导消费者形成绿色消费理念。随着绿色发展顶层设计确立，环境信息披露、环境压力测试等绿色金融基础设施逐步完善，绿色金融体系初步形成，绿色信贷、绿色证券、地方绿色金融等都取得了进展。

不可忽视的是，我国绿色金融在高速发展的同时，仍然存在一些问题。在国家推进碳中和战略的背景下，绿色金融作为重要的能力支撑，只有解决这些问题，才能够更好地推动各行各业的碳中和。

二、中国绿色金融的发展现状

中国绿色金融的发展规模领跑世界，但仍需满足需求缺口、优化产品结构及增强国际认可度。

（一）绿色信贷和绿色债券总体规模世界领先，但是仍存在需求缺口

从产品形态上看，我国绿色金融主要包括绿色信贷、绿色债券、绿色股指产品、绿色基金、绿色保险等。在各种政策的大力支持下，我国绿色金融的实践和市场规模取得了较好的成绩，尤其是绿色信贷和绿色债券的发展处在世界前列。

绿色信贷引导贷款资源向绿色环保项目倾斜，并向绿色产业提供适当利率优惠，对限制和淘汰类新建项目，不提供信贷支持。中国的绿色金融以间接融资为主，银行信贷在社会融资体系中的占比较高。中国的绿色金融起步较早，已经有了比较好的基础。截至2020年，中国绿色贷款余额超过11万亿元，居世界第一。①

在传统债券的基础上，在项目选择、资金使用、跟踪管理和信息披露等方面叠加“绿色”约束的债券属于绿色债券，发行主体可以是政府、银行、市政机构或企业，面向的投资者也无明确的范围限制，关键在于募集资金必须投向绿色项目。

《中国绿色债券市场2019研究报告》显示，2019年中国发行了

---

① 新华社．“十三五”金融改革与开放交出亮眼答卷[EB/OL].（2020-10-14）[2021-09-30]. https://baijiahao.baidu.com/s?id=1680488352329711733&wfr=spider&for=pc.

3 862亿元的绿色债券，占全球债券发行总规模约20%，中国贴标绿色债券发行总量居全球第一。①

依据红杉资本（中国）《迈向零碳—基于科技创新的绿色变革》，2021—2060年，我国绿色投资年均缺口达约3.84万亿元。其中，2021—2030年，我国绿色投资年均缺口达2.7万亿元；2030—2060年，我国绿色投资年均缺口达4.1万亿元，且政府出资仅占10%～15%，社会融资机遇巨大。②

（二）绿色金融产品结构单一，未来需进一步优化产品结构

虽然在规模上我们取得的成绩不俗，但由于我国绿色金融起步较国外晚，离完善的绿色金融体系仍有很大的差距。除了存在需求缺口，绿色金融产品主要以投融资为主，其他产品如绿色资产交易、期权、掉期、期货、指数产品等碳相关的金融衍生品待进一步探索。

（三）绿色金融标准与国际标准存在差异，国际认可度低

目前，中国绿色金融使用的标准与国际标准存在差异，这导致其国际认可度不足。2019年，中国绿色债券发行规模中不符合国际标准的高达43.9%。③差距主要来自募集资金的使用及相关信息披露，比如募集资金的使用不符合《气候债券分类方案》要求——充当与绿色项目或者资产无关的企业一般运营资金，或者投向的项目未能被纳入《气候债券分类方案》，或者缺乏足够的信息来确定募集资金投向。

---

① 气候债券倡议组织，中央结算公司中债研发中心. 中国绿色债券市场2019研究报告[R]. CBI，2020.

② 人民政协网. 发展绿色经济：摸清家底+循环发展[EB/OL].（2020-09-01）[2021-09-30]. http://www.rmzxb.com.cn/c/2020-09-01/2656840.shtml.

③ 气候债券倡议组织，中央结算公司中债研发中心. 中国绿色债券市场2019研究报告[R]. CBI，2020.

三、绿色金融标杆性机构

（一）国家开发银行：成功发行首单碳中和专题绿色金融债券[①]

中国国家开发银行（以下简称“开发银行”）是中国的开发性金融机构。作为联合国全球契约组织成员，开发银行主动践行负责任融资理念，积极履行企业公民社会责任，通过提供多元化的金融产品和服务，助力实现“3060”双碳目标。

2021年3月，开发银行在北京面向全球投资人成功发行首单碳中和专题绿色金融债券，发行规模200亿元，发行利率3.07%，发行期限3年，所募资金将用于风电、光伏等碳减排项目。该债券获得气候债券倡议组织认证。该债券募投的资金严格按照“可测度、可核查、可验证”原则，确保具有切实的碳减排效果，预计每年节约标煤超过730万吨，减排二氧化碳约1 900万吨、二氧化硫约4 300吨、氮氧化物约4 700吨。该债券在境内外同步发行，获得全球投资人的踊跃认购：在银行间债券市场发行金额192亿元，引领金融资源配置向碳中和聚集；在商业银行柜台市场发行金额8亿元，引导社会公众共同参与碳中和行动；其中，境外订单量截至2021年5月超过100亿元，体现了全球金融机构对中国绿色债券市场的认可。

（二）兴业银行：开发多元绿色融资产品，积极参与碳交易相关金融服务及产品开发[②]

兴业银行成立于1988年，是中国首批股份制商业银行之一，现已成为一家以银行业为主体，涵盖其他多个金融领域的中国主要商业

① 资料来源：《可持续发展报告》，国家开发银行，2019年。

② 冯樱子. 提前布局“碳中和” 兴业银行加速向ESG集团演变[N/OL]. 华夏时报，2021-03-13[2021-09-30]. https://baijiahao.baidu.com/s?id=1693751183804895507&wfr=spider&for=pc.

银行集团。兴业银行是中国首家加入赤道原则[①]的银行，在减排行动实践中取得诸多成绩。

1. 开发多元绿色融资产品及服务

像其他金融机构一样，价值链是兴业银行的首要温室气体排放源，尤其是被投项目和企业。因此，兴业银行将发展绿色融资产品视为脱碳进程中的重要支柱。作为国内首家“赤道银行”，兴业银行于2006年率先开展绿色金融业务，已形成涵盖绿色信贷、绿色租赁、绿色信托、绿色基金、绿色理财、绿色消费等多门类的集团化绿色金融产品与服务体系。截至2021年3月末，兴业银行累计为3万多家企业提供绿色融资逾3万亿元，绿色融资余额超1.2万亿元，已成为全球绿色债券发行规模和余额最大的商业性金融机构。在与监管部门、碳资产管理公司合作方面，兴业银行探索成立引导基金、担保基金等产品，同时研究开发碳金融衍生品，包括远期、期货、期权、掉期等交易工具，以及碳指数、碳债券、碳资产支持证券等可交易的结构化创新产品。[②]

2. 积极参与碳交易市场的建设

兴业银行与我国七个碳交易试点省市全部签署了战略合作协议。结合国际和国内碳市场的参与经验，兴业银行为碳市场和交易主体提供了包括交易架构及制度设计、碳交易资金清算结算、碳市场履约、碳资产保值增值、碳资产质押融资、碳交易中介等一揽子金融服务方

---

① 赤道原则是金融机构采纳的一种风险管理框架，旨在确定、评估和管理项目的环境与社会风险。

② 冯樱子. 提前布局“碳中和” 兴业银行加速向ESG集团演变[N/OL]. 华夏时报，2021-03-13[2021-09-30]. https://baijiahao.baidu.com/s?id=1693751183804895507&wfr=spider&for=pc.

案，涵盖了项目建设和市场交易的前、中、后各个环节，并在上海、广东、天津、湖北、深圳等重点区域，作为主要清算银行参与完成碳市场交易、交易系统开户与结算对接。

3. 发挥“领头羊”优势，输出领先实践

兴业银行深谙不同绿色金融标准下银行的角色定位，依托自身专长与经验，参与了国内《绿色信贷指引》《绿色银行评级方案》等多项绿色金融政策的制定。此外，兴业银行还协助中国及其他发展中国家的银行同业开发专有绿色金融解决方案：目前，兴业银行已与九江银行、湖州银行、安吉农商行等20家银行签署绿色金融同业合作协议，为其提供绿色金融专项服务。兴业银行还借助赤道原则等合作伙伴关系，积极协助越南、泰国等新兴市场国家贯彻可持续发展实践。

4. 投资组合碳排放披露

2021年7月14日，兴业银行深圳分行在业内率先发布了《2020年环境信息披露报告》，成为首个公开发布环境信息披露报告的全国性银行分支机构。该报告也是我国首个对外披露商业银行部分投融资活动碳足迹测算方法及结果的环境信息披露报告，为同业提供了可借鉴的经验。

实现碳达峰、碳中和是一场广泛而深刻的经济社会系统性变革。金融机构应该践行绿色发展理念，对标国际标准，积极探索丰富绿色金融产品及服务，支持拓展绿色项目资金来源，降低绿色项目融资成本，助力绿色产业发展，推动经济社会开展全面绿色转型。

目前，绿色金融市场产品供给、产品结构及标准存在的问题，究其根因在于整体绿色生态体系存在一些待改善缺口。为了解决现有问题，我们需要从绿色生态体系角度进行全面思考，统筹布局。

第二节
绿色金融体系的搭建和完善建议

一、绿色金融理想生态体系

绿色金融生态包含政府及监管机构、资产端、资金端、金融机构等多个参与方，以绿色定义与标准、绿色数据以及绿色认证、评级和监控为整个生态运转的基础（见图9−1）。

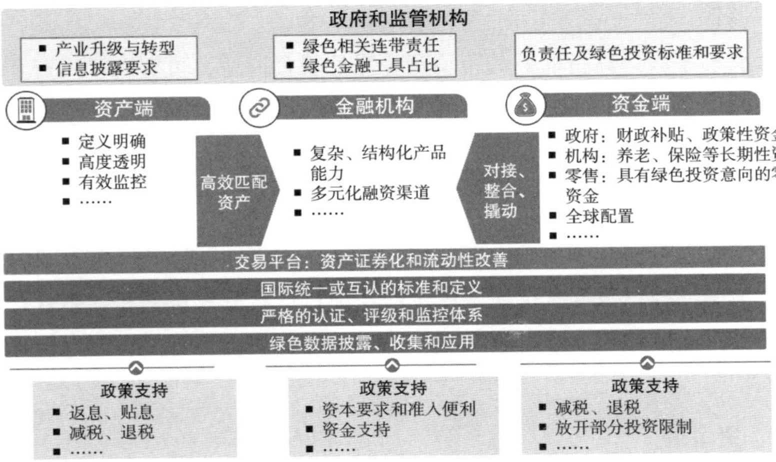

图9−1　中国绿色金融理想生态

资料来源：BCG分析。

一个运转良好的成熟绿色金融生态以协调有力的政策支持为保

障，以国际互认的绿色定义与标准为基础，可实现绿色资产的有效认证、评级与追踪，从而形成信息透明、有效监控的资产。金融机构则凭借强大的产品与结构化能力，借助多元化的融资渠道，实现与包括政府、机构、零售在内的低成本长期性资金的对接，以交易所为平台，完成资产与资金的高效衔接。具体而言，理想的绿色金融生态体系具有以下的特点。

（一）基础设施

- 标准与数据基础：国际认可的、清晰的、量化的、分级的绿色认证标准，完善的认证及追踪流程和信息披露机制；具有完备的绿色数据采集基础设施，可实现对绿色资产的有效认证、评级与监控。
- 交易平台：具备通畅的跨境资金绿色投资通道，可实现境外资金与绿色资产的高效对接。

（二）资产端

基于完善的基础设施，即清晰、量化、分级的绿色认证标准及健全、透明的绿色数据，优质绿色企业与项目可被有效识别和开拓，并且通过严谨的绿色追踪机制，绿色资产也可得到有效监控。

（三）资金端

结合政策引导，金融机构通过专业化投融资能力，充分协同、调动各类参与主体与多种长期低成本资金进入绿色金融领域。长期低成本资金包括中央及地方财政资金、政府补贴，开发性与政策性金融机构的低成本资金，海内外商业金融机构（银行、证券、保险、基金等）的长期资金，具有绿色意识的个人投资者的零售资金。

（四）金融中介

金融机构基于强大的产品与结构化能力，通过绿色信贷、绿色债券、绿色资管等多元化投融资解决方案，服务实体经济的同时确保风险把控、提升综合收益。

（五）政策层面

政府及监管机构分别在资产端、金融机构端、资金端、交易平台端提供有力的政策支持。

- 资产端：运用返息或贴息、税收优惠等政策，提升资产回报的吸引力。
- 金融机构端：适当放松自持、准备金等监管要求，提供准入优待，鼓励运用绿色融资工具。
- 资金端：放开部分投资限制，充分运用税收减免等鼓励政策，有效调动各类参与主体，撬动更多低成本长期资金。
- 交易平台端：放宽境外投资者准入标准，简化境外资金汇入汇出流程，打造境外资金投资快速通道。

二、中国绿色金融生态痛点

中国绿色金融虽然正在蓬勃发展，但仍存在一些痛点，阻碍绿色金融生态的规模拓展和价值创造。

（一）基础设施

- 绿色金融标准不统一且国际认可度仍待提升。
- 绿色数据欠完善，即披露有限、数据源分散，缺少金融科技与数据技术应用来强化信息收集和追踪。

- 金融科技应用不足，即缺少以绿色金融为导向的金融科技应用场景和多来源大数据整合应用。
- 跨境绿色资产流转平台欠缺。

首先，我国尚未形成统一的、与国际接轨的绿色资产和绿色金融工具的标准和认证评估体系。标准和认证评估体系的不一致极大地影响了境外投资者对境内绿色资产的购买意愿。其次，由于绿色相关企业及项目信息披露制度不完善，绿色相关数据分散，且数据技术应用不足，绿色数据采集、整合与应用难度显著，绿色认证、评级、追踪缺乏透明可靠的绿色数据支撑，影响投资者对认证评级结果的信赖程度。最后，以绿色金融为导向的金融科技应用场景缺乏，金融科技的作用未充分发挥。除此之外，跨境绿色资产流转平台的欠缺，也削弱了绿色资产的流动性，影响境内外资金与资产对接效率。

（二）资产端

- 部分绿色资产欠发展，绿色金融资产（包括碳信用）规模和交易通道有限。
- 资产吸引力有待提升，绿色溢价实现周期长，绿色项目外部效应内化和商业化存在挑战。
- 资产分布不均衡，特定行业融资明显不足，融资多集中于领先企业和大型项目，中小企业和项目融资难。按行业来看，绿色交通等领域金融支持力度大，绿色农业和绿色建筑等领域金融支持相对不足。

首先，部分绿色资产欠发展，以碳交易市场为例，全国统一的碳交易市场2021年上线交易[1]，目前仅覆盖电力行业，碳交易市场尚不成熟，交易量较低、流动性不充分，碳金融欠发展。其次，绿色溢价实现周期长，项目绿色性质与回报率无显著关系，资产吸引力有待提升。再次，当前绿色融资主体集中于领先企业和大型项目，中小企业和项目融资难、流动性差，主体信用缺乏下沉。由于聚焦大型项目，部分项目存在周期较长、资金需求规模较大的问题，资金匹配难度高，撬动社会资本不足。除此之外，由于存在标准及认证评估体系未与国际接轨及特定行业资产融资政策限制等问题，绿色建筑、绿色农业等特定行业融资明显不足。

（三）资金端

- 政策性资金体量大，配置及投资的专业能力待强化。
- 受国内外标准差异和复杂投资手续的影响，支持绿色发展的跨境资本流动仍待加强。

各类政策性资金缺乏高效、专业的配置标准和引导。由于境外投资者对国内绿色标准与认证评估体系存在顾虑，且受到跨境投资流程复杂的影响，境外偏好绿色资产的政策性及机构资金引入有限。

（四）金融中介

- 绿色金融资金成本较高。
- 融资工具发展有限，绿色金融产品结构单一。

① 新华网. 全国碳排放权交易市场上线交易正式启动 韩正出席启动仪式[EB/OL].（2021-07-16）[2021-09-30]. http://www.xinhuanet.com/politics/leaders/2021-07/16/c_1127663865.htm.

- 绿色金融资产流动性低。

首先，绿色金融资金成本无显著优势，尤其是中小机构在资金成本方面处于劣势，商业性难以保障。其次，绿色信贷在绿色融资渠道中占据绝对主导地位，占比超过95%，债券、股票、基金、环境权益等其他多元化融资工具发展程度有限。由于专业化工具或产品有限，且资金来源未被充分发掘，金融机构难以将绿色资产与其最适合的资金或工具进行高效匹配，绿色金融资产流动性低。

（五）政策层面

对绿色资产的自持和风险计提标准较高，影响绿色资产支持证券发行的积极性；对机构和零售投资者持有或投资绿色资产的激励不足，缺乏持有减税等优惠政策。当前仅有个别试点地区对财税优惠、贴息等项目层面的支持政策进行了尝试，我们仍需更为广泛地运用全国统一的、差异化的绿色金融监管标准，以及科学合理的、针对项目和金融机构两个层面的配套扶持措施。

如上所述，中国绿色金融生态体系的五大组成要素均存在一定痛点，亟须改善。

三、中国绿色金融生态体系优化建议

（一）针对政府监管机构的优化建议

不断出台的相应政策正在优化绿色金融生态体系，有助于推动国际化标准认定，逐步完善投融资标准体系，深化国际合作。未来建议进一步优化以下三个方面。

- 推动绿色金融政策的完善：政府监管机构需深入调研产业生态，

针对不同参与方的难处给予相关政策支持和税收优惠政策；而绿色产业的参与方，有责任有义务从实践出发，给出具有参考价值的意见和建议，来推动绿色金融政策的制定、调整和完善。

- 继续加强基础设施建设：政府监管机构需制定国际统一、互认的绿色行业与绿色资产标准和定义，加强绿色数据收集和应用，建立绿色金融数据库，完善数据的认证、评级、监控流程和信息披露机制。
- 加速绿色金融产品交易平台搭建和完善：政府监管机构需建立并完善交易平台（如碳市场），改善资产证券化和流动性，加速绿色金融资产的流转和交易。

（二）针对金融机构的优化建议

- 推进绿色金融产品标准制定和创新，提升专业能力：金融机构需丰富绿色金融产品的品类和覆盖领域，比如针对建筑、农业等刚需行业开发特色绿色金融产品。同时，金融机构应全面打造绿色金融的专业化运营能力。
- 多元化投融资渠道：金融机构与政府应配合鼓励保险资管和社保基金参与，引入国际资金与境外投资者和具有绿色意识的个人投资者的零售资金等。

案例 9-1　英国金融业

通过丰富绿色金融产品、健全绿色金融政策，英国金融业致力于成为可持续金融全球领导者，推动整个行业向碳中和目标迈进。

1. 碳中和背景：第一个将温室气体零排放纳入法律的国家

2008年，英国议会通过了《气候变化法》并于2019年对其进行修订，正式纳入2050年“净零排放”的目标。2020年12月，英国政府公布了最新的碳排放指南，计划在十年后将温室气体排放量较1990年水平减少至少68%，并表示将致力于成为发达国家中减排最快的国家。[①]英国金融业积极支持政府减排目标。2019年英国政府在第二届绿色金融年会上首次发布了《英国绿色金融战略》，明确指出金融行业在应对气候变化方面将发挥比其他行业更大的作用。英格兰银行、英国审慎监管局（PRA）、金融行为监管局（FCA）等金融监管机构也出台了相关指导意见和政策，以推动碳中和目标的实现。

2. 金融业的碳中和战略

（1）不断丰富绿色和气候金融市场产品

政府、央行及金融机构共同推动绿色债券和可持续债券市场的发展。随着全球对气候变化和环境的持续关注，绿色债券和可持续债券日益成为可持续发展或减缓和适应气候变化等具体项目的融资工具。

①绿色债券：英国已成为全球的绿色债券发行和投资中心

- 构筑信息透明的交易平台：2015年，伦敦证券交易所成为首家设立绿色债券市场板块的交易所，为投资者提供了更透明的绿色债券信息。
- 引导金融机构参与债券发行：金融机构纷纷参与绿色债券发行。2019年，英国汇丰银行成为全球最大的绿色、社会和可持续债券承销商，总交易量达到192亿美元。[②]2019年7月至2020年7

---

① 资料来源：UK Sets Ambitious New Climate Target Ahead of UN Summit，Gov.UK，2020。

② 资料来源：HSBC Green Bonds Report，HSBC，2020。

月，渣打银行发行的绿色债券总额为6.3亿美元。[①]2020年，巴克莱银行发行绿色债券4亿英镑。[②]

②政府发行绿色主权债券

英国政府也积极投入发行绿色主权债券，于2021年9月发行第一只绿色主权债券，本财年的发行总额至少为150亿英镑。[③]虽然英国在绿色债券发行方面落后于美国、中国和许多欧洲国家，但是自脱欧以来，英国政府逐步确立将英国打造成为可持续金融全球领导者的战略目标，也积极采取多项政策大力扶持绿色债券市场。

③可持续债券

可持续债券所募集资金主要用于绿色和社会项目融资与再融资，债券发行需符合绿色债券原则与社会责任债券原则。可持续债券也是推进绿色金融、助力碳中和发展的重要融资工具。近年来，英国可持续债券市场不断发展。2019年，伦敦证券交易所将绿色债券部门扩展为一个更全面的可持续债券市场，将可持续、社会和发行人层面的部门纳入其中。可持续债券市场为发行人提供了广泛的可持续发展相关债务工具选择，同时改善了投资者信息获取渠道。据伦敦证券交易所的报告，截至2020年年底有253只可持续债券在伦敦证券交易所发行，募资约726亿美元[④]，约占全球的1/4（2020年全球可持续债券累计发行额为3 618亿美元）。相较绿色债券而言，英国可持续债券市场发展更为快速，募集资金规模也大幅超过绿色债券，处于全球前列。

① 资料来源：Sustainable Finance Impact Report，Standard Chartered，2020。

② 资料来源：Barclays Green Bonds Investor Report，Barclays，2021。

③ 资料来源：UK Government Green Financing，Gov.UK，2021。

④ 资料来源：LSEG Sustainability Report 2020，London Stock Exchange，2021。

④创新产品类型，积极研究转型债券、零售产品等

在不断增加新的绿色项目投资的同时，英国也在积极研究如何将以传统化石燃料能源为基础的产业向更环保的产业转型。转型融资是支持发行人实施气候转型战略的融资方案。英国积极参与全球转型融资发展，伦敦证券交易所于2020年12月加入全球气候转型融资行业工作组，参与制定《全球转型融资手册》，积极推动全球转型融资制度建立。此外，英国将成为世界上第一个出售绿色零售储蓄产品的国家，这款产品将通过NS&I（National Savings & Investments，国民储蓄和投资）发售给英国消费者，给予消费者参与绿色投资的机会。

⑤积极探索推动可持续衍生品市场发展

英国也在积极探索与可持续发展相关的衍生品、信用违约互换指数和股票指数的交易所交易衍生品等。

⑥丰富绿色ETF基金，完善交易所平台，提升绿色资产流动性

英国持续探索和发展ETF（交易型开放式指数基金）市场并丰富绿色ETF基金，2020年有61只ESG ETF基金在伦敦证券交易所发行，占当年伦敦证券交易所ETF基金发行量的45%，而这一比例在2019年是18%，这体现了伦敦证券交易所为丰富ESG ETF基金所做出的持续努力。[①]为了更好地服务金融市场，金融基础机构也推出了相应的清算产品，比如伦敦清算所CDS Clear（信用违约互换清算服务）于2020年9月开始清算iTraxx MSCI ESG欧洲筛选指数（基于ESG标准评估欧洲企业信用风险的衍生指数）。

在积极探索丰富绿色和气候金融产品的基础上，英国通过技术创新将金融资源引向环境可持续企业，并鼓励清洁能源的生产，例如设立绿色众筹平台、利用分布式账户技术（DLT）系统等，有效降低成本，完善环境风险和投资机会的定价，加强ESG和绿色债券的披露、

---

① 资料来源：LSEG Sustainability Report 2020，London Stock Exchange，2021。

验证、定价和评级。

此外，为寻找更安全和高效的支付方式，英格兰银行还与其他国家央行共同推进中央银行数字货币，通过金融科技推动可持续金融发展，助力碳中和目标实现。

（2）监管机构完善绿色和可持续金融政策

①完善绿色金融政策的顶层设计

英国主要从以下三个方面推动绿色金融政策的顶层设计。

第一，推动气候信息披露标准的实施：英格兰银行主动加入金融稳定委员会①成立的由行业领导的气候相关金融信息披露工作组，推动气候信息披露的全球标准的制定。2020年，英国已经要求几乎所有公司在2025年按照气候相关金融信息披露工作组的要求进行信息披露。

第二，加强绿色金融的研究工作：英格兰银行积极加强对气候变化的宏观经济政策研究，制定政策目标。比如在压力测试方面，英格兰银行等已开始评估环境政策改变带来的影响，并正在考虑将气候变化风险纳入金融业压力测试的“探索性情景测试”，借此了解银行、保险公司和金融系统对气候风险的适应能力。

第三，促进国际气候行动合作：作为中央银行和监管机构网络组织②的创始成员之一，英格兰银行积极参与推动气候风险监管和扩大绿色金融等相关工作。过去，英格兰银行的使命是控制通货膨胀，但是现在它已被赋予新的使命——支持可持续的增长及向碳中和经济转型。

②金融市场监管机构积极配合绿色金融政策实施

在政策落地环节，英国审慎监管局、金融行为监管局、财务报告

---

① 金融稳定委员会（FSB）成立于2009年4月，是负责协调二十国集团（G20）金融监管的机构，中国是成员方。金融稳定委员会在2015年成立了气候相关金融信息披露工作组（TCFD），以制定更有效的气候相关财务披露建议。

② 中央银行和监管机构网络组织（NGFS）是各国央行组建的促进绿色金融的国际组织，目前有95个成员方，包括中国。

委员会（FRC）及养老金监管机构（TPR）等作为英国金融市场监管机构，配合相关绿色金融政策的落实和执行，并制定完善监管规则。

作为减排合作中的关键一环，绿色金融体系的发展完善刻不容缓。各个利益相关方应携手打造完善的绿色金融生态体系，以此为基础实现绿色、可持续发展的目标，推动国家碳中和目标的实现。金融机构的角色具有特殊性，既要承担自身碳中和的目标，亦需贯彻金融政策，并通过投融资等金融产品，影响各行业的行为走向。因此，构筑金融机构的绿色金融能力至关重要。

第三节
金融机构所需的绿色金融能力

一、金融机构的绿色金融运营能力定义

尽管金融业的碳排放强度相对较小，但金融机构的融资机制可以对全球碳中和转型进程产生重大影响，例如可提供针对可再生能源项目、能源效率提升计划等碳减排项目的资助，并对不符合排放标准或《巴黎协定》碳中和目标的项目实行融资限制。因此，中国的金融机构应全面打造绿色金融的专业化运营能力，不仅应该减少自身运营产生的碳排放，还应该引导和服务实体产业，尤其是其投资组合中的资产，加速向碳中和转型（见图9-2）。

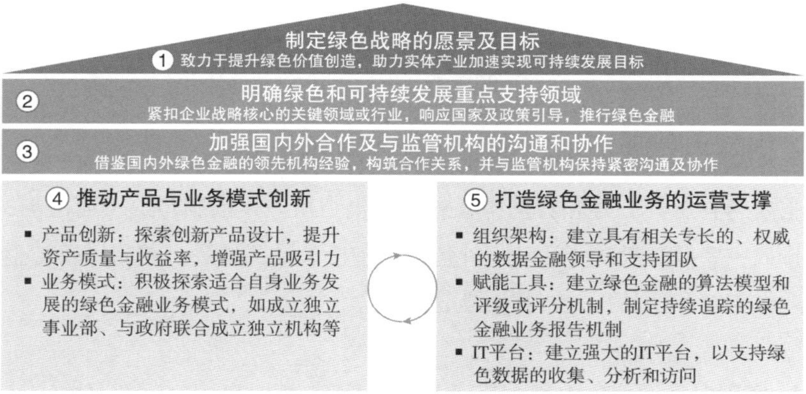

图9-2　金融机构绿色金融的专业化运营能力组成

资料来源：BCG分析。

二、制定绿色战略愿景

在中国整体社会向“3060”双碳目标迈进的战略背景下，各行各业均需思考实现碳中和的战略及路径。作为资本中介，金融服务业对其他行业影响广泛且深远。因此，金融机构在制定绿色战略愿景和目标时，应慎重审视碳中和为金融体系带来的变革转机：绿色金融战略应满足监管法规要求，降低风险；迎合投资者对应对气候变化的预期，获得资本市场认可；把握商业机遇，创新产品及业务模式，增强竞争力。

（一）金融行业的碳排放来源

在制定绿色战略的愿景和目标前，金融机构需明确自身的碳排放来源。根据BCG与联合国全球契约组织共同发布的企业碳中和路径图报告[①]，金融行业的直接碳排放总量相对较低，但是金融机构的

① 资料来源：《企业碳中和路径图——落实巴黎协定和联合国可持续发展目标之路》，BCG与联合国全球契约组织，2021年7月。

碳排放除了自身运营活动导致的碳排放，还有投融资活动引起的碳排放，尤其是所持资产或投资组合产生的碳足迹。具体而言，金融业的范围1排放包括自有车辆燃料燃烧排放及其他设备（如空调、冰箱等的氢氟碳化物或者其他设备的燃料）的排放，相对较少；范围2排放主要为自有办公楼和数据中心外购的电力所产生的碳排放；而范围3排放主要涵盖投融资活动、外包数据中心、员工通勤、差旅以及与金融供应链和产品相关的其他排放活动。

1. 实现自身运营碳中和（范围1和范围2）相对直接，难度可控

- 针对范围1减排：能源转型和减少用能活动是主要抓手。
- 针对范围2减排：可通过节约用能、提升能效、使用绿色能源及发展绿色建筑等来实现。
- 通过减排举措难以实现“净零”碳中和，因此金融机构需研究或注重碳抵消策略。

企业的碳抵消活动通常是指通过购买经认证的碳补偿额度，来抵消企业在执行减排计划后仍然剩余的碳排放量。国际实践主要包括通过采购可再生能源证书等方式来抵消电力消费导致的间接排放，通过购买碳排放权交易体制下的碳排放配额、经核证的自愿减排量来抵消剩余的碳排放。在中国，国家管控的重点排放企业的碳抵消活动主要包括参与碳交易、购买碳信用额度；非控排企业的碳抵消活动属于自愿行为，尚无明晰的标准界定。我们建议金融机构现阶段将碳中和的重点放在碳核算和碳减排上，待政策明晰后，再采取碳抵消策略。

2. 包括投资组合排放的范围3排放测算仍具有挑战性

金融行业投融资活动或投资组合的碳排放测算极其复杂，涉及不

同的资产类别、行业、国家、区域等，存在核算标准缺乏、不统一及被投企业和项目的碳排放数据披露不足、核算工具缺乏等挑战。这也是前文所提及的绿色生态体系基础设施不足的具体体现，相关测量方法论、标准及工具的创建和统一需行业、政府监管机构、国际组织通力协作。即便如此，领先国际机构已经开始着手推动全价值链的碳中和。

（二）国外领先金融机构开始推动全价值链碳中和，国内金融机构已经落后

国外领先金融机构不仅制定了自身运营碳中和战略目标，而且着手推动投资组合的碳中和转型，以实现全价值链碳中和。基于2020年排名，位列《财富》世界500强企业的121家金融机构，已有42家宣布了碳中和计划，其中30家已实现运营层面的碳中和。[①] 遗憾的是，其中没有一家中国金融机构，而且中国前十大银行（基于资产规模）无一明确承诺了碳中和目标。

上述《财富》世界500强金融机构的碳中和目标仅包括运营层面，不包括投融资活动，但是，降低投融资活动中的碳排放对金融机构践行可持续金融、推动经济的低碳转型至关重要。部分领先国际金融机构已经开始推动价值链的碳中和。汇丰[②]、巴克莱[③]、摩根大通[④]等已实现运营层面碳中和的机构，2020年宣布了在2050年前实现融资和投资组合的零碳目标。净零碳排放银行业联盟于2021年4月21日成立，汇集了来自27个国家的53家银行，如巴克莱、美国银行、德

---

① 资料来源：《中国金融机构实现碳中和的路径与方法》，海通国际，2021年。

② 资料来源：HSBC Sets Out Net Zero Ambition，HSBC，2020。

③ 资料来源：Update on Barclays' Ambition to Be a Net Zero Bank by 2050，Barclays，2021。

④ 资料来源：JPMorgan Chase Adopts Paris-Aligned Financing Commitment，JPMorgan Chase & Co，2020。

意志银行等代表了全球银行资产的近1/4（超过37万亿美元），它们致力于在2050年前实现其贷款和投资组合的净零排放。[①]

包括全球三大资产管理公司——贝莱德、道富集团和先锋集团在内的资产管理公司组成的“净零资产管理倡议”（Net-Zero Asset Managers Initiative），致力于到2050年或更早实现温室气体净零排放的目标。该倡议目前已经有128个签署方，在管资产43万亿美元。签署方还承诺透明和严格的问责制，它们将每年根据气候相关财务信息披露工作组的建议报告进展情况，并承诺：

- 与资产所有者客户合作实现脱碳目标，到2050年或更早实现所有管理资产净零排放。
- 到2050年或更早实现净零排放，制定管理资产比例的中期目标。
- 至少每五年审查一次中期目标，以提高资产管理机构的覆盖比例，直到涵盖100%的资产。

（三）国内金融机构需抓住机遇，制定绿色金融战略，提升整体竞争力

绿色金融战略不仅仅应满足监管法规要求，迎合投资者对应对气候变化的预期，更应把握碳金融的机遇，创新产品及业务模式，打造或增强差异化的竞争力（产品力、品牌力等）。

1. 满足监管法规要求，履行社会责任

很多国家已经或将会通过立法等方式驱动全行业向低碳运营模式或碳中和转型，满足法规及监管的需求将是绿色金融战略的最低要求。例如，中国要在2060年实现碳中和，那么作为企业，金融机构从合规的角度需思考实现自身运营碳中和的战略和路径。

---

① 资料来源：净零碳排放银行业联盟，https://www.unepfi.org/net-zero-banking/。

2. 迎合投资者应对气候变化的期望

如上所述，覆盖全球近半资产的资产管理公司已承诺其投资组合实现碳中和的目标。投资者对企业的期望不仅仅是持续的利润，还有在低碳甚至是碳中和的前提下持续赢利，这将“倒逼”企业制定针对其全价值链的碳中和战略。对于金融机构，这意味着范围3的碳中和亦刻不容缓。

3. 把握绿色金融的商业机遇，增强竞争力

碳中和带来的巨大融投资等金融需求，是金融机构实现商业价值和重塑竞争格局的难得机遇。

从市场机遇角度来看，中国人民银行绿色金融工作小组预计[①]，绿色产业在“十三五”期间至少需要2万亿元以上的投资，而政府出资只能占到10%～15%，社会资本投资的比重必须为85%～90%，由此不难看出绿色金融市场还存在很大上升空间。另外，考虑到碳交易、绿色资产衍生品等市场需求，未来金融机构可捕捉的增长空间极其可观。因此，金融机构应该从产品开发、运营模式等角度思考自身的商业转型，以满足未来绿色融资的新业务需求。

从竞争力机遇角度来看，在新的需求涌现时，新型企业会不断孵化成长，这对现有竞争者来说是重塑竞争格局的机遇，“成王败寇”始于战略规划。

因此，中国金融机构应尽早启动碳中和规划及思考绿色金融战略，在战略规划中，不仅仅应该设定实现运营层面碳中和的目标、关注和研究投融资活动中的碳中和路径，更应该审视碳中和为金融机构带来的实现绿色金融业务变革、占领碳金融市场、增强整体竞争力的战略机遇。

---

① 中国人民银行. 构建中国绿色金融体系[M]. 北京：中国金融出版社，2015.

三、明确绿色和可持续发展重点支持领域

在明确碳中和的战略愿景后，金融机构要明确绿色和可持续发展的重点支持领域，紧扣企业战略核心，在工业和能源等关键行业推行绿色金融举措。

中国的金融机构还可以参照国际领先政策性金融机构，进一步明确需要聚焦的投融资决策和金融创新领域。例如，世界银行、欧洲投资银行和绿色气候基金等金融机构，偏好程度较高的领域包括可再生能源、低碳交通、可持续城市和社区、节能环保及建筑、城市、工业与设备等（见图9-3）。

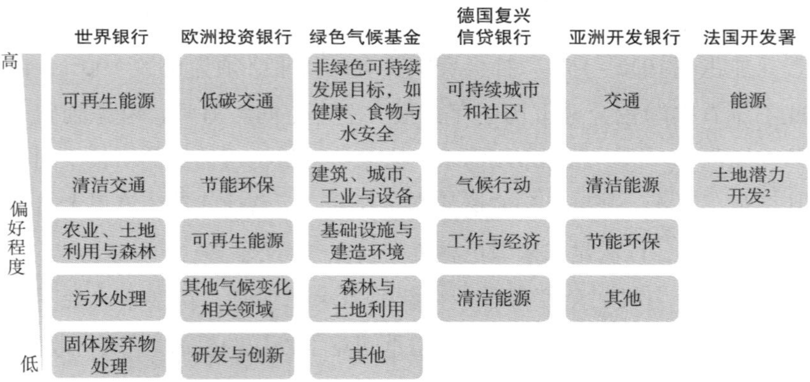

注：1. 可持续城市和社区是联合国可持续发展目标之一，以提高城市包容性、安全性、可持续性为目标，覆盖领域广泛，包括增加可负担房屋供给、城市碳排放减少、可持续建筑建立等。

2. 土地潜力开发是联合国可持续发展目标之一，覆盖领域广泛，包括对抗不平等、可持续交通与基础设施建设、连接城市与农村地区、生物多样性保护等。

图9-3 国际领先政策性金融机构的重点支持领域总结

资料来源：BCG分析。

商业银行授信需要从传统高碳排放产业向低碳产业逐步转移，赢得市场规模，降低信贷风险（见图9-4）。

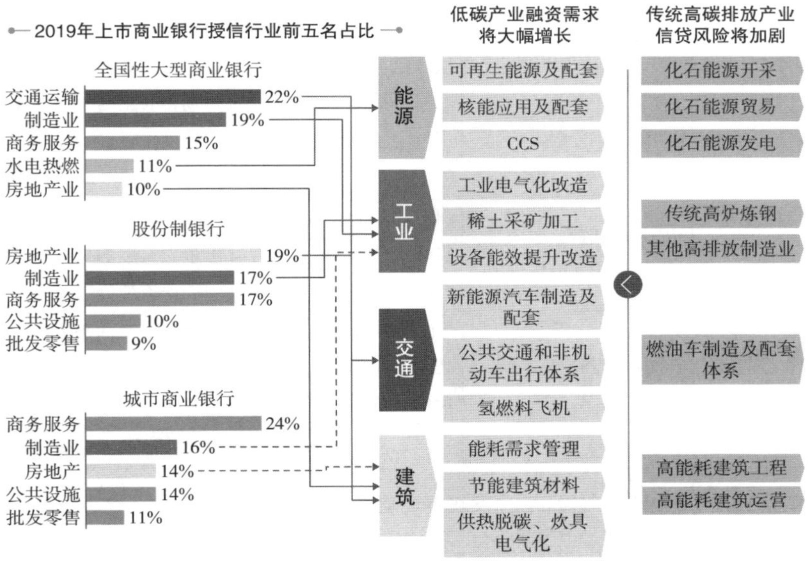

图9-4　商业银行授信重点支持领域转移

资料来源：万得数据，BCG分析。

此外，商业银行还需考虑到国内政策性引导（部分2021年最新政策或法规举例如表9-1所示），从而调整投融资策略向低碳产业转移，降低因气候变化带来的风险。

表9-1　2021年中国相关机构出台涉及绿色金融的部分政策或法规举例

时间	部门	政策	政策影响
2020年10月26日	生态环境部、国家发展改革委、中国人民银行、中国证监会、中国银保监会	《关于促进应对气候变化投融资的指导意见》	在政策引导下，投入应对气候变化领域的资金规模将明显增加

（续表）

时间	部门	政策	政策影响
2021年1月5日	生态环境部	《碳排放权交易管理办法（试行）》	对碳排放权交易涉及的排放核查、配额分配等关键市场因素进行了规定，标志着我国碳金融市场将有更为统一的流通标准
2021年1月13日	中国银保监会	《保险资产管理公司监管评级暂行办法》	对于积极开展ESG绿色投资且对行业发展做出重大贡献的机构酌情予以评级加分
2021年2月5日	中国证监会	《上市公司投资者关系管理指引（征求意见稿）》	ESG信息被列为上市公司与投资者沟通的主要内容之一
2021年4月22日	中国人民银行、国家发展改革委、中国证监会	《绿色债券支持项目目录（2021年版）》	对绿色债券支持领域和范围进行科学统一界定，为我国绿色债券发展提供稳定框架和灵活空间
2021年6月9日	中国人民银行	《银行业金融机构绿色金融评价方案》	健全金融机构的绿色评价体系

四、加强国内外合作及与监管机构的沟通和协作

金融机构可以通过加强国内外合作来借鉴先进经验和举措，并与监管机构保持紧密沟通和协作。金融机构不仅应贯彻执行金融监管机构政策，而且需要充分“参政议政”以提供专业领域洞见，协助金融监管机构推动整体绿色金融政策的完善。

五、推动产品与业务模式创新

中国的金融机构若想成功践行绿色金融，需要推动产品与业务模式创新，不断探索创新产品设计，提升资产质量与收益率并增强产品吸引力，同时寻找适合自身业务发展的绿色金融业务模式，比如成立绿色金融部和绿色投行等独立事业部门、与政府联合成立独立机构等。

德国某银行成立的绿色机构业务银行就是可借鉴的成功例子。该银行以再贷款和再融资等业务为主来支持其他金融机构拓展绿色金融业务，目前已成为推动欧洲绿色金融发展的重要机构，其净资产收益率（ROE）优于德国商业银行平均水平。

产品创新对推动金融机构的投资组合或公司及客户的碳中和转型意义重大，金融机构应从以下三个方面着手。

（一）建立一套适用于不同产品的低碳评估框架并将其嵌入信贷或投资等产品的审批流程

在制定框架时，金融机构可以对标赤道原则、国际金融公司绩效标准等行业基准。诸多领先金融机构制定了一系列详细的准则框架，并将其嵌入信贷或投资审批流程，在提供金融服务之前，根据环境和气候标准评估客户表现。对于未达标的客户，金融机构可以与之商定行动计划，帮助其在明确的时限内改善表现。例如：

- 渣打银行针对公用事业、石油、天然气等高碳排放敏感行业制定了特定评估标准，并对具体活动采用更加细化、严格的审查流程。[1]
- Arabesque资产管理公司将专有平台Arabesque S-Ray作为所有投

① 资料来源：Task Force on Climate-Related Financial Disclosures，Standard Chartered，2020。

资产品的基础，采用量化方法分析ESG数据，衡量全球上市股票的可持续性。①

- 非洲资产管理机构Public Investment Corporation利用自主开发的基于风险的ESG工具，结合ESG因素分析，甄别可能影响被投公司的风险与机遇。②

（二）开发绿色金融产品或绿色投资基金，鼓励机构客户向更可持续的经营模式转型

金融机构可以开发一套完整的绿色金融解决方案，协助高碳排放产业逐步脱碳，推动可再生能源、清洁技术等基于自然的气候解决方案，实现创新发展，探索包括绿色债券、绿色贷款、绿色担保、绿色项目融资、绿色融资租赁、绿色资产抵押证券、绿色商业票据及绿色股权投资基金等一揽子碳减排解决方案，帮助企业购买清洁技术金融产品，开展能效优化项目，抑或投资于可再生能源及其他减碳项目。

例如，渣打银行帮助客户发行了总额约183亿美元的绿色债券、社会债券及可持续发展债券，绿色和可持续贷款发放额同比增长9倍，贷款总额从2018年的32亿美元增至2019年的291亿美元。③

（三）参与、支持碳交易，推动碳中和进展，拓展业务领域

金融业暂未被纳入全国碳排放权交易市场覆盖行业，绝大部分金融机构也并非重点排放单位，但是金融机构可自愿参与碳交易市场。

金融机构的积极参与将增强碳交易市场的金融属性，拓展其广度和深度，促进完善全国统一、真实反映碳资产价值的价格发现机制。

---

① 资料来源：Arakesque官网，https://www.arabesque.com/asset-management/sustainable-investing/。

② 资料来源：Integrated Annual Report 2019，Public Investment Corporation，2020。

③ 资料来源：Green Sustainable Product Framework，Standard Chartered，2020。

金融机构以买方身份参与碳交易，有望显著增加碳交易市场需求，提升碳信用价格。在这个过程中，积极减排的企业可获得更高的市场补贴，而消极对待减排、长期依赖购买碳配额的重点排放企业，则将面临更高的排放成本，从而被迫转向绿色节能的发展战略。

此外，金融机构还可以联合政府部门及资产管理公司，共同开发期权、掉期、期货、指数产品、资产抵押证券等碳相关金融衍生产品，丰富碳交易市场。除了作为交易主体，金融机构还可以成为做市商、经纪商等，为碳交易参与者提供结算清算等金融服务，比如兴业银行。

六、打造绿色金融业务的运营支撑

绿色金融业务的壮大离不开相关基础设施和运营的支撑。

- 组织架构：建立具有相关专长和权威的数据金融领导与支持团队，以推动绿色金融战略的落地实施。
- 赋能工具：通过采用金融技术，不仅可以降低成本，还可以提高信息透明性、交易安全性及发行效率。比如，通过区块链技术实现发行方与投资者的直接对接，无须第三方机构参与；利用智能合约、人工智能等技术实现部分环节自动化，降低人力成本。
- 数据收集：可以利用物联网等技术收集数据，通过强大的IT平台来支持绿色数据的收集、分析和访问；将绿色数据存储于公用链平台，提高数据透明度，实现有效共享。
- 评级追踪：建立绿色金融的算法模型和评级或评分机制，制定可测量、可追踪的绿色金融业务报告机制，确保资产认证和评级真实可靠。

案例9-2 某领先国际银行的业务转型

某领先国际银行通过制定整体的可持续发展战略、调整组织架构等运营支撑，驱动整个组织实现业务转型。

该银行设立了名为可持续发展、研究和投资解决方案的新职能部门，并于2020年年中宣布将可持续发展理念全方位融入公司各个层面、投资项目和产品服务，力求到2022年成为业内的可持续发展领导者。为实现上述目标，该银行制订了一套战略方案，囊括五大抓手。

- 明确三大重点领域：支持可持续的土地、食物和水资源系统，促进可持续转型，协助客户应对气候转型。
- 将理念全方位融入资产管理及财富管理产品和解决方案的核心。
- 扩大可持续金融机遇，尤其在气候转型金融领域。
- 构建一套独特的方法论体系，从融资角度明确定义什么是真正的可持续发展，以及哪些要素构成气候转型活动。
- 通过商业行为巩固可持续发展形象（例如推进多元化、减少碳足迹、提高透明度）。

在明确战略抓手的前提下，该公司对其资产管理、投资银行及融资业务进行深入诊断，制定了2023年可持续收入提升2～3倍的财务目标，并着手从业务领域、流程、产品设计等多维度推动可持续目标的达成。该战略选择和举措正在取得成效：2021年7月该公司发布第二季度财报，四个主要部门收入均超出预期；2021年上半年，可持续投资委托业务吸引了80亿美元的资金净流入；而聚焦可持续发展的投资资产自2020年年底以来增长了33%。

联合国政府间气候变化专门委员会主席李会晟说："无可争议的是，人类活动正在引起气候变化，使极端天气更加频繁和严重。要限制全球变暖，需要强有力地、快速地、持续地减少二氧化碳和其他温室气体排放。"

气候变化是我们这个时代面临的最重要的全球性挑战，需要社会各界乃至全球范围内达成共识，采取全面行动，通过合作达成全球温控目标，避免最坏的灾难性结果发生。中国既是碳排放大国，也是绿色能源技术发展和土地绿化的表率。

未来，中国推进碳中和战略和减排举措的实施，无论是能源转型、技术升级，还是投资碳捕获等新兴技术领域，均需巨大的资金支持，这决定了金融行业在碳中和战略中扮演着至关重要的角色，即协同政府、金融监管机构完善绿色金融生态体系，贯彻绿色金融政策，引导和服务实体经济，尤其是其投资组合资产实现碳中和转型，并践行社会责任，实现自身运营碳中和。在政府、企业和金融机构三方的主导和通力合作下，每一个部门、企业与个人都应贡献自己的力量，为子孙后代守护好这颗蔚蓝星球。

第十章
举全社会之力推动碳中和，构筑人类命运共同体

在温室气体的减排上，除了政府及各行业需要采取措施，社会各界、个人都可以贡献一分力量，履行应尽的社会责任。

作为个体，我们应当熟悉自身的碳足迹和碳排放现状，从衣食住行等方面来实践低碳生活。这不仅能帮助我们降低生活成本、适应新的生产生活方式，还能体现我们对公民职责的担当。

政府、企业及社会各界应共同努力，齐心协力推动碳中和，构建人类命运共同体。

第一节
个人的碳足迹和碳排放状况

一个普通人的碳足迹是如何计算和记录的呢？

一、什么是碳足迹

首先，在了解碳足迹计算方法之前，我们先来明确一下碳足迹的概念。碳足迹，英文名叫作Carbon Footprint，指的是个人或企业机构在某个活动或产品中，通过交通运输、消费以及各类生产过程等引起的温室气体排放的集合。当各个组织或个体评价温室气体排放对气候变化的影响时，碳足迹这一术语会被经常拿出来使用。值得一提的是，碳足迹并不是对温室气体排放量进行简单加和，而是对不同温室气体排放的二氧化碳当量进行计算，从而用来反映个人、团体的活动和行为对气候产生的影响。

二、碳足迹的计算方法

目前，碳足迹的主要计算方法可以分为三种：IPCC碳排放计算法、投入产出法（IO）、生命周期分析法（LCA）。

- IPCC 碳排放计算法是联合国政府间气候变化专门委员会编写的温室气体清单指南，它将研究区域分为能源部门、工业部门和产品使用部门、农林和土地利用变化部门等。这种方法在计算过程中全面考虑了温室气体的排放。①
- 投入产出法是一种“自上到下”的计算方法，主要利用投入产出表进行计算。通过建立平衡方程，它可以计算初始投入、中间投入、中间产品和最终产品之间的关系。投入产出法比较适用于宏观层面的计算，不过由于宏观层面的数据量大、不易搜集，其计算结果不是那么精确。
- 生命周期分析法是一种“自下到上”的计算方法，是对产品及其“从摇篮到坟墓”的过程、对相关环境问题进行后续评价的方法。其计算过程比投入产出法更详细准确，适用于微观层面的计算。

相较而言，IPCC碳排放计算法是碳核算的依据，IPCC指南也是各国编制清单的方法和依据。与其他两种计算方法相比，其兼容性更强。

IPCC碳排放计算法有一个通用的计算公式：碳排放量（Emissions）= 活动数据（AD）× 排放因子（EF），这就是排放因子法（Emission-Factor Approach）。排放因子法中的碳排放量不仅包括二氧化碳的排放量，还包括其他温室气体的排放量；活动数据指的是单个排放主体对与碳排放直接相关的物品的使用和投入数量；排放因子指的是某种排放源每单位使用量所释放的温室气体的数量，我们可以把它当作这个公式里的系数。

由于地区的差异，各地的排放因子会有很大的区别。排放因子法的厉害之处就在于其能根据不同情况、不同工艺、不同地理位置，给

① 张兵，王正，朱超.城市碳足迹定义与计算方法研究[J]. 山西建筑，2011，37（32）：185–186.

出不同的排放系数，从而避免统一分析的误差。联合国政府间气候变化专门委员会还建立了排放因子数据库（EFDB），这是一个便于人们对各国温室气体排放和减缓情况进行评估的排放因子及参数数据库。排放因子数据库编辑委员会负责评价排放因子，判断其他相关成分是否应该列入排放因子数据库。可以说，这是一个更新非常及时的数据库。

三、碳排放计算器

排放因子法是如今主流的碳估算方法，被用于全球碳排放量的测算，也适用于个人碳排放量的计算。很多国家也以排放因子法为基础，推出了碳排放计算器。这样的计算器是面向大众的，人们可以通过排放系数来计算自己在日常生活中的碳排放量，从而在生活中做出更加“绿色”的决定。

碳排放计算器是关于二氧化碳排放量的计算工具，可以计算出个人或家庭在居家和出行时的碳排放量，这一概念对很多人而言可能还十分新奇。碳排放计算器目前已在网络上普及，并且使用起来十分便捷。人们只需要按照提示输入相应的数据，网站便会利用碳足迹评估计算基本公式计算出结果，并且结合国内和世界的均值，给出降低碳足迹的合理建议。在日常生活中，常用的个人碳足迹评估计算基本公式如表10-1所示。[①]

自2009年以来，国内外有许多不同的碳足迹计算器网站，近几年也开发了碳足迹计算手机软件、微信小程序，以及线下碳足迹计算器等，这让人们更加方便、直观地了解自己在生活中的碳排放量。碳

---

① 资料来源：《国内外碳足迹计算方法、评估标准及研究进展》，南国今报，2009年。

表10-1 个人碳足迹评估计算基本公式

项目	碳足迹评估计算基本公式
家具用电	碳排放量=使用度数 × 0.785（千克）
家用燃气	碳排放量=使用立方数 × 0.19（千克）
家用自来水	碳排放量=使用吨数 × 0.91（千克）
食用肉类	碳排放量=使用千克数 × 1.4（千克）
塑料袋	碳排放量=使用个数 × 0.1（克）
纸张[1]	碳排放量=使用克数 × 3.5（克）
小汽车	碳排放量=使用油耗升数 × 2.7（千克）
飞机	200千米以下碳排放量=千米数 × 0.275（千克） 200～1 000千米碳排放量=55+（千米数－200）×0.105（千克） 1 000千米以上碳排放量=千米数 ×0.139（千克）
公共汽车	碳排放量=千米数 × 人数 ×0.013（千克）

注：1. 一张A4纸的重量约为5克。

足迹计算器要求提供的数据是非常细节化的，包括家用供暖设备、能源类型及费用等。其中，家庭用电情况包括电视、洗衣机等家用电器的待机状况和使用频率；使用交通工具情况包括短途出差和长途旅行的次数、开车里程、车型以及燃料情况等。

具有代表性的App有国网福建电力推出的“网上国网”，该App具有“居民碳足迹计算器”功能，使用者只需填写当月使用电、水、气的信息，就可以查看自己的碳足迹成绩单。这款App鼓励使用者分享自己的成绩单，同时还开发了能效分析、会员成长体系等功能，旨在培养和记录个人低碳环保习惯。此外，微信上也有许多碳足迹计算小程序和公众号，便于人们查看和分享自己的碳足迹。

我国的线下碳足迹计算器可以让市民在计算器的触摸屏上进行操

作，从而得出自己的碳足迹。例如，北京市园林部门在北京动物园、北京植物园、西山国家森林公园等20个园林绿化科普和生态文明教育基地，城市绿色森林公园驿站等5处园艺驿站，均设立了碳足迹计算器站点。北京市林业碳汇工作办公室的马红主任介绍，碳足迹计算器的触摸查询系统有“一算二看”两项主要功能。“一算”是指市民可以通过机器内置的碳足迹计算器来计算家庭日常生活的碳排放量，同时可以知道这些碳需栽植多少棵树木才能中和。“二看”是指触摸查询系统中有北京碳中和建设相关科普知识的文字与视频展示，内容涵盖园林绿化应对气候变化、国际合作、森林体验教育、森林疗养、树木健康诊断与风险评估、生物多样性保护等众多前沿领域，市民可查询并了解相关知识。

随着时间的推移，人们对碳足迹的认知越来越丰富，计算碳足迹的方法也会越来越多。目前，互联网上还出现了侧重于飞行活动的碳足迹计算器，以及侧重于服装、家具、电子产品和食品的碳足迹计算器（比如由瑞典FinTech Doconomy公司领衔开发的2030计算器）。碳足迹计算器的广泛利用和不断开发能够起到唤醒公众意识的作用。

四、一个普通人的碳排放

每天起床后，一个普通人一天的碳排放就开始了。洗漱用的热水和电绝大部分都是通过化石燃料燃烧产生的能量来提供的。而我们使用的毛巾、牙刷、牙膏、纸巾等，无一不是工业社会的产品，这些物品的制造和运输都会产生大量碳排放。

从早餐开始，加工农产品就上场了，小麦制品、牛奶、火腿片等均会产生碳排放。吃完早餐，我们就可以换上职业装准备上班，衣服、鞋帽以及通勤用的背包都是碳排放后的成果。在上班路上，交通工具自然是最大的碳排放来源。如果平均到个人，那自然是公共交通比私家车更低碳。当然，步行和骑自行车则是最绿色的出行方式。

到了上班地点，我们又将开启另一段碳排放旅程。首先是工作使用的电脑和手机，它们里面的各种电子元器件从生产、运输到装配和包装，都紧密联系着碳排放。而使用电脑和手机所需要的网络服务、电能，更是碳排放的大头。其次是在工作过程中使用的工具，纸、笔、打印机、碎纸机等从制造到使用都离不开碳排放。如果工作之余再来一杯咖啡，那么这又会延伸出另一条碳排放之路。

之后的午餐、下午茶、下班途中、晚餐等节点则可以重复上面的计算。如果餐食过于丰盛，比如大鱼大肉，那么个人的碳排放指标会迅速上升。

到了晚上，常规洗漱自不必说，洗澡会消耗大量天然气或电能。如果要看电视或进行其他娱乐，只要消耗电能，碳排放就不可避免。

一天结束，当我们躺在床上睡觉时，碳排放还在继续。首先是床上用品，这依然是纺织业加工产品。其次，当我们休息时，家中的电器并没有同时沉睡，待机状态的电力消耗同样不可忽视。各种电器只是暂时降低了功率，目的是方便主人在醒来后随时使用。

那么，一个普通家庭在正常生活时，一年究竟会产生多少温室气体？

美国一项于2011年发表的研究，分析了78个地区（美国50个州和28个主要大都市）、6种家庭规模和12个收入阶层，总共超过2 000种不同家庭类型的碳足迹（见图10-1）。研究发现，一个家庭平均每年会产生48吨二氧化碳当量，相当于每人每年会产生20吨的二氧化碳当量。[①]其中，“行”在个人生活中贡献了最多的碳排放量，占比接近1/3；“住”是第二大碳排放源头，主要原因是电的使用。

---

① UNFCCC. UN Helps Fashion Industry Shift to Low Carbon[EB/OL]. [2021-09-30]. https://unfccc.int/news/un-helps-fashion-industry-shift-to-low-carbon.

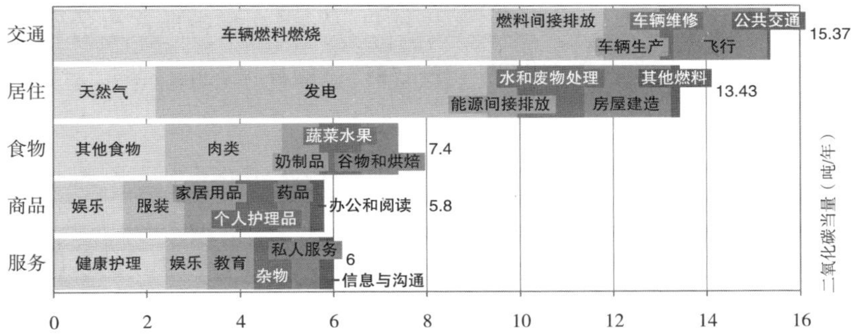

注：典型的美国家庭的碳排放总量为每年48吨二氧化碳当量。

图10-1　美国家庭年平均碳足迹

资料来源：*Environmental Science & Technology*，BCG分析。

尽管以上研究基于美国家庭，且美国的居住和生活环境与中国有较大的差异，但是从方向性来讲，碳排放量的占比及来源均具有参考和指引意义。

（一）衣

你可以通过收据轻松得知自己衣橱里的衣服共花了多少钱，但在裙子、牛仔裤、衬衫和袜子的背后，有一种被大多数人忽视的成本：环境成本。联合国环境规划署的数据显示，一条牛仔裤从生产棉花到将成品送到商店，其碳排放量约为33.4千克二氧化碳当量。[①]英国剑桥大学的研究发现，一件250克的纯棉T恤，其全生命周期的二氧化碳排放量约为7千克。[②]因此，我们可以设想一下，我们身上穿的衣

① UNEP. Cleaning up couture: What’s in your jeans?[EB/OL].（2018-12-14）[2021-09-30]. https://www.unep.org/news-and-stories/story/cleaning-couture-whats-your-jeans.

② 资料来源：Well Dressed? The Present and Future Sustainability of Clothing and Textiles in the United Kingdom，University of Cambridge，2006。

服换算成二氧化碳会有多重？如果这只是一条牛仔裤所产生的碳排放，那么可以想象我们衣柜里所有东西产生的环保成本将会是一个多么不可思议的数字。

时装业每年的碳排放量占全球总量的10%，比所有国际航班和海运的碳排放量总和还要多。①按照这个速度，到2030年，时装业的温室气体排放量将激增50%以上。如果人口结构和生活方式还是像现在这样，那么全球服装消费量将从2019年的6 200万吨增加到10年内的1.02亿吨。

随着设计和生产步伐的加快，时装业的这一问题更加严重。时装发布会不再是季节性的，更换服装库存变得越来越频繁，许多低成本的服装店每周都会提供新设计。2000年，时装业生产了500亿件新服装。艾伦·麦克阿瑟基金会（Ellen MacArthur Foundation）称，如今，这个数字翻了一番。时装业令人眼花缭乱的步伐也加速了消费：数据显示，如今人均服装购买量比2000年增加了60%。这可能是由于科技和时尚的同步发展，人们对时尚的追求也越来越高，购买衣服不再仅限于生活基本需求。就好比有些人喜爱买许多美丽的衣服并拍照上传到社交软件，但一件衣服很可能在穿过一次后就被抛弃。

不仅如此，只有不到1%的旧衣服被回收制成新衣服。艾伦·麦克阿瑟基金会估计，每年大约有5 000亿美元的价值损失，只是因为衣服很少被穿，也没有被捐赠、被回收，最终被扔进垃圾填埋场。②

时装业在可持续方面也进行了探索，但仍然处于初期阶段。2018

---

① UNFCCC. UN Helps Fashion Industry Shift to Low Carbon[EB/OL]. [2021-09-30]. https://unfccc.int/news/un-helps-fashion-industry-shift-to-low-carbon.

② The World Bank. Maria F. How Much Do Our Wardrobes Cost to the Environment?[EB/OL]. [2021-09-30]. https://www.worldbank.org/en/news/feature/2019/09/23/costo-moda-medio-ambiente.

年，全球只有21%的棉花是可持续种植的。目前，大多数服装材料都是由聚合物基石化产品制成的，生产这些材料需要使用大量能源和其他自然资源，而燃烧这些自然资源会产生大量碳排放。与之相比，可持续棉花（又叫有机棉）在种植过程中不需要杀虫剂，并且只需使用更少的水和能源。大麻就是一种有机棉，可以帮助减少碳排放。麻织衣服是由大麻制成的，其生产过程中的化学残留可为零。目前，由于小农在采用可持续种植方式时面临财务挑战等因素，行业专家预计可持续棉花的供应不会迅速扩大并满足需求。

（二）食

食物是家庭碳足迹的第三大组成部分，占碳足迹总量的10%～30%，低收入家庭的这一比例通常更高。一个家庭每年在食物上的碳排放量达到了近8吨二氧化碳当量。碳排放量从高到低依次是肉制品、其他食物（比如加工食品、调味品）、乳制品、水果蔬菜、面包谷物。

那么食物的碳排放来自哪里？

总体而言，动物性食品的碳足迹往往高于植物性食品。[①]原因有两点，一是反刍动物的粪便管理和肠道发酵会释放甲烷；二是动物性食品的能源转换效率低，例如，生产牛肉需要投入土地、饲料，还包括后续的加工和运输，所需的能量远远多于生产小麦所需的能量，所以其碳足迹更高。

据观察，在所有食物中，来自牛的肉制品和乳制品的碳足迹是最高的，每千克牛肉会排放超过60千克二氧化碳当量，每千克牛奶会

① 资料来源：University of Michigan. Carbon Footprint Factsheet，Center for Sustainable Systems，2020。

排放超过20千克二氧化碳当量。[①]家禽和猪肉的碳足迹较低，但仍高于大多数植物性食品，每千克家禽和猪肉分别产生6千克和7千克二氧化碳当量。这种碳足迹差异形成的原因是，生产牛肉所需的土地是猪肉或鸡肉的28倍。

由于能源使用量的增加，食品生产产生的碳排放量不断增加。特别是在发展中国家，由于机械化生产以及杀虫剂的使用迅速增长，这些国家的碳排放量有时甚至超过了发达经济体。

食品离开农场后，碳足迹就结束了吗？并没有。离开农场的食品供应链有加工、运输、零售和包装，这些环节都会产生碳排放。包装是其中最大的碳排放环节，占全球食品系统碳排放量的5.4%。研究表明，仅用于食品包装的纸和纸浆，每年平均产生5 990万吨二氧化碳当量。食品零售也是越来越重要的一部分，1990—2015年，该环节的碳排放量增加了两倍，这在很大程度上源于冷藏需求的不断增加。[②]

（三）住

居住是第二大碳排放源。一个家庭每年在居住上约排放11吨二氧化碳当量，占总量的15%～30%。其中，近80%的碳排放量来自家庭能源的使用，即供暖和制冷。

在日常生活中，我们经常会选择用电加热生活和工作空间，由于每千瓦时电产生的碳排放很高，所以这在很大程度上增加了个人碳

① Our World in Data. Hannah R. You want to reduce the carbon footprint of your food? Focus on what you eat, not whether your food is local[EB/OL]. [2021-09-30].https://ourworldindata.org/food-choice-vs-eating-local.

② Laura C.How to cut carbon out of your heating[EB/OL]. [2021-09-30]. https://www.bbc.com/future/article/20201116-climate-change-how-to-cut-the-carbon-emissions-from-heating.

足迹。在全球范围内，供暖约占所有能源消耗的50%，并且其排放的二氧化碳当量约占与能源相关的碳排放总量的40%。[①]当然，究竟有多少碳排放量来自房屋供暖还取决于居住的地方。在较冷区域或温带气候中，这一比例往往要大得多。在美国，房屋供暖每年会排放近2 270千克二氧化碳当量，而良好的绝缘可以减少热量损失、降低能源使用量。[②]

在制冷方面，空调可能是用电最多的家用电器，甚至超过照明设备、冰箱和计算机的用电总和。

然而无法避免的现状是，全球的空调数量一直在剧增，而且空调对我们来说也是一件不可缺少的家电。从私人住宅首次安装空调设备到现在，也不过100多年。如今，60%的中国家庭都安装了某种类型的空调。如果没有空调，那么我们很难想象像海南这样炎热的地方会成为退休人士的向往之地。

家庭收入的不同也会影响住宅的碳足迹，高收入家庭的温室气体排放量往往远高于低收入家庭。一项研究分析了美国2015年的9 300万套住房的位置、家庭收入水平和碳排放水平，发现美国高收入家庭的温室气体排放量要比低收入家庭的多出近25倍，美国一些最富裕的郊区的碳足迹是相对不富裕的邻近地区的15倍。根据美国联邦政府对收入水平的定义，高收入家庭平均每年向大气中排放约2 940千克温室气体，而低收入家庭平均每年排放2 370千克。高收入家庭碳排放量大的主要原因是，他们通常拥有更大的房子。[③]

---

① 资料来源：How to cut carbon out of your heating，BBC，2020。

② Carole Mars. Technical Brief: Benefits of Using Cold Water for Everyday Laundry in the U.S[R]. The Sustainability Consortium，2016.

③ Alex Fox. Rich Americans' Homes Have 25% Larger Carbon Footprints Than Low-Income Households[EB/OL]. [2021-09-30]. https://thehill.com/changing-america/sustainability/climate-change/508586-wealthy-households-have-25-percent-higher.

（四）行

“行”在个人和家庭生活中的碳足迹占比最高，接近1/3。

机动车直接燃料所产生的碳排放是一个家庭出行碳排放的最主要来源，每年高达9.4吨二氧化碳当量。如果你开车上下班，那么每天都会产生碳排放。燃烧一加仑汽油大约会排放9.1千克二氧化碳当量，这意味着平均每辆车每年会排放3～5吨二氧化碳当量。如果你住在郊区，那么开车所产生的碳排放量更高。

除了机动车直接燃料产生的碳排放，在开采、提炼、运送和销售燃料的过程中，还会产生间接碳排放。一个家庭平均每年会有1.2吨间接碳排放。

“行”的另一大碳排放源是飞行，一个家庭平均每年会在飞行上排放2吨二氧化碳当量。2020年，在新冠肺炎疫情的影响下，全球碳排放量与2019年相比有所降低，而全球航班数目的大幅减少便是原因之一。[①]

相较于私人汽车，使用公共交通的家庭的碳足迹更少。纽约大都会交通管理局的数据显示，与驾车相比，在同等行程下，乘坐纽约市地铁可使每位乘客少排放约4.5千克二氧化碳当量。最绿色的出行方式莫过于步行和骑自行车。共享单车在解决“最后一公里”问题的同时，也对减碳起到了促进作用。

我们如果希望减少家庭碳足迹，那么在“行”方面采取措施可能是最立竿见影的。

---

① 资料来源：Global Energy Review：CO_2 Emissions in 2020，IEA，2021。

第二节
个人如何实践低碳的生活方式

一、衣食住行的碳中和方式

我们如果想减少碳排放，那么在衣食住行上可以做哪些事情呢？

（一）衣

为了减少服装方面的个人碳足迹，我们具体能做的是减少新服装购买次数、回收循环利用旧衣服、购买可持续设计品牌，以及改变消费者在使用和重复使用过程中的行为。

购买二手服装而不是新服装可以减少60%～70%的碳足迹（在衣物方面）。服装的大部分碳影响发生在供应链早期——在工厂的原材料生产和制造层面，而消费者观念和行为的改变可以减少这些碳影响。

例如，从服装租赁平台Rent the Runway租借一件物品能减少30%的碳影响。又如，近年古着行业被消费者喜爱，一些具有年代感但又不过时的旧衣服吸引了许多年轻人，此类二手时尚行业在成为“潮流”的同时也为环保做出了贡献。年轻人购买古着商品，不仅提高了衣服的利用效率，也满足了其对时尚设计的追求。用更有意识的方式进行时尚消费、改变消费者在使用和重复使用过程中的行为，以及品牌引入全新的商业模式，都可以为碳减排做出贡献。这一努力的主要杠杆是增加循环商业模式，促进服装租赁、转售、修理和翻新，减少洗涤和干燥，增加回收和收集，减少垃圾填埋场的废物，从而使行业朝着闭循环的运营模式发展。

购买可持续设计的品牌，比如Patagonia、Allbirds、Reformation和Amour Vert，也可以减少碳排放，尽管很难准确量化碳排放的减少程度。这些品牌倾向于使用碳影响较小的面料，比如再生聚酯纤维和天丝，从而减少碳足迹。

（二）食

许多关于食物和碳排放的研究提出，如果从典型的饮食方式转换到更环保的可持续饮食模式，那么这将减少20% ~ 30%的温室气体排放。[①]主要的减排措施是，少吃肉并多在食物链低端进食，或食用碳密度较低的肉类、食用本地肉，以及食用植物基人造肉和细胞培养肉。

1. 多吃素食或碳密度较低的肉类

什么叫多在食物链低端进食呢？这是指用蔬菜、水果、谷物和豆类填满你的盘子。2017年发表在《环境研究快报》杂志上的一项研究显示，红肉对环境的影响是植物性食物的100倍，一份113.4克的牛肉可以排放超过2 721.6克的二氧化碳当量；而同样一份大米、豆类、胡萝卜、苹果或土豆排放的二氧化碳当量不到226.8克。[②]虽然对绝大多数人来说，完全吃素难以实现，但普通人可以采取的措施就是多吃素。牛津大学的研究人员称，减少饮食中的肉类和乳制品可以使个人在食物方面的碳足迹减少约73%。[③]每周吃几顿素食，这是一

---

① 资料来源：The Impacts of Dietary Change on Greenhouse Gas Emissions，Land Use，Water Use，and Health: A Systematic Review，*PLOS One*，2016。

② Livia A. How to reduce your carbon footprint[EB/OL]. [2021-09-30]. https://www.nytimes.com/guides/year-of-living-better/how-to-reduce-your-carbon-footprint.

③ INVERSE. Mind and Body[EB/OL]. [2021-09-30]. https://www.inverse.com/mind-body.

个对气候和钱包都友好的选择。

除了吃素食，食用碳密度较低的肉类也会影响个人碳足迹。对肉食爱好者来说，他可以将牛肉和羊肉等碳密集型肉类换成鸡肉。每千克牛肉的温室气体排放量是鸡肉的7.2倍，用家禽代替牛肉一天，个人膳食碳足迹会减少48%。①

2. 吃本地的食物，减少食物里程数

就食品而言，虽然大多数温室气体的排放发生在生产过程，而不是运输过程——吃什么比食物从哪里来更重要，但是吃当地的食物仍然有助于碳减排，更少的食物里程意味着更少的排放。用卡车把西红柿运到距离较近的农贸市场，还是用火车将其运到很远的杂货店，这会造成不同的碳排放。运输西红柿以及购买它们所使用的交通工具的不同，也会造成不同的碳排放。卡内基梅隆大学研究人员的一项研究表明，一年内只吃当地种植的食物可以减少相当于行驶1 000英里的温室气体排放量。②因此，吃本地的食物，减少食物里程数，这也十分重要。

3. 食用植物基人造肉和细胞培养肉

比尔·盖茨在其新书《气候经济与人类未来》中提到，养牛每年产生的碳排放量达到了全世界总量的4%，这是个惊人的数字。为何养牛会产生这么多碳排放？ 原因是牛打嗝、放屁会产生大量的甲烷。

---

① Damian G. Avoiding meat and dairy is “single biggest way” to reduce your impact on Earth[EB/OL]. [2021-09-30]. https://www.theguardian.com/environment/2018/may/31/avoiding-meat-and-dairy-is-single-biggest-way-to-reduce-your-impact-on-earth.

② Christopher L. W，H. Scott M. Food-Miles and the Relative Climate Impacts of Food Choices in the United States[J]. Carnegie Mellon University，2008，42（10）：2513-3508.

如何处理牛的打嗝和放屁活动是一个难题，而食用植物基人造肉和细胞培养肉可以使我们在减少肉类碳排放的同时享受肉的美味。

植物基人造肉是以各种方式加工的、以仿造肉类味道为目的的植物产品。现在，国内星巴克已经开始提供植物肉产品星善食，其味道和真肉接近，也受到了环保主义爱好者的好评。麦当劳称会在2021年推出名为McPlant的植物基人造肉替代产品系列，其中包括与美国人造肉制造商Beyond Meat合作生产的一款人造肉饼，该产品已在丹麦和瑞典试卖。

细胞培养肉顾名思义是在实验室培养出来的肉。这个过程产生的肉是真肉，但不是通过诸如牛吃草等方式来获得的，因此能减少饲养过程中所产生的温室气体。虽然通过培育人造肉、细胞肉，可以减少温室气体排放量，但目前这两种肉的生产成本较为高昂，比如星善食的植物肉卷价格比普通牛肉卷高出近50%，因此这类产品还未大范围应用和出售。

（三）住

合理的减排策略可以使住方面减少29.2%的能源消耗，主要办法有更换空气过滤器、采取隔热防风措施、节约用水、购买绿色能源和用翻修代替重建。①

供暖和制冷几乎占据能源消耗量的一半。我们可以通过很多事情来减少碳排放，比如定期更换空气过滤器、正确使用可编程恒温器以及由获得许可的承包商每年维护加热和冷却设备等，这些方法都可以节省能源并提高舒适度，同时有助于保护环境。根据居住区域，使用符合能效标准的设备、对旧的加热和冷却设备进行更换，以及有效的

---

① 资料来源：The Carbon-Neutral Individual，Vanderbilt Public Law Research Paper，2007。

隔热和防风措施，都可以减少供暖或制冷设备的数量。

对于高收入家庭，购买绿色能源为家庭供电是一种有利于减少碳排放的方式。绿色能源是由风能和太阳能等可再生能源产生的对环境友好的电力，其每吨发电排放的二氧化碳远远小于煤炭、石油和天然气的二氧化碳排放量。使用绿色能源的方法是购买绿色能源。与传统电力相比，绿色能源可以产生许多环境和经济效益，包括更低的温室气体排放量，并有助于增加清洁能源的供应。在中国，虽然个人可以购买绿色电力证书，但绿色电力证书往往少人问津。

截至2021年1月15日，中国绿色电力证书认购交易平台网站的统计数据显示，我国累计核发风电和光伏绿证超过2.7亿张，但实际成交量不足4.2万张，仅占核发总量的0.015%左右。一个从事与能源环保高度相关工作的市民表示："你要是非问我为啥要买绿证，我只能说捐点钱呗。5 000度电的总花费接近2 000元，平均约400元/张。这么贵的东西，对我来说其实没有任何实际价值。抛开我本身从事这个行业的因素，正常人都会觉得很荒谬。"由于绿色电力证书的价格较高，目前应该只有高收入且很关心碳中和的人才可能去买，所以整体购买比例很低。

平均每个家庭在房屋建设方面，每年会产生2吨二氧化碳当量的碳排放。为了减少这一排放量，家庭如果有房屋建筑需求，比如觉得自己家的装修过时，想重新换一个家，那么应该选择房屋翻新而不是新建。英国的一项研究发现，新建一栋两室小屋会向大气排放超过80吨二氧化碳当量。[①]相比之下，完整的家庭装修仅排放8吨二氧化碳当量。不仅如此，房屋建筑商声称，新房的能源效率是旧房的4倍。而这项研究表明，翻新后的房屋可以与新房一样高效，并且碳排放更少。

---

① 资料来源：New Tricks with Old Bricks How reusing old buildings can cut carbon emissions, BSHF, 2008。

表10-2为减少家庭总能源消耗的九个措施[①]。

表10-2 减少家庭总能源消耗的九个措施

措施	能源减少量（%）
建设环保御寒房屋	10
安装更有效率的供暖设备	8
降低室内温度	4
安装更有效率的热水器	2
安装更有效率的冰箱	1.6
降低水温20℃	1
将一半灯泡换成荧光灯	1
安装更有效率的火炉	0.9
安装更有效率的空调	0.7
总计	29.2

（四）行

在出行方面，主要的减碳措施包括乘坐公共交通、购买碳排放量更低的车（新能源汽车或能效更高的燃油车）、与人拼车、减少不必要的出行等。

1. 乘坐公共交通

美国一项研究估计，通过乘坐现有公共交通代替开车，一个人每年可少排放2 177千克二氧化碳当量。[②]乘坐公共交通可以减少温室气

① 资料来源：The Carbon-Neutral Individual，Vanderbilt Public Law Research Paper，2007。

② 资料来源：Public Transportation's Role in Responding to Climate Change，Federal Transit Administration，2010。

体排放，同时也不会影响交通便利性和公民的生活质量。比如，乘坐公共交通使美国每年减少的能源消耗量相当于42亿加仑汽油，或相当于将3.2亿辆汽车加满汽油——将近90万辆车一天6次的加油量。其对应的温室气体排放，相当于全美每年少排放3 700万吨二氧化碳当量。

2. 购买碳排放量更低的车——新能源汽车或能效更高的燃油车

在《经济日报》2021年4月刊的访谈中，中汽协总工程师、副秘书长叶盛基提到，就汽车行业而言，要想实现碳达峰和碳中和目标，首先要大幅提高节能汽车与新能源汽车的比重。中国工程院院士孙逢春认为，在生产和报废回收阶段，新能源汽车和燃油汽车的碳排放量相当，而在车辆使用阶段，新能源汽车在碳减排方面有着明显优势。按照到2030年纯电动汽车的渗透率达20%测算，汽车行业可累计少排放约3 040万吨二氧化碳当量。如果能进一步提高清洁电力的比例，再加上实施电池梯次利用和电耗降低等措施，新能源汽车的实际减排潜力还将继续增加。①

一方面，新能源汽车的能源消耗量更低，其百公里能耗不到燃油车的一半。②另一方面，新能源汽车的单车百公里碳排放量是传统汽车的一半。③

燃油车爱好者在购买汽车时，可以选择能效更高、单车百公里碳排放量更少的燃油车。

---

① 经济日报. 汽车业降碳减排 2030年我国将形成以新能源汽车为主体的汽车市场[EB/OL].（2021-04-18）[2021-09-30]. https://baijiahao.baidu.com/s?id=1697390326030377973&wfr=spider&for=pc.

② 程冬宏，高有山，弓旭峰，等. 电动汽车与燃油汽车能耗排放对比分析[J]. 太原科技大学学报，2019，40（06）：458-461.

③ 胡大伟，刘成清，胡卉，等. 基于低碳视角的两阶段开放式选址路径问题——燃油车与电动车对比[J]. 系统工程理论与实践，2020，40（12）：3230-3242.

3. 其他措施——拼车或者减少不必要的出行

在滴滴打车等出行软件上，有拼车的选项，不过大多数人还是更愿意选择独自打车。随着新技术的诞生，未来拼车也可能成为主流趋势。想象一下这个场景：未来自动驾驶技术成熟，人们出行皆由无人汽车自动安排接送，车内或许会被改造，座位更加宽敞舒适；当你走出办公楼的那一刻，无人汽车已经在楼下等待，车上还有去往同方向的陌生人。在新冠肺炎疫情的影响下，居家办公和视频会议被广为接受，有些出行从必不可少变为可有可无。减少不必要的出行也能减少碳排放。

二、当碳排放收费了，我们的生活成本会产生怎样的变化

每吨52.78元，成交16万吨，交易额约844万元——这是2021年7月16日，全国碳交易市场开市2分钟后的第一笔交易。全国碳交易市场的开市，对居民生活有什么样的影响呢？

在国外，碳税或者碳交易可能导致电费上涨，从而使居民的生活成本增加。以加拿大联邦政府的碳税政策为例，其碳税每年会有10加元的上涨。2019年，每吨温室气体收费20加元，2022年将上调到每吨50加元。[①]民众不需要直接向联邦政府交税，因为加拿大政府仅对化石燃料的生产商和批发商征收碳税，而这些公司会把部分成本转嫁给消费者。[②]加拿大广播公司（CBCNews）声称，一个普通家庭在2019年的碳税支出为258加元，预计到2022年将上涨为648加元。

---

① Environment and Climate Change Canada. Implementing Canada’s plan to address climate change and grow the economy[EB/OL]. [2021-09-30]. https://www.canada.ca/en/services/environment/weather/climatechange/pan-canadian-framework.html.

② The Varsity, Anastasiya G. How does the carbon tax work? [EB/OL].（2019-09-22）[2021-09-30]. https://thevarsity.ca/2019/09/22/how-does-the-carbon-tax-work/.

由于生活必需品占总支出的比重在低收入群体中更高，能源价格上涨对低收入群体的影响更大，这可能会加剧社会不公平等一系列问题。斯坦福大学的研究表明，在美国现有的碳税体制下，收入最低的10%家庭的生活必需品的费用，在家庭总收入中的百分比大约是最富有的10%家庭的3倍。①

吸取国外的经验教训，政府需要平衡碳交易市场的“量”和“度”。②配额宽松，碳价格就会低迷，无法体现对企业节能减排的影响；配额过紧，过高的碳价格又会影响产业发展并加大居民生活成本。因此，政府需要衡量碳交易市场对居民生活成本的影响，并且要考虑以更加公平的方式来降低生活成本上涨对低收入人群的影响。

第三节
全民动员参与碳减排，举全社会之力推动碳中和

人类社会文明的发展，伴随着生产、生活方式的进化和大规模的工业化导致过量温室气体的排放。目前，生态环境的巨变已逼近地球可承受的临界点。尽管全球有害温室气体占比超过65%的国家和世

① 资料来源：Charles D. K. Who Pays For Climate Regulation，Stanford Institute for Economic Policy Research，2014。

② 资料来源：《全国碳交易市场如何聚“碳”成“财”？》，上海证券报，2021。

界经济占比超过70%的国家已做出承诺——到21世纪中叶实现净零排放，但全球主要气候指标仍在恶化。在2020年新冠肺炎疫情期间，全球碳排放暂时减少，然而二氧化碳水平仍处于历史创纪录高位，并且还在继续上升。过去十年是有记录以来气温最高的十年，世界末日般的火灾、洪水、干旱和风暴日益成为常态，生物多样性正在崩溃，沙漠正在扩大，海洋正在变暖……

新冠肺炎疫情使全球经济按下了“暂停键”，也给了快步前行的人类一次难得的喘息和反思之机。一个重大的机遇摆在人类面前：我们可以借此机会重新审视气候变化，修复全球环境，再次设计经济，大胆构想未来。碳中和是遏制全球气候恶化、拯救人类赖以生存的环境的唯一出路。

实现碳达峰和碳中和将是一场广泛而深刻的全球变革。从表面来看，碳中和是新一轮全球竞争热点，而其实质是各国技术和经济的较量。碳达峰和碳中和进程的不断深入将倒逼各国加速新一代技术研发。在可预见的未来，全球将进入一个能源、工业、交通、建筑、科技等领域技术快速变革、持续升级的时代。碳中和技术亦将成为衡量全球各经济体核心竞争力的关键指标之一，将为一国创造重要的战略机遇期。各行各业在面临气候风险的同时，也迎来了巨大的可持续产品市场机遇。在这场绿色浪潮中，政府和监管机构要积极制定针对性支持政策，企业要充分把握历史机遇，个人更要主动顺应趋势，改变生活消费习惯。只有全民参与，才能在百年未有之大变局中完成百年未有之大变革。

需要关注的是，在这场变革中，发达国家因经济发展相对成熟，已占先机。有些欧美国家已经实现碳达峰，因而这些国家从碳达峰到碳中和的窗口期短则四十余年，长则六七十年。而中国从碳达峰到碳中和的时间跨度仅有30年左右（2030—2060年），所要付出的努力远远大于这些欧美国家。尽管这是极大的挑战，但也有助于倒逼中国进一步加快发展方式转型，加快构建低碳可持续的经济体系。这不仅符合自身发展利益，而且可以在日益复杂的国际环境中打开新的外部格局，使国内低碳行动与全球气候治理良性互动。

碳中和事关人人，唯有举全社会之力，方能赢得生机。正如本书所述：政府应从宏观视角审视碳中和，制定相应的政策和法规，统领社会各界的资源来推动碳中和进程，并为碳中和提供有效支持和保障；企业躬身入局，不仅是被动落实政策，更是顺应时代潮流、满足消费者需求、决胜未来的必然之举；至于个人，实践低碳生活方式、转变消费行为是履行公民职责、承担社会责任的基本要求。

“天不言而四时行，地不语而百物生。”地球是人类共同的、唯一的家园，当家园遭遇危机时，碳中和是保护家园的最后一道关键防线。时至今日，新冠肺炎疫情仍在全球肆虐，或许在这场大考中，在“慢下来”的世界中，我们能够拥有的最大收获就是对生态环境、地球家园、人类命运的新认识和新思考。站在这样特殊的节点上展望未来，不论身处何国、信仰如何、是否愿意，个人对“人类命运共同体”的感受都将前所未有地强烈。在全球性气候危机面前，没有一个人能置身事外，也没有一个人的努力会白白浪费。

“路漫漫其修远兮，吾将上下而求索。”实行碳中和是拯救人类生存环境的必行之路。在全球性气候危机面前，人类必须以长期的视角、科学的方法、缜密的规划、持续的资源投入，协力构建人类命运共同体。展望未来，这将是人类以碳中和为历史契机，实现从资源密集型向低碳绿色型生产生活方式的过渡和转型，从而在不断丰富物质和精神文明的同时留下一片青山绿水，惠及子孙后代，造福全球人民，为这颗蓝色星球留下最赏心悦目的风景，更在人类的可持续发展历史上留下浓墨重彩的一笔。

致 谢

本书凝聚了众多BCG全球同事和外界伙伴的智慧，是集体劳动、群策群力的成果。BCG在此向所有给予本书倾力支持的成员致以衷心感谢。

感谢BCG全球气候与可持续发展中心各位领导对本书的大力支持，感谢BCG中国区领导廖天舒女士、范乐思先生和吴淳女士的支持。

感谢BCG各领域核心项目议题组在内容组织过程中抽调的精英骨干（排名不分先后）：陈白平、何大勇、刘冰冰、Thomas Palme、苏日娜、王欣、吴新艺、许刚、徐瑞廷、杨立、周涵、周园、朱晖、郭以权、刘馨、陆怡。

最后，特别感谢顾瓅、贾佳、李中书、谢文博、詹慧、梁瑜和刘铮筝等同事的全心投入，感谢在调研过程中所采访的企业管理者的倾情分享。